工 程 装 备
故障检测与诊断技术

杨小强　赵 杰　编著

北 京
冶 金 工 业 出 版 社
2022

内 容 提 要

本书主要内容包括：绪论、振动诊断技术、故障树分析诊断方法、油样诊断技术、装备失效机理分析、液压系统故障诊断、电气控制系统故障诊断等。本书主要特点是指导性强，专业特色明显，理论与实践结合紧密，内容新颖、技术领先，适用范围广，既适用于大专院校的教学训练，也适用于一线部队的训练使用。本书可作为高等院校有关专业的本科和研究生课程教学用书以及军队装备维修人员的训练用教材，也可供工程装备故障检测从业技术人员参考。

图书在版编目(CIP)数据

工程装备故障检测与诊断技术／杨小强，赵杰编著．—北京：冶金工业出版社，2022.3

ISBN 978-7-5024-9052-2

Ⅰ.①工…　Ⅱ.①杨…　②赵…　Ⅲ.①工程设备—故障检测—教材②工程设备—故障诊断—教材　Ⅳ.①TB4

中国版本图书馆 CIP 数据核字(2022)第 023049 号

工程装备故障检测与诊断技术

出版发行 冶金工业出版社　　**电　话** (010)64027926
地　址 北京市东城区嵩祝院北巷 39 号　　**邮　编** 100009
网　址 www. mip1953. com　　**电子信箱** service@ mip1953. com

责任编辑　程志宏　王悦青　美术编辑　彭子赫　版式设计　郑小利
责任校对　葛新霞　责任印制　禹　蕊
三河市双峰印刷装订有限公司印刷
2022 年 3 月第 1 版，2022 年 3 月第 1 次印刷
787mm×1092mm　1/16；15. 75 印张；380 千字；241 页
定价 68. 00 元

投稿电话　(010)64027932　投稿信箱　tougao@ cnmip. com. cn
营销中心电话　(010)64044283
冶金工业出版社天猫旗舰店　yjgycbs. tmall. com
(本书如有印装质量问题，本社营销中心负责退换)

前　　言

当前，工程装备正在向着智能化、模块化、大型化以及微型化的方向发展，其零件的数量和种类迅速增多且日益复杂化、智能化，由此带来电气设备、液压系统、动力与传动系统、控制系统等相关器件的故障率大幅提高。为解决此难题，除了尽可能提高工程装备的可靠性和可维修性之外，还要求装备维修人员在装备出现故障时能够快速、高效地发现故障部位、故障原因，进行故障排除与修理。因此，研究常见工程装备的结构组成、工作原理与故障特点，探索各种各样的工程装备故障检测、诊断与维修技术，开发出实用、快捷、高效的故障检测与诊断系统，对提高工程装备管理、使用与维修人员的专业理论知识、故障分析检测水平和维修技能是极为重要的。

相对于通用工程车辆与机械，军用工程装备具有的功能更多、结构更复杂，故障检测与维修的难度更大。这是由于工程装备在设计制造中必须考虑其战斗保障能力和机动性、安全性、防护性等多种要素，其动力系统、传动系统、作业装置、防护系统和通信系统都比较复杂且可靠性要求高。如火箭布雷车集成有火箭发射装置、装定发火系统、通信系统和其他机械系统，具有火箭弹开舱装定、地雷装定、自毁、退电等独特功能，这些功能的实现具有严格有序的执行流程和逻辑顺序，在发射过程中控制系统通过检测各种状态信息进行综合处理后控制发射操作的执行。状态信息获取的传感器和各种执行机构具有严密的逻辑流程和时序要求，其中任一环节的偏差或失误都可能导致发射失败，酿成严重的事故。因此，对工程装备各种故障的检测、诊断、排除与维修，应当综合考虑机械系统、液压系统、电控系统、总线系统等的故障原因和元器件运行状态，运用各种故障检测与诊断技术和相关的仪器设备，进行故障的判断与排除维修。本书正是基于这一思想，从故障检测与诊断理论起步，立足于各种故障检测诊断技术，围绕工程装备原理结构与故障模式特点，采用案例分析等手段进行工程装备故障检测、诊断与维修的探索与研究，力图为广大的专业技术人员提供一本简明有效与专业实用的技术书籍。

本书内容翔实、新颖实用、针对性强、重点突出，兼具普及性与专业性两个方面。在编写过程中，对参考的相关教材、论文及文献的作者，谨表衷心的谢意。本书由陆军工程大学的杨小强、赵杰编著，参与编写的人员还有殷勤、王海涛以及陆军研究院作战保障研究所的韩军和军事科学院后勤科学与技术研究所的李沛等。研究生刘宗凯、刘武强、周付明、刘小林、宫建成在本书的编写工作中也做出了贡献，在此谨表示感谢。本书具有较高的实用性，适合大专院校机电一体化、控制工程等在校专业学生以及部队的工程装备维修技术人员使用。

由于时间关系和作者水平所限，书中如出现不妥之处，恳请读者批评指正。

编　者

2021年10月

目　　录

第1章　绪　　论

1.1　状态监测与故障诊断的概念

1.1.1　状态检测与故障诊断定义

工程装备及其零部件在使用过程中会出现不同程度的老化以及性能衰退现象，这往往导致某些故障的产生。在工程装备的检测与故障诊断过程中，首先要辨清故障模式，查明故障原因，验证失效机理，提出合理的对应策略，以减少故障的发生，提高装备的维修质量和维修效益。

机械装备不能实现应具备的部分或全部功能的现象称为故障。对于工程装备而言，是指其整机、总成或零部件部分或完全不能完成其规定功能的状态。应该注意的是，故障是一个相对的概念，是指一种不合格的状态，究竟是否可以称为故障，要看把合格分数线定在什么位置。因此，分析故障时，一定要有明确规定的对象目标、规定的时间期限、规定的功能任务、规定的环境条件。

自从装备问世以来，其健康（故障）状态成为使用和维修人员非常关注的问题。对于运行中的装备，人们总是用手触摸，以测定它的温度是否过高或振动是否过大；用耳听，以判断运动部件是否有异常声响等等。这种凭人们的触觉、听觉和人们的经验对装备的状态进行诊断的方法，几乎与装备的发明同时出现，这种方法叫作传统诊断技术或原始诊断技术。这种简单的诊断技术，在当前科学技术飞速发展的时代已远不够用了。现代的诊断技术是指使用于开发现代化仪器和电子计算机技术，以检查和识别装备及其零部件的实时技术状态，是诊断它是否“健康”的技术。通常所说的诊断技术就是指现代诊断技术。

装备状态监测与故障诊断是研究装备运行状态信息变化的，进而识别装备运行状态是否正常以及发现并确定故障的部位和性质、寻找故障原因、预测故障趋势并提出相应对策的综合性工程技术学科。

故障诊断的概念来源于医学领域的疾病诊断，表1-1表明了故障诊断与疾病诊断的对应关系。从某种意义上说，装备的故障诊断比人的疾病诊断更困难、更复杂。因为人的生理结构基本上是一样的，而装备的结构千差万别；人可以表达自己的感觉，而装备则不能。

1.1.2　装备故障的基本特性

根据上述故障诊断的定义，一旦出现故障，装备中至少有一个参量或特性偏离正常范围。因此，故障诊断的目的是弄清产生故障的原因，以便消除故障，使装备恢复其正常性能。

由于产生故障的原因不同，各种故障的特性也不同，归纳起来，大致有以下几点。

（1）故障的层次性。装备有不同的层次，层次不同功能也不同，因而产生故障也有不同的层次。对于复杂的装备，其结构可划分为系统、子系统、部件、零件等，因此故障也可能发生在系统、子系统、部件、零件等不同层次上，反映出故障的层次性。

（2）故障的传播性。故障沿一定方向传播，例如，由于某一层次中零件的失效产生故障，这一故障可以沿着零件→部件→子系统→系统纵向传播，逐级地呈现异常，也可能在各子系统之间甚至各系统零件与零件之间横向传播，反映出故障的传播性。

（3）故障的辐射性。故障还可以在间接相连的同类零部件之间传播，例如，转子轴系的某一轴承产生故障，有时会引起其他轴承的振动增大，而该轴承本身的振动变化反而不明显，反映出故障的辐射性。

（4）故障的延时性。故障的发生、发展和传播是一个过程，需要一定的时间，据此可以判断故障的性质和发生的位置，反映出故障的延时性。

（5）故障的相关性。一种故障可能对应着若干个异常现象（故障征兆），而某一故障征兆也可能对应着若干个故障，故障与征兆之间并非一一对应，它们之间存在着复杂的关系，反映出故障的相关性。

（6）故障的随机性。故障的发生一般为随机的，反映出故障的随机性。

1.1.3 状态监测与故障诊断的区别与联系

状态监测通常是指通过监测手段，监测和测量装备或部件运行状态信息和特征参数（例如振动、温度等），以此来检查其状态是否正常。例如，当特征参数小于允许值时便认为是正常，否则为异常。以超过允许值的大小表示故障严重程度，当它达到某一设定值（极限值）时就应停机检修等等，以上过程前面部分是监测部分。当监测的结果不需要做进一步的处理和分析，以有限几个指标就能确定装备的状态，这也是诊断，但这往往是简易诊断，称为以监测为主的监测简易诊断系统，或称监测兼简易诊断系统。

状态监测是故障诊断的基础。状态监测有两层含义：对某一层次子系统进行正常与异常两种状态的识别，即两种状态的监视诊断，为更深层次子系统的故障诊断提供依据与基础，即决定是否需要进行更深层次子系统的诊断并为此诊断提供必要的素材。

故障诊断不仅是要检查出装备运行是否正常，还要对装备发生故障的部位、产生故障的原因、故障的性质和程度，给出正确且深入的判断，即要求做出精密诊断。这就不仅仅需要对这些监测和诊断系统有所了解，更重要的是对装备本身的结构、特性、动态过程、故障机理以及故障发生后的后续工作或事件，包括维修与管理要有比较清楚的了解。对现代大型装备的了解，本身就是一项专门知识，非一般仪表工程师或计算机专业人员能力所及。从这一角度考虑，故障诊断技术与状态监测系统又是两回事，有着十分不同的专业倾向。因此，装备状态监测与故障诊断既有联系又有区别。有时为了方便，统称为装备故障诊断。其实，没有监测又何谈诊断，诊断为目的，监测是手段，监测是诊断的前提。

现代故障诊断系统，必须是现代状态监测技术与现代分析诊断技术紧密结合的系统，以达到满意的故障诊断效果及良好的确诊率。

另外，关于“诊断”，与医学界理解相同（表1-1），宜将“诊”与“断”分开，“诊”在于客观状态检测，包括采用各种测量、分析和诊别方法（物理的或者化学的）；“断”则是根据“诊”得到的信息进行故障确定，需要确定故障的性质、故障的程度、故障的类别、故障的部位，乃至说明故障产生的原因等，是诊断技术的关键。从这个意义上讲，“故障诊断”包括了“状态监测”，所以也把“状态监测与故障诊断”简称为“故障诊断”。

表1-1 装备故障诊断与医学诊断的对比

医学诊断方法	装备故障诊断方法	原理及特征信息
直接观察（感观） 中医：望、闻、问、切 西医：望、触、叩、听、嗅	直接观察（感观） 听、摸、看、闻	通过形貌、声音、颜色、气味的变化来诊断
听心音、做心电图	振动与噪声监测	通过振动大小及变化规律来诊断
量体温	温度监测	研究分析温度变化
量血压	压力、应力、应变测量	研究分析压力、应力或应变的变化
化验（血、尿）	油液分析	分析物理化学成分及细胞（磨粒）形态的变化
X射线、超声波检查	无损检测	观察内部机体缺陷
总体性能测试，如肺活量、握力、耐力、摸高、拉力等	整机性能测试，如功率、转速、扭矩等	分析整机性能参数，判断是否在规定范围内
问病史	查阅技术档案资料	找规律、查原因、做判断

1.2 故障诊断的内容与参数

1.2.1 装备故障诊断的基本内容

装备故障诊断的目的是在一定工作环境中与一定的工作期限内，保证装备可靠、有效地在允许的状态下实现其功能。

这里强调了3个方面的重要内容：(1) 指明了“一定的工作环境”，即明确排除了由于系统的输入超过了允许的范围而使系统产生故障的情况；(2) 指明了“一定的工作期限”，即一方面排除了装备过分超期服役而引起的故障，另一方面明确提出了基于故障延时性之上的故障预测与故障早期诊断这一诊断学内容；(3) 明确指出诊断的目的不仅要保证装备可靠、有效地工作，而且要着眼于装备设计、制造与维修。

与装备故障诊断的目的相对应，装备故障诊断的根本任务就是通过对装备观测所获得的信息来识别装备的状态。可以说，装备故障诊断过程的本质是装备状态的识别过程。这样，诊断过程就是运用诊断知识对装备有关状态进行模式识别的过程。

综上所述，装备故障诊断的基本内容是在正确地掌握与依靠装备性质及工作环境的条件下。

(1) 采用合适的观测方式（包括合适的传感装置、仪表、人的感官），在装备的合适部位，测取与装备状态有关的信号，包括信号测取、中间变换和数据采集。显然，应当以尽可能少的花费，获取包含状态信息量最多的信号。

(2) 采用合适的特征提取方法，从状态信号中提取与装备状态有关的特征信息。此时，要求特征的表达形式要简单，而其包含有关状态的信息要多。

(3) 采用合适的状态识别方法，从特征推理中识别出装备的状态，即根据所提取的特征判别装备状态有无异常，判断故障的性质，并根据此信息和其他辅助信息寻找故障源（故障隔离）。此时，要求推理方式要简单，花费要少，而得到的结果要精确。

(4) 采用合适的状态分析方法，从特征与状态推理而识别出有关状态的发展趋势。显然，这里包括故障的早期诊断与故障预测。

(5) 采用合适的决策规划方法，根据故障性质和趋势，做出决策，干预装备的工作过程（包括重点监测、控制、调整、维修等）。

如果把装备的运行状态分为正常和异常两类，而异常的信号样本究竟属于哪种故障，这是一个模式识别的问题。因此，故障诊断是利用被诊断装备运行中的各种状态信息和已有的各种知识进行信息的综合处理，最终得出关于装备运行状态和故障状况的综合评价过程。从本质上讲，故障诊断是一个模式分类与识别的问题。装备诊断技术的内容可用图1-1来表示。

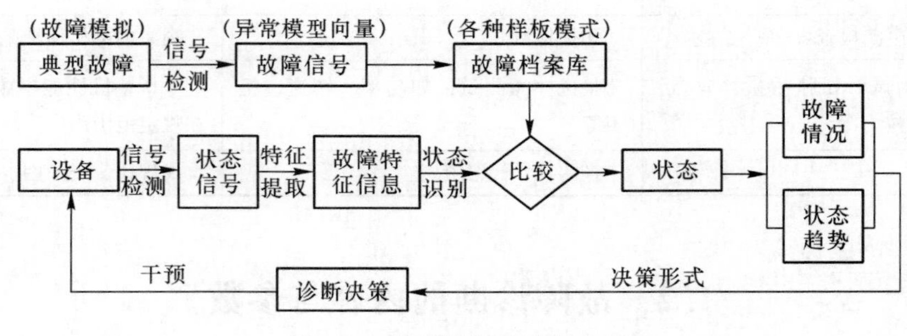

图1-1 故障诊断技术的内容

1.2.2 装备故障诊断的方法

对于工程装备而言，站在不同的视角，其故障诊断可分为下面几种目前比较流行的分类方法，一是按装备故障诊断方法的难易程度分类，二是按诊断原理分类，三是按装备故障诊断所采用的技术手段分类。

1.2.2.1 按难易程度分类

A 简易诊断法

指采用简易的、便携式的、操作灵活简单的检测诊断仪器对工程机械实施人工性的巡回检测，然后再根据预先设定的故障诊断与检测标准（尤其是许用标准）以及丰富的人工经验进行分析，了解设备是否处于正常状态。若发现异常，则通过检测数据进一步了解其发展的趋势。因此，简易诊断法主要解决的是人工状态监测和一般的趋势预报问题。

B 精密诊断法

精密诊断法是对已产生异常状态的原因采用精密的检测仪器和诊断设备，利用各种方法和手段进行综合分析，以期了解故障的类型、程度、部位和产生的原因及故障发展的趋势等问题。由此可见，精密诊断法主要解决的问题是分析故障原因和较准确地确定故障发展趋势。

1.2.2.2 按诊断原理分

A 人工直观诊断

通过技术人员的经验或借助于简单工具、仪器，以听、看、闻、试、摸、测、问等方法来检查和判断故障所在的方法。这种方法是在科学诊断方法建立之前，主要依靠人类在长期的实践中积累的大量经验，根据故障现象，进行对比与形式逻辑推理，以寻求故障的成因，即使在现代的装备故障诊断中，仍具有一定的现实意义。

B 统计诊断法

从统计学角度出发，利用大量科学合理的统计数据，采用数学式的模式识别手段，对装备故障进行分析或预测的方法，主要包括以下几种类型：

(1) 贝叶斯统计法—由英国学者 T. Bayesian 提出的一种归纳推理的理论，后来被一些统计学者发展成为一种系统的统计推断方法，称为贝叶斯方法。这种方法主要利用贝叶斯理论，把故障模式的特征向量空间划分为若干区域，观察被辨认的特征向量，并以贝叶斯准则确定模式类别和从属问题，主要应用于独立实践的判断。

(2) 时间序列法—根据观测数据和建模方法建立动态参数模型，利用该模型进行动态系统及过程的模拟、分析、预测的控制，从中进行主要特征提取，依据模型参数和特征构造函数进行识别和分类，以区分正常状态或异常状态以及异常状态下故障的类型。该方法又可分为时域分析和频域分析两种类型。

(3) 灰色系统法—由我国著名学者邓聚龙首先提出的灰色系统理论是运用控制论观点和方法研究灰色系统的建模、预测、决策和控制的科学。该方法通过分析各种因素的关联性及其量的测度，用“灰数据映射”方法来处理随机量和发现规律，使系统的发展由不知到知，知之不多到知之较多，使系统的灰度逐渐减小，白度逐渐增加，直至认识系统的变化规律。

C 模糊诊断法

利用从属函数与模糊子集、模糊矩阵与 λ 截矩阵、概率统计与模糊统计等数学知识，对一些故障征兆群和故障模糊起因之间的关系进行判别和诊断的方法。

D 故障树诊断法

首先把所要分析的故障现象作为第一级事件，即顶事件；再把导致该事件发生的直接原因并列地作为第二级事件，并用适当的逻辑门把这些中间事件与顶事件联系起来；然后再把导致第二级事件发生的原因再分别并列在第二级故障事件的下面，作为第三级事件，也用适当的逻辑门把其与第二级事件联系起来；如此逐级展开，直到把最基本的原因，即底事件查清为止。

E 智能诊断法

智能诊断是人工智能与人工诊断、知识工程、计算机与通信技术、软件工程、传感与检测技术等学科的相互交叉、相互渗透而产生的新的学科和技术。智能诊断是在状态监测系统、故障简易诊断系统、故障精确诊断系统、故障专家诊断决策系统的功能集成基础上，应用人工智能专家系统、知识工程、模式识别、人工神经网络、模糊推理等现代科学方法和技术，进行集成化、智能化、自动化诊断的方法。

该方法可分为专家诊断、人工神经网络诊断、模糊逻辑诊断、基于范例的推理诊断、模式识别诊断、集成智能诊断等多种方法。

1.2.2.3 按技术手段分

A 感官诊断

(1) 听。根据响声的特征来判断故障。辨别故障时应注意到异响与转速、温度、载荷以及发出响声位置的关系，同时也应注意异响与伴随现象。这样判断故障准确率较高。例如，发动机连杆轴承响（俗称小瓦响），与听诊位置、转速、负荷有关。转速、温度均低时，响声清晰；负荷大时，响声明显。

(2) 看。直接观察工程装备的异常现象。例如，漏油、漏水、发动机排出的烟色，以及松脱或断裂等，均可通过察看来判别故障。

(3) 闻。通过用鼻子闻气味来判断故障。例如，电线或电子元件烧坏时会发出一种焦煳臭味，从而根据闻到不同的异常气味判别故障。

(4) 试。试意指试验，有两个含义：一是通过试验使故障再现，以便判别故障；二是通过置换怀疑有故障的零部件（将怀疑有故障的零部件拆下换上同型号的好的零部件），再进行试验，检查故障是否消除，若故障消除则说明被置换的零部件有故障。

(5) 测。用简单仪器测量，根据测得结果来判别故障。例如，用万用表测量电路中的电阻、电压值等，以此来判断电路或电气元件的故障。又如，用气缸表测量气缸压力来判断气缸的故障等。

(6) 问。通过访问装备使用人员来了解工程装备使用条件和时间，以及故障发生时的现象和病史等，以便判断故障或为判断故障提供参考资料。例如，发动机机油压力过低，判断此类故障时应先了解出现机油压力过低是渐变不是突变，同时还应了解发动机的使用时间、维护情况以及机油压力随温度变化情况等。如果维护正常，但发动机使用过久，并伴随有异响，说明是曲柄连杆机构磨损过甚，各配合间隙过大而使机油的泄漏量增大，引起机油压力过低。如果平时维护不善，说明机油滤清器堵塞的可能性很大。如果机油压力突然降低，说明发动机润滑系统油路出现了大量的漏洞现象。

B 形式逻辑判断

首先进行调查研究，全面了解故障现象和获得相关信息；其次根据相关信息提出故障模式、原因和部位假设；继而根据假设的条件，进行逻辑推理，推断出应该出现的结果；然后再将推断出的结果与实际观察到的现象进行比较与对照；最后由对照结果分析原先提出的假设是否成立。如果假设不成立，则需提出新的假设。

C 振动诊断法

工程装备各系统或部件（总成）在动态下（包括正常和异常状态）都会产生振动。这些振动的振幅大小、频率成分，与装备故障的类别、故障部位和原因等之间有着密切的内存联系和外在表现。机械系统发生异常故障时，其振动信号的频率成分和能量分布会发生不同程度的变化，所以，利用这种变化信息对装备的故障进行简单、有效的诊断是一种比较理想和成熟的措施或方法。由于该方法不受背景噪声干扰的影响，使信号处理比较容易，因此应用更加普遍。

振动诊断一般包括时域简易诊断和频域精密诊断，频域精密诊断又包括频谱分析、细化频谱分析、解调频谱分析、离线三维功率谱振分析和 Wigner 分布时频分析等方法。

D 噪声测定法

由于制造、装配和使用等因素，机械及装备在产生异常振动的同时，向空气中辐射噪声。噪声由两部分组成：一部分是机械或装备内部零件产生的噪声通过壳体辐射到空气中形成的空气声；另一部分是壳体受到激励而产生振动，向空气中辐射的固体声。空气声和固体声构造了机器的总噪声。机械装备在产生故障时，噪声的频率特性和能量分布会出现不同程度的变化。根据不同零件产生噪声的机理和特征，采用合适的手段对检测的噪声信号进行分析，识别噪声源，就可以对装备故障进行诊断。声学诊断技术一般包括超声探测、声发射监测和噪声监测等。超声探测和声发射监测对诊断装备零部件的裂纹故障比较有效，但这两种方法所需专用设备价格较高，在工程装备的故障诊断中应用受到一定限制。

E 无损检验法

无损检验是一种从材料和产品的无损检验技术中发展起来的方法，它是在不破坏材料表面及内部结构的情况下检验机械零部件缺陷的方法。包括常用的铁磁材料的磁力无损探伤、非铁磁材料的渗透探伤、光学探伤、射线探伤和超声波探伤等。其局限性主要是其某些方法有时不便在动态下进行。

F 磨损残余物测定法

工程装备的各种液压介质（如装备润滑系统的机油、液压系统中的液压油等）中均会或多或少地裹挟着部分磨损残余物。这些残余物的数量、尺寸、形状、成分以及残留物的增长速度等，均会不同程度地反映出工程装备的磨损情况（如磨损部件、磨损位置、磨损程度和大致的磨损原因等），利用这些裹挟成分所携带的信息就可以简单、间接地检诊出某些装备的运行状态。近些年来，磨损残留物测定检诊法在工程装备、车辆发动机、航空发动机等的故障诊断与状态监测方面得到了比较广泛的应用。

G 性能参数测定法

工程装备的性能参数主要包括显示装备主要功能的一些数据，如液压系统的压力、流量、温度、功率，发动机的功率、耗油量、转速等等。当这些参数通过仪表显示给操作使用人员时，基本上反映了装备的运行状况是否正常。这种性能参数测定法是工程装备故障诊断和状态监测的辅助措施之一。

1.2.3 装备故障诊断的主要参数

诊断参数是指直接或间接反映工程装备技术状况的各种指标，是确定工程装备工作性能的主要依据。尽管在不解体条件下，可以用一些便携式或机载故障诊断仪对某些参数进行直接测量和检验，但是这种检测对象的结构参数常常会受到限制。例如，液压缸活塞杆磨损程度、多路换向阀阀芯与阀套间隙大小的确切数据、齿轮啮合的具体情况等。因此，在确定工程装备技术状况时，必须采用某些与结构参数有联系的、能够充分表达结构或技术状况、直接或间接诊断参数来判断。工程装备常见故障症状、相应诊断参数及其诊断对象之间的对应关系，如表 1-2 所示。

表 1–2 工程装备主要故障与诊断参数之间的关系

故障征兆	诊断参数	诊断对象
性能变化	功率、转速、各缸功率平衡、实际输出扭矩、加速时间、制动距离、制动力、制动减速度	发动机总成、制动系统
工作尺寸变化	线性间隙、角度间隙、自由行程、工作行程	前桥、后桥、转向机构、离合器操纵机构
密封性变化	气缸压缩力、曲轴箱窜气量、轮胎压力	发动机气缸、增压器、轮胎
循环过程参数变化	起动时间、起动电压、起动电流、离合器滑转率	发动机气缸、起动系、蓄电池、发电机、离合器
声学参数变化	敲缸噪声、变速箱振动噪声	发动机、变速箱
振动参数变化	振动幅值、振动频率、振动相位、幅频特性、噪声级	发动机、传动系、柴油机供给装置
工作介质成分变化	黏度、酸值、碱度、含水量、添加剂含量、磨损颗粒组成及浓度	冷却系、液压系、润滑系、变速器、主减速器、液力变矩器
排气成分变化	一氧化碳、非甲烷有机气体、氮氧化物、烟度、颗粒排放度	增压系、燃料供给系、排放净化装置、电控装置
热状态变化	温度及其变化速度	冷却系、润滑系、传动系、前后桥轴承、离合器
机械效率变化	工作部件无负荷运行阻力、传动系阻力矩、转向阻力矩	工作装置、传动系、转向系
表面形态变化	可见变形、油漆脱落、渗漏、划痕、轮胎磨损、链轨磨损	机身、工程装备各总成

每种诊断参数都有不同的含义，通常决定一个复杂系统的技术状态需要进行综合诊断。根据不同的需求，采用不同的诊断参数，并进行从整机性能的总体诊断到总成或零件的深入诊断。从这些参数与工作过程之间的关系考虑，诊断参数可以分为以下 3 种。

（1）工作过程参数。在整机工作过程中检测到的、能表征被诊断对象总体状况并显示被诊断对象主要功能的参数。这些参数（如制动距离、发动机功率、离合器滑转率、实际燃油消耗率、提升速度等）是表征总成或系统技术状况的总体信息，这些参数是对故障进一步深入诊断的基础。

（2）伴随过程参数。普遍应用于工程装备复杂系统深入诊断的、提供信息范围较窄的、伴随主要故障出现的参数。如发热、噪声、振动、油压、排放等，是表征有关诊断对象的技术状态的局部信息，适应于对复杂系统的深入诊断。

（3）几何尺寸参数。零部件尺寸（如长度、外径、内径、高度、厚度等）以及零部件、机构、总成之间最起码的相对位置关系（如同心度、平面度、锥度、平行度、间隙、工作行程、自由行程等），是表征机构或运动副之间的相对几何尺寸关系的参数，是诊断对象实体状态的直接信息。

此外，为了获得更加精确的信息，对工程装备技术状况进行更加深入的诊断，从而提高诊断精度，根据诊断条件还可以采用派生参数，如求被物理量对时间的一阶、二阶导数，以及采用各种数学公式所推导和计算出来的结果等。

值得注意的是，在进行故障诊断时，工作时间是影响这些诊断参数的重要因素，在分析故障产生原因时必须加以考虑。

1.2.4 工程装备诊断参数的选取原则

工程装备在使用过程中。诊断参数值的变化规律与工程装备技术状况变化规律之间有一定的关系。为保证对工程装备故障诊断的准确性、方便性和经济性，在选择诊断参数时要遵循以下原则。

（1）灵敏性原则。在工程装备从正常状态进入到故障状态之前，诊断参数的相对变化率应较大，诊断参数的灵敏度为：

$$K_{\tau} = \frac{\mathrm{d}p}{\mathrm{d}u} \tag{1-1}$$

式中，$\mathrm{d}p$ 为工程装备技术状况参数变化增量；$\mathrm{d}u$ 为工程装备诊断参数变化增量。

（2）单值性原则。在诊断范围内，诊断参数呈单调递增（或递增）变化，诊断参数没有极值，即 $K_{\tau} \neq 0$。

（3）稳定性原则。诊断参数的稳定性主要是指对同一对象进行多次测量，其测量值具有良好的一致性，即所谓的良好重复性。诊断参数的稳定性可用均方差来衡量，即：

$$\sigma = \sqrt{\frac{\sum [u_i - p(u)]^2}{n-1}} \tag{1-2}$$

式中，u_i 为诊断参数的测量值；$p(u)$ 诊断参数测量的平均值；n 为诊断参数的测量次数。

（4）可靠性原则。诊断参数信息的可靠性主要是指应用诊断参数对工程装备技术状态诊断或进行故障判断时，其诊断结论与真实结果之间的差异程度。诊断参数测量结果的离散程度大，误判的可能性就越大。诊断参数信息可信度的大小可表示为：

$$I(u) = \frac{|u_i - u_j|}{\sigma_i - \sigma_j} \tag{1-3}$$

式中，$I(u)$ 为诊断参数 u 的信息性；u_i、u_j 分别为第 i 个和第 j 个诊断参数值；σ_i、σ_j 为第 i 个和第 j 个诊断参数均方差。

（5）方便性原则。主要是指进行诊断参数测量时，检测方法的简便程度。其与测量时所采用的技术手段有关，取决于所用检测设备或仪器的检测能力、检测条件以及检测要求等因素。一般可以用检测所需时间来衡量，时间越长，便利性就越差；时间越短，便利性越好。

（6）经济性原则。主要是指进行诊断参数测量时，检测所需的各种费用。在能够满足检测与诊断需要的情况下，尽量降低诊断成本，减少财物消耗，以提高其维修经济性。

（7）规范性原则。规范性原则主要是指在选择、使用各种参数时，要遵循相关制度和标准；诊断过程要符合相关操作规范。例如，在进行液压马达测试时，液压油的牌号、油温都要符合国家规定；检测制动性能时，必须考虑轴重影响；检测功率时，必须知道规定的转速等。

1.2.5 工程装备故障的诊断标准

为了实现对工程装备整机、各总成以及各机构和系统的技术状态进行定量评价，并达到确定工程装备的维修周期、工艺方法和预测工作时间等目的，只有诊断参数还不够，还必须建立相应的诊断标准及其规则体系。

1.2.5.1 工程装备诊断标准的类型

工程装备诊断标准是表征工程装备整机、总成或机构工作能力状态的一系列诊断参数的界限值。诊断标准是工程装备诊断研究中的关键而复杂的问题。根据不同的分类方法，有不同类型的标准。

A 按使用范围分

（1）国际标准：是指由国际标准化组织制定的世界范围内都应该遵循的标准。尽管目前国际上还没有一套完整的、关于工程装备维修与故障诊断方面的国际通用标准，但是，目前已经存在一些各国公认的或国际上约定俗成的标准。例如，机油牌号的标注标准、轮胎标注标准、排放标准、制动蹄片的耐温标准等。

（2）国家标准：是指由国务院、国家各部委或某专门委员会制定的，由国务院颁发实施的，针对涉及施工安全和环境保护等公众利益问题而制定的标准，主要涉及工程装备作业的安全性和排放性，如制动距离、工作噪声、发动机排放等标准。这类标准通常是对整车、相关总成的技术状态的基本要求，其执行具有强制性。国家标准可以换算成相应的诊断参数，如制动距离可以换算成制动力或制动减速度等。

以上国际和国内标准大多是针对工程机械等民用工程车辆的标准，针对军用工程机械或装备的标准目前是参考此标准进行，但工程装备的组成中所特有的系统或机构，如桥梁架设、布（扫）雷控制及其他一些系统，则需要制定专用的标准，一定程度上，下述的行业及企业标准更适用于工程装备特殊或特有机构或系统的故障诊断。

（3）行业标准（制造企业标准）：由制造企业、制造厂家在设计制造过程中使用的，既与工程装备结构类型有关，又与工程装备最佳寿命、最大可靠性、最好经济性有关的标准。这类标准主要是考虑到工程装备的可靠性、耐久性和经济性等因素，一方面考虑制造工艺水平，另一方面也考虑到工程装备、总成或机构的基本性能要求。行业标准是进行工程装备故障诊断的主要依据。

（4）企业标准（使用单位标准）：由装备使用单位等根据工程装备实际应用条件或工作环境状况指定的，能够反映工程装备具体使用工况的标准。主要是指在保证工程装备良好的技术性能的条件下，以工程装备为主要技术装备的单位或部队为提高车辆的完好率、延长零部件的使用寿命和降低运行成本，根据实际使用状况而制定的标准。显然，在不同的使用条件下，车辆不可能完全达到厂商提供的技术标准，例如，工程装备在海拔高度相差4km的地方，其燃油消耗率会有很大差别；在环境温度相差50℃的不同地区作业，其性能参数也会有差异；在海洋、海岛或滩涂等高湿、高盐环境中的两栖工程装备的使用寿命与其他环境下相比差别很大等。其主要原因是厂商标准对于这些技术指标只考虑了常规的使用条件，而且是在限定的运行条件下进行试验后确定的，它与实际的使用条件存在着很大差距。

B 按维修工艺要求分

随着使用时间的增长，工程装备技术性能将发生不同程度的变化。但是，当诊断参数在一定范围内发生变化时，对技术状况的影响可能不大。所以，不能只根据某些参数的出厂标准对车辆的技术状态进行判断，而不考虑维护和修理对诊断参数变化的补偿作用。因此，为延长工程装备的有效使用寿命和降低使用费用，在制定诊断标准时，应将诊断参数分成以下类型。

(1) 初始标准：应用于新机或刚刚经过正规大修，且无技术故障的工程装备的诊断参数标准。对于工程装备的某些总成或机构，如点火系、供油系、液压系统等，初始标准是按照最大经济性或最大动力性原则来确定的。初始标准可以是一个同定的参数值，也可以是一定的变化范围。例如，点火提前角偏离范围 3°~7°；各缸曲柄的直径积之差不大于 3.5g 等。

(2) 许用标准：维修单位在定期检诊、维护、修理中使用的，判断工程装备在规定使用时间间隔内是否会出现故障的界限性标准，工程装备在使用过程中，如果所诊断参数在此标准之内，则其技术经济指标处于正常状况，若超出了许用标准，即使能够运行，但也坚持不到原来的维修时间间隔，例如气缸磨损达到 0.25mm 时，就要考虑提前进行相应的维护和修理，否则，工程装备的经济能将降低，故障率将升高，使用寿命将缩短。

(3) 极限标准：由国家机关或技术部门制定的、保障工程装备正常技术性能的、强制遵守的检诊标准。相当于工程装备不能继续正常使用的诊断参数值，是强制遵守的保障性指标。当诊断参数值超出规定的极限值时，其技术性能和经济指标将得不到保证。工程装备在使用过程中，通过技术检测可以将诊断结果与极限标准进行比较（例如胎花与行驶里程)，从而预测工程装备的使用寿命。当诊断对象的参数值达到极限标准时，必须立即进行维修或更换。

1.2.5.2 各种诊断参数标准的确定

诊断标准的制定是一个复杂的过程，但是可以通过对相当数量的同种类型工程装备、总成、部件、零件在正常状态下诊断参数的统计分布规律，再结合考虑技术、经济、安全等各方面的因素来确定出适合大多数工程机械的诊断标准。

通常情况下，在运用统计规律确定工程装备诊断标准时，首先要随机选择相当数量的有运行能力的同种类型机型，然后对其诊断参数进行全部测量，进而在对检测结果进行统计分析的基础上，确定理论分布规律，最后，以分布规律和其他相关条件来确定诊断标准。

例如，随机选择 n 台工程装备，通过对某诊断参数的测量，可获得 x_1，x_2，x_3，…，x_n 等若干个测量值。将这 n 个数值分成 m 个区间，并绘制成直方图。然后可采用下列3种方式，确定相应的诊断标准。

(1) 平均参数标准：取装备正常状态的概率为 0.95~0.75 的参数范围为诊断标准。即，以此范围为诊断标准，将有 95%~75%的装备处于有工作能力状态。

(2) 限制上限参数标准：即检测参数必须小于这个标准数值才为正常。

(3) 限制下限参数标准：即检测参数必须大于这个标准数值才为正常。

1.2.5.3 各种参数标准使用注意事项

(1) 选用标准应该与被检诊对象具体情况相适应。例如，针对火箭布雷车和轮式综合扫雷车的检测和诊断就不宜采用同一标准；检测车架变形和喷油泵柱塞直径就不能用同一种标准等。

（2）特别注意与工程装备安全性有关的参数。例如，制动油压、转向间隙、共轨压力、纵向和横向稳定性等。

（3）极限标准的使用应当比其他标准更严格。因为这些标准不但直接反映工程装备能正常工作的各种基本性能，与维修单位的维修理念和维修质量有关，而且也与用户使用的安全性、经济性密切相关。

1.3 故障诊断的基本理论

1.3.1 故障的分类

对装备的故障进行分类，有利于明确故障的物理概念，评价故障的影响程度，以便于分门别类进行指导，从而提出维修决策。从不同的角度考虑，装备有不同的故障类型。

（1）按工作成因分类。

1）人为故障。由于设计、加工、制造、使用、维护、保养、修理、管理、存放等方面的、人为的原因所引起的、使装备丧失其规定功能的故障。例如，零件装反、润滑油牌号用错等。

2）自然故障。由于自然方面的不可抗拒的内、外部因素所引起的老化、磨损、疲劳、蠕变等失效所引起的故障。例如，履带的正常磨损、密封器件的自然老化等。

（2）按故障危害的严重程度分类。

1）致命故障。造成机毁人亡重大事故，造成重大经济损失，严重违背制动、排放及噪声标准的故障。例如，制动突然失灵，发动机运行过程中连杆螺栓断裂，转向突然失灵等。

2）严重故障。造成整机性能显著下降，严重影响装备正常使用，且在较短时间内无法用一般随机工具和配件修好的故障。例如，发动机曲轴断裂、气缸严重拉伤等。

3）一般故障。明显影响机器正常使用，且在较短时间内用随车工具和易损件修好的故障。例如，节温器损坏，滤油器堵塞，离合器发抖等。

4）轻微故障。轻度影响正常使用，可在短时间内用简易工具排除的故障。例如，油管漏油，轮胎螺栓松动等。

（3）按照故障存在的程度进行分类。

1）暂时性故障。这类故障带有间断性，是指在一定条件下系统所产生的功能上的故障，通过调整系统参数或运行参数、不需更换零部件即可恢复系统的正常功能。

2）永久性故障。这类故障是由某些零部件损坏而引起的，必须经过更换或修复后才能消除故障。这类故障还可分为完全丧失其应有功能的完全性故障及导致某些局部功能丧失的局部性故障。

（4）按照故障发生发展的进程分类。

1）突发性故障。突然或偶然发生的、装备工况参数值突然出现很大偏差、不能通过事先检测预判到的故障。这是由于各种有害因素和偶然的外界影响共同作用的结果。例如，半轴突然断裂，转向杆突然松脱，液压缸活塞杆受外力突然变形卡死等。

2）渐进性故障。渐进性故障又称为软故障，指参数随时间的推移和环境的变化而缓慢变化发展，通过监控和检测可以预测和判断得到的故障。这种故障是装备的功能参数逐渐劣化所形成的，其特点是，故障发生的概率与时间有关，只是在装备有效寿命期后再发生。例如，重型冲击桥的桥节导轨的正常磨损，气缸的正常磨损等。

3）随机性故障。随机性故障指由于老化、容差不足或接触不良引起的时隐时现的故障。

（5）按照发生形式的不同进行分类

1）加性故障。加性故障指作用在系统上的未知输入，在系统正常运行时为零，它的出现会导致系统输出发生独立于已知输入的改变。

2）乘性故障。乘性故障指系统的某些参数的变化，它们能引起系统输出的变化，这些变化同时也受已知输入的影响。

1.3.2 装备故障基本理论

1.3.2.1 故障基本理论

故障理论可以揭示工程装备在使用过程中发生、发展的基本规律，可以有效地指导装备生产与维修保障单位进行装备的生产与使用。故障理论包括故障统计分析理论和故障物理分析理论。

（1）故障具体分析。故障的分析是通过故障现象并通过理论推导分析产生故障的原因。分析故障时，首先应掌握诊断对象的构造、工作原理以及有关的理论知识等，然后再通过现象看本质，从宏观到微观，一层一层地进行分析。例如，履带式综合扫雷车主离合打滑，其现象是：装备的行驶速度不能随柴油机转速的提高而提高，其原因分析应从主离合器的作用、构造和工作原理开始，因为其原理是通过主被动摩擦片的摩擦力传递动力，所以通过分析可知，主离合器打滑的原因有两类：一是加压机构故障，导致压板的压紧力不足（正压力减小），二是主、被动摩擦片之间的摩擦力（摩擦系数）减小。

（2）故障统计分析。利用数理统计的原理和方法，结合产品可靠性理论，从宏观角度出发，既可定量又可定性地推断出工程装备运动过程中的故障模型、故障特征，描述常见多发性故障发生、发展及其分布规律，为维修单位提供基本信息，反映主要问题，提出故障的逻辑判断方法和维修决策，指导装备的生产制造。例如，工程机械、桥梁装备、布扫雷装备、侦察与伪装装备及发动机总成等所发生的故障，通常情况下都符合浴盆曲线分布规律。

（3）故障的物理分析。所谓物理分析，就是以机械设备在使用过程中的基本故障为研究对象，使用先进的检测设备，采用现代的技术手段，依据正确的理论指导，从微观或亚微观的角度分析和研究故障发生、发展和失去规定功能的过程，探讨故障的机理和形态。

1.3.2.2 故障基本规律

（1）整机基本规律：工程装备整机、发动机总成、液压系统、工作装置等系统及部（组）件总成等，最常见、最基本的故障特性，符合浴盆曲线型分布规律，如图 1-2 所示。

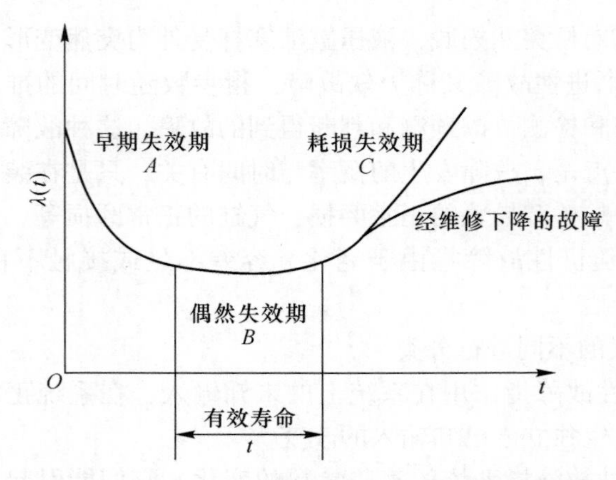

图 1-2　装备组成系统（总成）一般故障特性曲线

从图中可以明显地观察到以下内容。

1）早期故障期（DFR，Decreasing Failure Rate）。其基本特征是，开始失效率较高，随时间推移，失效率逐渐降低。

产生 DFR 失效的原因：装备总成或零部件本身存在着某种缺陷，如各摩擦副间的配合间隙不是十分得当、加工精度不太符合要求、材料存在某些内部缺陷、设计不够完善、加工工艺不当、检验差错致使次品混于合格品中等。

2）偶然故障期（CFR，Constant Failure Rate）。其基本特征是，失效率 $\lambda(t)$ 近似等于常数，失效率低且性能稳定，在这期间失效是偶然发生的，何时发生无法预测。

出现 CFR 的原因：由于各种失效因素或承受应力的随机性，致使故障的发生完全是偶然的，但用户通过对装备维护和修理（日常维护、一级维护、二级维护），可以使这一时期延长。

3）耗损故障期（IFR，Increasing Failure Rate）。其基本特征：随着时间的增长，失效概率急剧加大。

其原因为：在武器装备使用的后期，由于各零部件磨损、疲劳、老化、腐蚀等的积累达到一定的程度，故障率随着时间的延长而不断增加，且增速越来越快。

（2）装备零部件的一般规律。对于工程装备而言，它们通常都是由众多的零部件构造的机械电子设备，因为各个零件的结构特点、功能要求和工作性质不同，其参数随时间的变化而变化的规律也不尽相同。如果从单个机械零件的角度出发，其一般故障规律可以用图 1-3 所示的曲线进行描述。

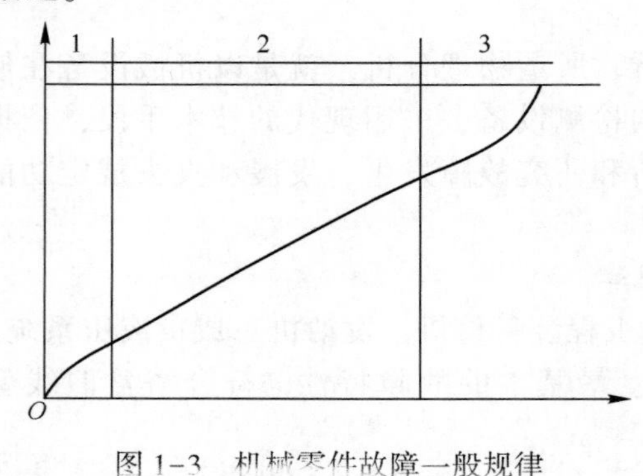

图 1-3　机械零件故障一般规律

若从一族零件影响机械系统故障规律的角度考虑，可以用图 1-4 来近似说明。

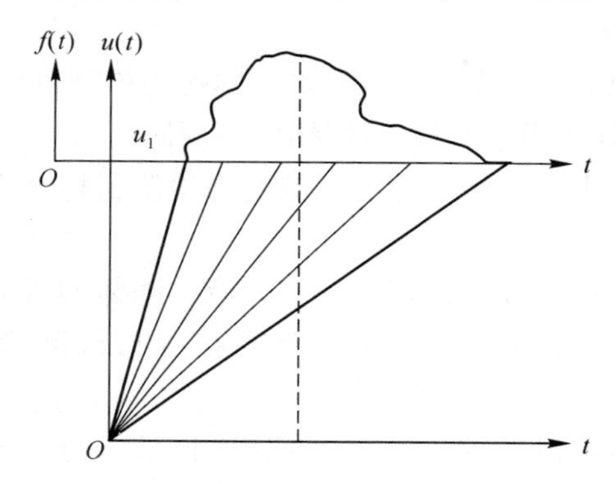

图 1-4 零部件状态参数变化与机械故障密度

图 1-4 中，$u(t)$ 代表零部件的状态参数，u_1 为极限值，用各条直线近似代表每个零件的状态参数随时间的变化而变化的情况，而 $f(t)$ 为相应的故障概率密度。此种规律可由下式表示：

$$u(t) = ct^{v} + u_0 \tag{1-4}$$

式中，c、v 为常数；t 为时间；u_0 为初始参数。

当 $u(t)$ 达到极限值 u_1 后，即发生故障。

1.4 故障诊断技术的分类与性能指标

1.4.1 故障诊断技术的分类

装备故障诊断技术的分类方法很多，其中最主要的有以下几种。

(1) 按诊断对象的类别分类。

1) 旋转机械诊断技术：其对象为转子、轴系、叶轮、泵、转风机、离心机、蒸汽涡轮、燃气涡轮、电机及汽轮发电机组、水轮发电机组等。

2) 往复机械诊断技术：其对象为内燃机、压气机、活塞曲柄和连杆机构等。

3) 工程结构诊断技术：其对象为金属结构、框架、桥梁、容器、建筑物等。

4) 机械零件诊断技术：其对象为转轴、轴承、齿轮、连接件等。

5) 液压设备诊断技术：其对象为液压泵、液压马达、液压缸、液压阀、液压管路、液压系统等。

6) 电子设备诊断技术：其对象为电子设备的模拟电路、数字电路、微型计算机等。

7) 电气设备诊断技术：其对象为发电机、电动机、变压器、开关电器等。

(2) 按诊断方法或技术分类。

1) 振动诊断技术：以平衡振动、瞬态振动、机械导纳及模态参数为检测目标，进行特征分析、谱分析和时频域分析，也包括含有相位信息的全息谱诊断法和其他技术。

2) 声学诊断技术：以噪声、声阻、超声、声发射为检测目标，进行声级、声强、声源、声场、声谱分析。超声波诊断法和声发射诊断法属于此类，应用较多。

3）振声诊断技术：为了能验证或获取更多信息，将振动诊断技术与声学诊断技术同时应用，能够得到较好的效果。

4）温度诊断技术：以温度、温差、温度场、热像为检测目标，进行温变量、温度场、红外热像识别与分析。红外热像诊断技术就是其中一种。

5）强度诊断技术：以力、扭矩、应力、应变为检测目标，进行冷热强度变形、结构损伤容限分析与寿命估计。

6）污染物诊断技术：以泄漏、残留物、气、液、固体的成分为检测目标，进行液气成分变化、气蚀油蚀、油质磨损分析。油样诊断技术与铁谱诊断技术属于此类，应用较多。

7）表面形貌诊断技术：以裂纹、变形、斑点、凹坑、色泽等为检测目标，进行结构强度、应力集中、裂纹破损、气蚀化蚀、摩擦磨损等现象分析。

8）压力流量诊断技术：以压差、流量、压力及压力脉动为检测目标，进行气流压力场、油膜压力场、流体传动、流量变化等分析。

9）光学诊断技术：以亮度、光谱和各种射线效应为检测目标，研究物质或溶液构成、分析构成成分量值，进行图形成像识别分析。

10）电参数诊断法：以电流、电压、频率、波形、功率等电信号为检测目标进行分析。

11）性能趋向诊断技术：以装备各种主要性能指标为检测目标，研究和分析装备的运行状态，识别故障的发生与发展，提出早期预报与维修计划，估计装备的剩余寿命。

（3）按诊断的目的、要求和条件的不同分类。

1）性能诊断和运行诊断：性能诊断是针对新安装或刚维修后装备或其组件，需要诊断它的性能是否正常，并且按诊断（也包括一般检查）的结果对它们进行调整。而运行诊断是针对正在工作中的装备或组件，进行运行状态监视，以便对其故障的发生和发展进行早期诊断。

2）定期诊断和连续诊断：定期诊断是每隔一定时间对装备运行状态进行一次检查和诊断。而连续诊断则是采用仪表和计算机、信号处理系统对装备运行状态进行连续监测、分析和诊断。两种诊断方式的采用，取决于装备的关键程度、装备事故影响的严重程度、运行过程中性能下降的快慢以及装备故障发生和发展的可预测性。

3）直接诊断和间接诊断：直接诊断是根据关键零部件的信息直接确定其状态，如轴承间隙、齿面磨损、叶片的裂纹以及在腐蚀环境下管道的壁厚等。直接诊断有时受到装备结构和工作条件的限制而无法实现，这时就不得不采用间接诊断。间接诊断是通过二次诊断信息来间接判断装备中关键部件的状态变化。多数二次诊断信息属于综合信息，因此容易发生误诊断，或出现虚警和漏检的可能。

4）常规诊断和特殊诊断：在常规情况下，也就是装备在正常服役条件下进行的诊断，叫常规诊断，大多数诊断属于这类。但在个别情况下或特殊情况下需要创造特殊的工况条件来采集专用信息，例如，在动力机组的启动和停车过程中要跨越转子扭转、弯曲的几个临界转速，利用启动和停车过程的振动信号，制出转速特征谱图，常常可以得到常规诊断中所得不到的诊断信息。

5）在线诊断和离线诊断：所谓在线诊断一般是指对现场正在运行的装备进行自动实

时诊断。一般说这类诊断对象都属关键装备。而离线诊断是通过记录仪器将现场的状态信号记录下来，带回实验室，结合被测单元状态的历史档案资料，做离线分析诊断。

6）简易诊断和精密诊断：简易诊断对系统的状态做出相对粗略的判断。一般只回答“有无故障”等问题，而不分析故障原因、故障部位及故障程度等。简易诊断使用便携式监测与诊断仪表，一般由现场作业人员实施。精密诊断是在简易诊断基础上更为细致的一种诊断过程，它不仅要回答“有无故障”的问题，而且还要详细地分析出故障原因、故障部位、故障程度及其发展趋势等一系列的问题。精密诊断由精密诊断的专家来进行。

1.4.2 评价故障诊断系统的性能指标

故障诊断系统的性能指标包括早期检测的灵敏度、故障检测的及时性、故障的检测率和隔离率。

1.4.2.1 故障检测率

故障检测率是指被测试项目在规定期间内发生的所有故障，在规定条件下用规定的方法能够正确检测出的百分数。

$$r_{FD} = \frac{N_D}{N_T} \times 100\%$$

式中 N_T——在规定工作时间内发生的全部故障数；

N_D——在规定的条件下用规定方法正确检测出的故障数。

监测诊断系统指示被测试项目有故障，而实际该项目没有发生故障的事件称为虚警。虚警虽然不会造成装备或人员的损伤，但它会增加不必要的维修工作，降低装备的可用度，甚至延误任务。所以，要求测试设备或装置虚警越少越好，这就提出了虚警率的要求。

虚警率是在规定期间内发生的虚警数与故障指示总次数之比的百分数。

$$r_{FA} = \frac{N_{FA}}{N_F + N_{FA}} \times 100\%$$

式中 N_{FA}——虚警次数；

N_F——真实故障指示次数。

1.4.2.2 故障隔离率

对检测出的故障应尽可能找出故障部位，即隔离到损坏的单元，这就要用故障隔离率来衡量。

故障隔离率是指被测试项目在规定期间内已被检出的所有故障，在规定条件下用规定方法能够正确隔离到规定个数（L）以内可更换单元的百分数。

$$r_{FL} = \frac{N_L}{N_D} \times 100\%$$

式中 N_D——在规定条件下用规定方法正确检测出的故障数；

N_L——在规定条件下用规定方法正确隔离到 L 个以内可更换单元的故障数。

当 $L=1$ 时是确定性（非模糊）隔离，要求直接将故障隔离到需要更换以排除故障的那一个单元。$L>1$ 时为不确定性（模糊）隔离，即监测诊断系统只能将故障隔离到一个至

L个单元，到底是哪个单元有故障还需要采用交替更换等方法来确定。所以L表示隔离的分辨能力。

1.4.2.3 健壮性

健壮性是指故障诊断系统存在噪声、干扰、建模误差的情况下正确完成故障诊断任务，同时保持满意的误报率和漏报率的能力。一个故障诊断系统的健壮性越强，表明它受噪声、干扰、建模误差的影响越小，其可靠性也就越高。

1.4.2.4 自适应能力

自适应能力是指故障诊断系统对于变化的被诊断对象具有自适应能力，并且能够充分利用由于变化产生的新信息来改善自身。引起这些变化的原因可以是被诊断对象的外部输入的变化、结构的变化，或由诸如生产数量、原材料质量等问题引起的工作条件的变化。

上述性能指标分给出了评判一个故障诊断系统性能的标准。在实际的工程设计中，首先要正确分析工况条件以及最终的性能要求，明晰哪些性能是主要的，哪些性能是次要的，然后对众多的故障诊断方法进行分析，经过适当的权衡和取舍，最终选定最佳的解决方案。

1.5 故障诊断技术的发展

1.5.1 故障诊断技术的发展历史

装备诊断技术一直与装备维修紧密联系，因此，与装备维修的发展阶段相对应，装备故障诊断技术的发展可分为以下几个阶段。

（1）基于故障事件的故障诊断阶段。当出现故障后才检查故障原因和发生部位，故障诊断的手段是通过对装备的解体分析并借助以往的经验以及一些简单的仪器。它的主要缺点是事后检查，因此不能防止故障所造成的损失。

（2）基于故障预防的故障诊断阶段。此阶段故障诊断的目的在于为合理的维修周期的制定提供依据，并在定期维修前检查突发性故障，保证在出现故障之前就能排除故障隐患。这一阶段的诊断手段主要是一些简单的状态监测仪，多设有一定运行参数的报警值，能够对突发故障进行预测。

（3）基于故障预测的故障诊断阶段。该阶段故障诊断是以信号采集与处理为中心，多层次、多角度地利用各种信息对装备的状态进行评估，针对不同的装备采取不同的措施。属于正常运行状态的装备，可依据原先的检测计划进行检测；属于故障进行性发展的装备，重点检测；而个别故障严重发展的装备，应及时停机进行故障诊断与维修。

1.5.2 故障诊断技术的发展趋势

根据现代武器装备的特点和科学技术的发展趋势，目前装备故障诊断研究的热点是嵌入式故障诊断技术，以动力学分析为基础的故障诊断技术，基于神经网络理论的故障诊断技术，以解决强干扰、多故障、多征兆、突发故障为目的的故障诊断技术等。

（1）嵌入式故障诊断技术。嵌入式故障诊断是实施预测维修的关键技术，把整个故障诊断系统小型化、智能化，嵌入工程装备的关键部件的关键部位，对装备的运行状态进行实时监测，利用历史测量数据与当前测量数据，对装备未来的技术状态进行预测，实现预测维修。

（2）以动力学分析为基础的故障诊断技术。装备运行动力学问题，似是一个古老的力学问题，而实质上是一个现代科技前沿问题。目前一些大型机电一体化武器装备质量差、水平低的原因，就是未能在传统机械装备向机电一体化发展中对装备整体系统的动力学特性进行研究，一般仅满足于运动、几何功能的实现。目前，在装备的故障诊断中还未涉及诊断对象的动力学本质，使得由于系统故障所引起的外部特征可能减弱、消失或重叠，严重影响了目前各种诊断方法解决复杂的故障诊断问题。因此，今后以动力学分析为基础的故障诊断技术是解决大型武器装备故障诊断的重要途径。

（3）以解决强干扰、多故障、多征兆、突发故障为目的的故障诊断技术。随着科学技术的发展，装备向着高速、自动、精密、重载、高效的方向发展，工作环境往往十分苛刻，因而装备的结构也日趋复杂，往往是集机、电、液、光等技术于一体，因而故障类型增多，突发故障、组合故障更为频繁地出现。近年来虽然在这些方面已做了一些初步研究工作，但对强干扰、多故障、多征兆、突发故障的诊断，证据、知识、结论等的不确定性，松动跌落物状态监测与诊断模型、诊断策略的选择、征兆自动生成与提取等问题还有待于进一步研究。

（4）基于神经网络理论的故障诊断技术。近年来神经网络理论及应用技术得到迅速发展，在故障诊断领域的应用也日趋增多。但是，神经网络在故障诊断中的应用面临的问题还很多。如为解决多故障、多征兆问题采用并行网络、组合网络、多层网络等时，在网络结构模型、学习算法方面还有待向可靠、实用方面发展。采用多网络结构后如何有效地使整个系统跳出误差较大的局部最小值，如何使高阶谱、实时辨识、非线性辨识、符号模型等与神经网络结合来解决故障诊断中的一些具体问题，这都是有待深入研究的。

复习思考题

1-1　按危害程度分，故障分为几种类型？

1-2　试分析“浴盆曲线”。

1-3　装备故障诊断的基础是什么？如何理解装备故障诊断技术的交叉性？

1-4　如何理解故障的层次性？

1-5　简述评价装备故障诊断性能的主要技术指标。

第2章　工程装备故障的振动诊断技术

机械产品运转时总是伴随着振动。当机械产品状态完好时，其振动强度是在一定的允许范围内波动的；当机械产品出现故障时，其振动强度必然增强，振动性质也会因之而变化。因此，振动信号中携带着大量有关机械产品运行状态的信息。通过测量并分析机械振动信号，可以在不解体的情况下，检测装备的工作状态和诊断装备故障的程度、部位等，从而实现状态维修。振动诊断技术是目前应用最广泛、最普遍的诊断技术之一，并已取得了较好的效果。

振动技术应用于工程装备的故障诊断时，经常采用的则是通过对实际振动信号的分析处理，并借助一定的诊断策略，以此来判断所测对象的运行状态等。振动实测是一种非常有效的振动分析手段，更是装备故障振动诊断的关键步骤之一。本章将围绕振动测量展开论述，包括振动测量传感器、信号调理电路和信号记录与处理设备等，这些设备组成了一个完整的振动测试系统，如图2-1所示。其中，振动测量传感器的作用是将装备的振动量转化为适于电测的电参量；信号记录装置的功能是记录和存储所测振动信号；信号分析与处理设备则负责完成对所记录的信号实施各种分析处理；而信号调理电路的主要功能是将传感器所获取的振动信号进行抗混滤波、信号放大、阻抗变换、归一化处理以及激励输出等。本章的后半部分，则主要讨论振动诊断的开展方法，包括简易诊断和精密诊断。

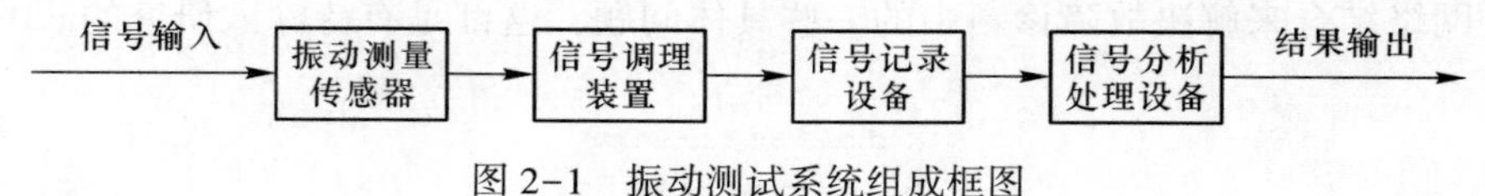

图2-1　振动测试系统组成框图

2.1　振动测量传感器

根据所测振动参量和频响范围的不同，通常将振动测量传感器分为位移传感器、速度传感器和加速度传感器3大类，各自典型的频响范围大致如下：0~10kHz（电涡流位移传感器）、10Hz~2kHz（磁电式速度传感器）、0~50kHz（压电加速度传感器）。下面介绍各种传感器的工作原理、结构简图、测量电路、性能特点、使用注意事项以及典型应用。

2.1.1　压电加速度传感器

在各种振动测量加速度传感器中，压电加速度传感器由于具有体积小、重量轻、灵敏度高、测量范围大、频响范围宽、线性度好、安装简便等诸多优点而获得了最为广泛的应用，是目前装备故障的振动诊断测试中最为常用的一种传感器，以下对其进行重点分析。

2.1.1.1 压电加速度传感器的工作原理

A 压电效应

某些电介质在承受机械应变作用时，内部会产生极化作用，从而在其相应表面产生电荷；反之，当它们承受电场作用时会改变几何尺寸，这种效应称为压电效应（piezoelectric effect）。

研究结果表明，电介质在外力作用下产生压电效应时，其表面上的电荷量与压电材料的种类及其上所受压强的大小和表面积有关，既有如下的关系式：

$$q = \alpha\sigma A = \alpha F \tag{2-1}$$

式中 q——压电元件表面的电荷量，C；

α——压电材料的压电系数，C/N；

σ——压电元件表面的压强，N/m^2；

A——压电元件的工作表面积，m^2；

F——压电元件表面上所受的压力，N。

B 压电材料

具有压电效应的材料称为压电材料，常见的压电材料分为3类：单晶压电晶体，如石英、罗歇尔盐（四水酒石酸钾钠）、硫酸锂、磷酸二氢铵等；多晶压电陶瓷，如极化的铁电陶瓷（钛酸钡）、锆钛酸铅等；某些高分子压电薄膜。一般而言，对压电材料的要求如下：

（1）转换性能：要求具有较大的压电常数；

（2）机械性能：压电元件作为受力元件，要求它的机械强度高、刚度大，以期获得宽的纯属范围和高的固有频率；

（3）电性能：要求具有高电阻率和大介电常数，以减弱外部分布电容的影响并获得良好的低频特性；

（4）环境适应性：要求具有好的温度、湿度稳定性和较高的居里点，以获得较宽的工作温度范围；

（5）时间稳定性：要求压电性能不随时间而显著变化。

C 压电传感器的力学模型及其动态响应

压电加速度传感器的结构一般有纵效应型、横效应型和剪切效应型三种，其中纵效应型是最常见的一种，其结构原理和力学模型如图2-2所示。

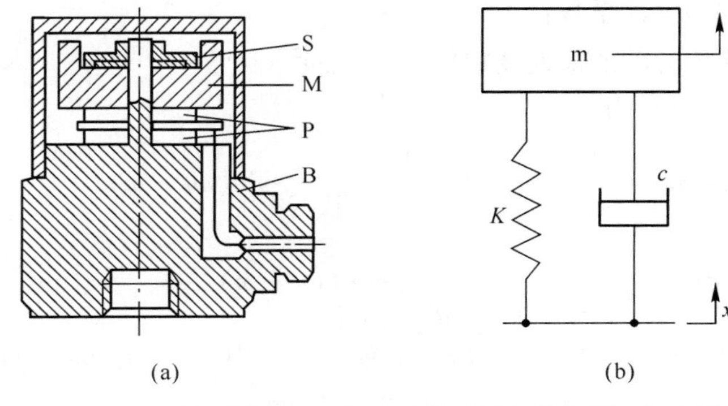

图2-2 纵效应型压电加速度传感器的结构原理与力学模型

（a）结构原理；（b）力学模型

S—弹簧；M—质量块；P—压电片；B—基座

在图 2-1（b）中，取质量块的上下运动轨迹为广义坐标 x 的方向，静平衡位置为坐标原点，并取质量块相对于传感器壳体的运动方向为 x_r，设壳体的运动为 $x_s = x_0 \sin\omega t$，则由牛顿第二定律得系统的振动运动微分方程为

$$m(\ddot{x}_r + \ddot{x}_s) = -c\dot{x}_r - Kx_r$$

将 $\ddot{x}_s = -x_0\omega^2\sin\omega t$ 代入上式并整理得

$$m\ddot{x}_r + c\dot{x}_r + Kx_r = mx_0\omega^2\sin\omega t \tag{2-2}$$

此式为典型的受迫振动微分方程式，根据微分方程式求解方法，可知其稳态解为

$$x_r = A\sin(\omega t - \varphi) \tag{2-3}$$

其中，振幅为 $$A = \frac{x_0\omega^2}{\sqrt{(\omega_0^2 - \omega^2) + 4n^2\omega^2}} = x_0\frac{\lambda^2}{\sqrt{(1-\lambda^2)^2 + 4\xi^2\lambda^2}} \tag{2-4}$$

相位差为 $$\varphi = \arctan\frac{2n\omega}{\omega_n^2 - \omega^2} = \arctan\frac{2\xi\lambda}{1-\lambda^2} \tag{2-5}$$

式中　ω_n——系统的固有频率，$\omega_n = \sqrt{\dfrac{K}{m}}$；

n——阻尼系数，$n = \dfrac{c}{2m}$；

λ——频率比，$\lambda = \dfrac{\omega}{\omega_n}$；

ξ——阻尼比（相对阻尼系数），$\xi = \dfrac{n}{\omega_n}$。

由于质量块与传感器壳体的相对运动量即为压电元件受力后的变形量，于是有

$$\begin{aligned} F &= K_y x_r = K_y A\sin(\omega t - \varphi) \\ &= \frac{K_y x_0\lambda^2}{\sqrt{(1-\lambda^2)^2 + 4\xi^2\lambda^2}}\sin(\omega t - \varphi) \\ &= \frac{K_y}{\omega_0^2}\alpha\frac{1}{\sqrt{(1-\lambda^2)^2 + 4\xi^2\lambda^2}}\sin(\omega t - \varphi) \end{aligned} \tag{2-6}$$

式中　K_y——压电元件的弹性系数；

α——传感器壳体运动的加速度幅值，$\alpha = x_0\omega^2$。

压电元件表面上的电荷量为

$$\begin{aligned} q = \alpha F &= \frac{\alpha K_y}{\omega_n^2}a\frac{1}{\sqrt{(1-\lambda^2)^2 + 4\xi^2\lambda^2}}\sin(\omega t - \varphi) \\ &= s_q a\frac{1}{\sqrt{(1-\lambda^2)^2 + 4\xi^2\lambda^2}}\sin(\omega t - \varphi) \end{aligned} \tag{2-7}$$

此即为压电加速度传感器的动态响应特性方程式，其中 $s_q = \alpha K_y/\omega_n^2$ 为其电荷灵敏度，只取决于传感器本身结构参数。当 $\lambda \ll 1$ 时，$\dfrac{1}{\sqrt{(1-\lambda^2)^2 + 4\xi^2\lambda^2}} \to 1$，此时有

$$q = s_q a\sin(\omega t - \varphi) \tag{2-8}$$

上式表明，当被测振动体的运动频率远低于传感器的固有频率时，压电元件表面的电荷量与传感器壳体（被测物体）的振动加速度幅值成正比，此即压电加速度传感器的工作原理。

由式（2-7）可得，压电加速度传感器的动态响应特性曲线如图 2-3 所示。由此可见，当阻尼比 $\xi=0.6\sim0.7$ 时，在 $\lambda=0\sim0.4$ 的范围内，加速度传感器的相对灵敏度为 1，其相频率特性近似一直线，从而保证了测试结果不发生小型畸变，因此，$\xi=0.6\sim0.7$ 是加速度传感器所要求的理想阻尼系数。

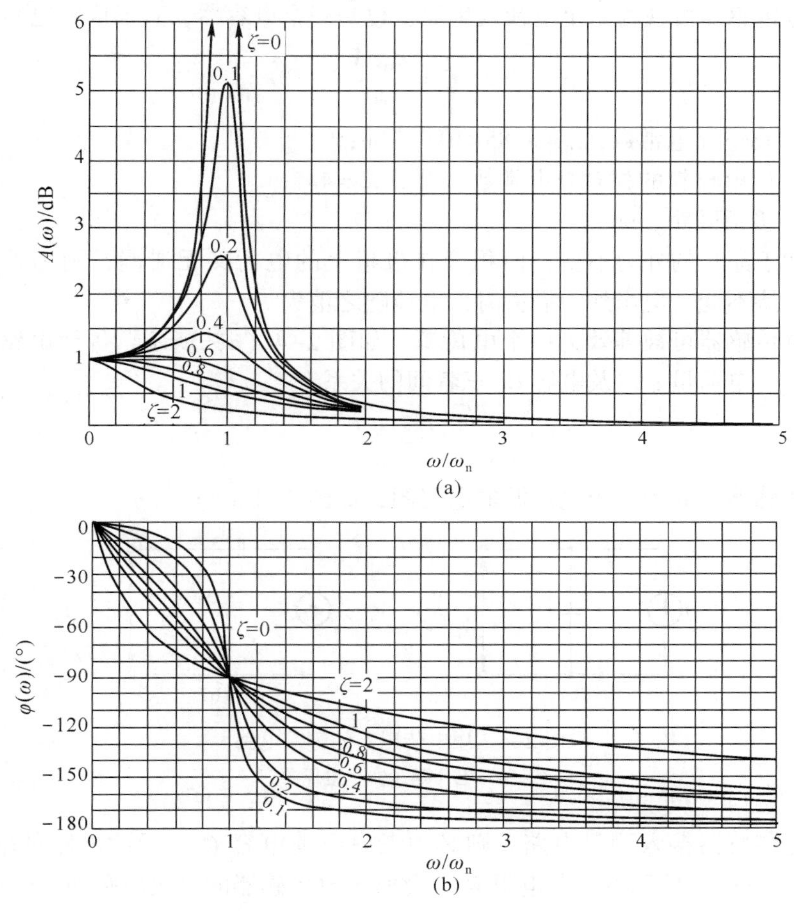

图 2-3 传感器的动态响应特性

（a）幅频特性；（b）相频特性

压电加速度传感器是一种高固有频率的传感器，理论上其幅频特性没有下限，但实际上由于受前置放大电路以及后续测试仪表的限制，其低频响应极限不能为 0Hz，而一般为 2~10Hz。

2.1.1.2 测量电路

压电式传感器的测量电路（即前置放大电路）的作用有两个：一是进行阻抗变换，把压电传感器的高阻抗输出变换为低阻抗输出；二是放大压电式传感器输出的微弱信号。目前，用于压电式传感器的测量电路有电压放大器和电荷放大器两种，其中电压放大器的输出电压与传感器的输出电压成正比，而电荷放大器的输出电压与传感器的输出电荷成正比。下面分析这两种前置放大电路。

A 传感器的等效电路

当传感器中的压电晶体由于被体振动而使其受力而变形时，在它的两个极面上将产生电量相等而极性相反的电荷，为测量压电晶片的两工作面上产生的电荷，要在该两个面上做上电极，通常用金属蒸镀法蒸上一层金属薄膜，材料常为银或金，从而构成两个相应的电极。当晶片受外力作用而在两极上产生等量而极性相反的电荷时，便形成了相应的电场。因此压电传感器可视为一个电荷发生器，也是一个电容器，其形成的电容量

$$C = \frac{\varepsilon_0 \varepsilon A}{\delta} \tag{2-9}$$

式中 ε_0——真空介电常数，$\varepsilon_0 = 8.85\times10^{-12}\text{F/m}$；

ε——压电材料的相对介电常数，石英 $\varepsilon = 4.5$；

δ——极板间距，m。

如果施加于晶片的外力不变，而积聚在极板上的电荷又无泄漏，则当外力持续作用时，电荷量保持不变，但当外力撤去时，电荷随之消失。

一个压电传感器可被等效为一个电荷源，如图2-4（a）所示。等效电路中电容器上的开路电压 e_a、电荷量 q 以及电容 C_a 三者间的关系有

$$e_a = \frac{q}{C_a} \tag{2-10}$$

将压电传感器等效为一个电压源的电路图，如图2-4（b）所示。

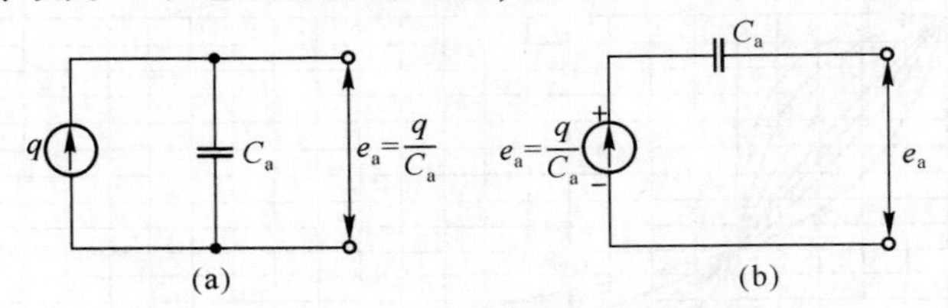

图2-4 压电传感器的等效电路

（a）电荷源；（b）电压源

若将压电传感器接入测量电路，则必须考虑电缆电容 C_c、后续电路的输入阻抗 R_i、输入电容 C_i 以及压电传感器的漏电阻 R_a，此时压电传感器的等效电路如图2-5所示。

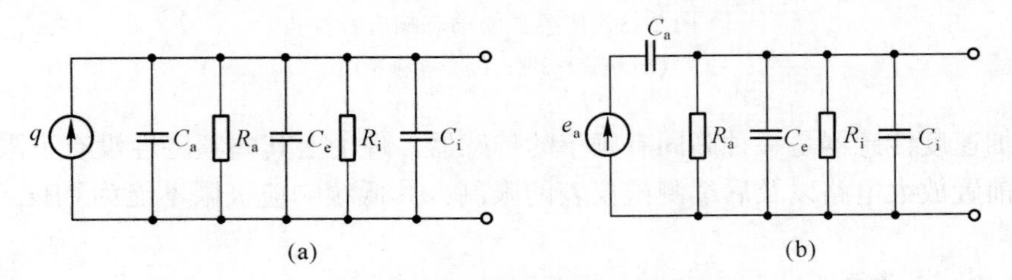

图2-5 压电传感器实际的等效电路

（a）电荷源；（b）电压源

压电传感器本身所产生的电荷量很小，而传感器本身的内阻又很大，因此其输出信号

十分微弱，这给后续测量电路提出了很高的要求。为了顺利地进行测量，要将压电传感器先接到高输入阻抗的前置放大器，经阻抗变换之后再采用一般的放大、检波电路处理，方可将输出信号提供给指示及记录仪表。

压电传感器的前置放大器通常有两种：采用电阻反馈的电压放大器，其输出正比于输入电压（即压电传感器的输出）；采用电容反馈的电荷放大器，其输出电压与输入电荷成正比。

电压放大器的等效电路图如图 2-6 所示。考虑负载影响时，根据电荷平衡建立方程式有

$$q = C \cdot e_i + \int i\mathrm{d}t \tag{2-11}$$

式中 q——压电元件所产生的电荷量；

C——等效电路总电容，$C=C_a+C_c+C_i$，其中 C_i 为放大器输入电容，C_a 为压电传感器等效电容，C_c 为电缆形成的杂散电容；

e_i——电容上建立的电压；

i——泄漏电流。

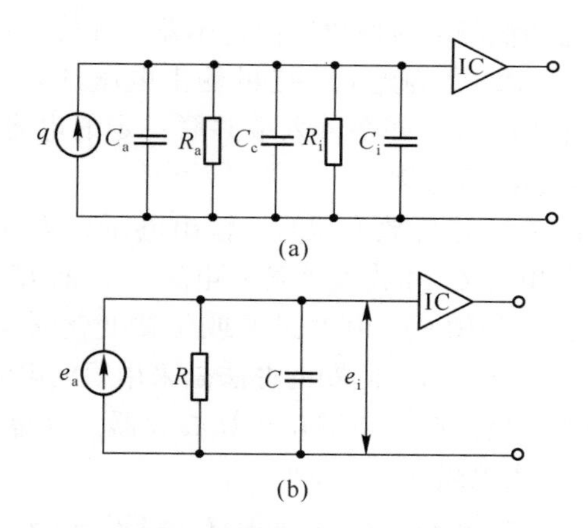

图 2-6 压电传感器接至电压放大器的等效图

而 $e_i = R_i$，该式中 R 为放大器输入阻抗 R_i 和传感器的泄漏电阻 R_a 的等效电阻，$R=R_i/R_a$。

当测量的外力为一动态交变力时，根据式（2-8）有

$$q = LDF = LDF_0\sin\omega_0 t = Lq_0\sin\omega_0 t \tag{2-12}$$

式中 ω——外力的圆频率。

为分析简单起见，将 L 归一化得：

$$q = q_0\sin\omega_0 t \tag{2-13}$$

由此可得

$$CR_i + \int i\mathrm{d}t = q_0\sin\omega_0 t \tag{2-14}$$

或

$$CR\frac{\mathrm{d}i}{\mathrm{d}t} + i = q_0\omega_0\cos\omega_0 t \tag{2-15}$$

上式的稳态解为：

$$i = \frac{q_0 \omega_0}{\sqrt{1 + (\omega_0 CR)^2}} \sin(\omega_0 t + \varphi) \tag{2-16}$$

式中，$\varphi = \arctan \dfrac{1}{\omega_0 RC}$。

电容上的电压值

$$e_i = R_i = \frac{q_0}{C} \frac{1}{\sqrt{1 + \left(\dfrac{1}{\omega_0 RC}\right)^2}} \sin(\omega_0 t + \varphi) \tag{2-17}$$

设放大器为一线性放大器，则放大器输出

$$e_o = -K \frac{q_0}{C} \frac{1}{\sqrt{1 + \left(\dfrac{1}{\omega_0 RC}\right)^2}} \sin(\omega_0 t + \varphi) \tag{2-18}$$

式中　K——放大器的增益。

由此可见，压电传感器的低频响应取决于由传感器、连接电缆和负载组成的电路的时间常数 RC。同样在做动态测量时，为建立一定的输出电压且为了不失真地测量，压电传感器的测量电路应具有高输入阻抗，并在输入端并联一定的电容 C_i 以加大时间常数 RC。但并联电容过大会使输出电压降低过多。

从式（2-18）可看到，使用电压放大器时，输出电压 e_o 与电容 C 密切关联。由于电容 C 中包括电缆形成的杂散电容 C_c 和放大器输入电容 C_i，而 C_c 和 C_i 均较小，因而整个测量系统对电缆的对地电容十分敏感。电缆过长或位置变化时均会造成输出的不稳定变化，从而影响仪器的灵敏度。解决这一问题的办法是采用短的电缆以及驱动电缆。

电荷放大器是一个带电容负反馈的高增益运算放大器，其等效电路图如图 2-7 所示。当略去漏电阻 R_a 和放大器输入电阻 R_i 时，则：

$$q \approx e_i(C_a + C_c + C_i) + (e_i - e_0)C_f = e_i C + (e_i - e_0)C_f \tag{2-19}$$

式中　e_i——放大器输入端电压；

e_o——放大器输出端电压；

C_f——放大器反馈电容。

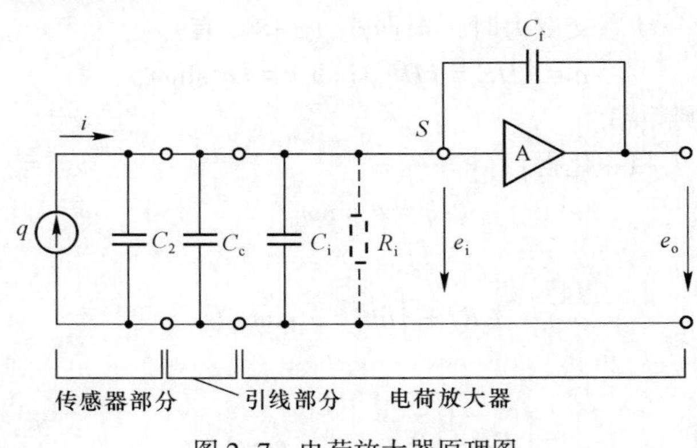

图 2-7　电荷放大器原理图

根据 $e_o=-Ke_i$，K 为电荷放大器开环放大增益，则有

$$e_o = -\frac{Kq}{(C + C_f) + KC_f} \tag{2-20}$$

当 K 足够大时，有 $KC_f \gg C+C_f$，则式（2-20）简化为

$$e_o \approx -\frac{q}{C_f} \tag{2-21}$$

由式（2-21）可知，在一定条件下，电荷放大器的输出电压与压电传感器产生的电荷量成正比，与电缆引线所形成的分布电容无关。从而电荷放大器彻底消除了电缆长度的改变对测量精度带来的影响，因此是压电传感器常用的后续放大电路。尽管电荷放大器的优点十分明显，但与电压放大器相比，其电路构造复杂，因而造价高。

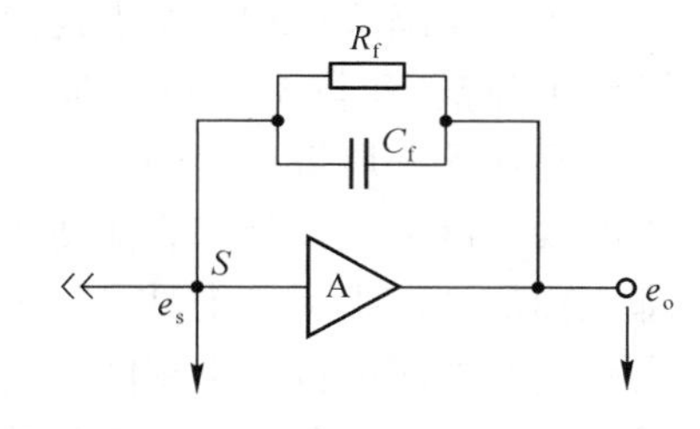

图 2-8 并联 R_f 的情况

为使运算放大器工作稳定，通常在电荷放大器的反馈电容 C_f 上并联一个电阻 R_f，如图 2-8 所示。由此可使公式（2-21）变为

$$e_o = -\frac{q}{C_f}\frac{\omega R_f C_f}{\sqrt{1 + (\omega R_f C_f)^2}}e^{j\varphi} \tag{2-22}$$

式中，$\varphi = \arctan\frac{1}{\omega R_f C_f}\left(0 \leqslant \varphi \leqslant \frac{\pi}{2}\right)$。

当 $\omega R_f C_f \gg 1$ 时，式（2-22）近似与式（2-21）相等。当 $\omega R_f C_f$ 不太大时，将对低频起抑制作用，因此它实际上起到高通滤波器的作用，其传递函数为

$$H(s) = \frac{K\tau s}{\tau s + 1} \tag{2-23}$$

式中 K——系统灵敏度；

τ——时间常数，$\tau=R_f C_f$。

因此高通的截止频率 $f_c = \frac{1}{2\pi R_f C_f}$

从式（2-23）可知，对压电传感器的一个恒定的晶片变形量，其稳态响应为零。因此，用压电传电感器不能测量静位移。若要得到一个测量误差在5%之内的幅值响应，则频率应大于某个频率 ω_1：

$$0.95^2 = \frac{(\omega_1\tau)^2}{(\omega_1\tau)^2 + 1} \tag{2-24}$$

从而 $\omega_1 = \frac{3.04}{\tau}$。从中可知一个大的时间常数 τ 能给出在低频段的精确响应值。

2.1.1.3 压电加速度传感器的结构

压电加速度传感器通常被广泛用于测震和测振。由于压电式运动传感器所固有的基本特征，压电加速度计对恒定的加速度输入并不给出相应输出。其主要特点是输出电压大，体积小以及固有频率高，这些特点对测振都是十分必要的。压电加速度传感器材料的迟滞

性是它唯一的能量损耗源，除此之外一般不再施加阻尼，因此传感器的阻尼比很小（约 0.01），但由于其固有频率十分高，这种小阻尼是可以接受的。

压电加速度传感器按其晶片受力状态的不同可分为压缩式和剪切式两种类型，图 2-9 所示为其主要的几种结构形式。

压缩式结构的压电变换部分由两片压电晶片并联而成。惯性质量借助于顶压弹簧紧压在晶片上，惯性接收部分将被测的加速度 $\ddot{x}$ 接收为质量 m 相对于底座的相对振动位移 x_o，于是晶片受到动压力 $p=kx_o$，然后由压电效应转换为作用在晶片极面上的电荷 q。

周边压缩式结构的特点是简单且牢固，并具有很好的质量灵敏度比，但由于其壳体成了整个弹簧-质量系统的一部分（图 2-9（a）），因此极易敏感温度、噪声、弯曲等造成的虚假输入。质量块上的弹簧通常被预加载，使压电材料能工作在其电荷-应变关系曲线中的线性部分。该预加载能使压电材料在不受张力作用的情况下也能测量正负加速度，亦即该预加载产生了一个具有一定极性的输出电压。但此电压很快便漏掉了，其后由加速度所引起的电压的极性则跟随运动的方向，这是因为此时电荷的极性取决于应变的变化而不是其总的值。该预加载值应足够大，使之即使在最大的输入加速度情况下也不会使弹簧变松弛。

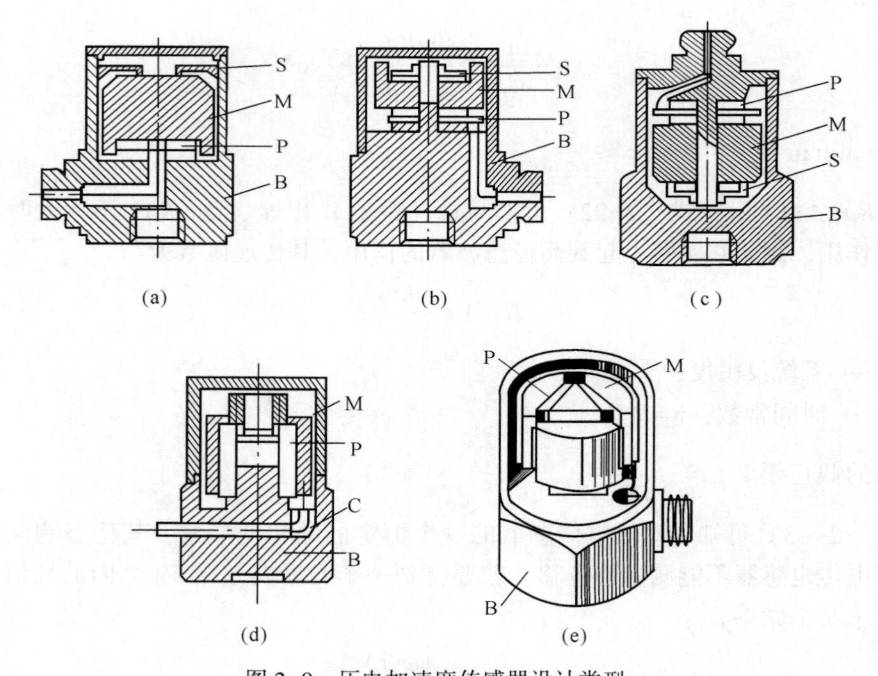

图 2-9 压电加速度传感器设计类型

（a）周边压缩式；（b）中心压缩式；（c）倒置式中心压缩式；（d）环形剪切式；（e）三角剪切式

S—弹簧；M—质量块；P—压电片；C—导线；B—基座

为降低周边压缩式结构对虚假输入的响应，采用了中心压缩式结构（图 2-9（b）、（c）），其中（c）为倒置式中心压缩结构形式，用它能减少结构对基座弯曲应变的灵敏度。

图 2-9（d）、（e）为剪切式结构，典型的剪切式结构为三角剪切式，它由三片晶体片

和三块惯性质量组成，二者借助于预紧弹簧箍在三角形的中心柱上。当传感器接收轴向振动加速度时，每一晶体片侧面受到惯性质量作用的剪切力，其方向及产生的电荷如图 2-10 所示。设所产生的电荷量为 q，则根据前面的压电方程有

$$q = d_{15}p = d_{15}kx_{r} \tag{2-25}$$

式中，x_r 为质量块的相对振动位移；k 为由晶体片剪切弹性力提供的当量弹簧刚度系数。

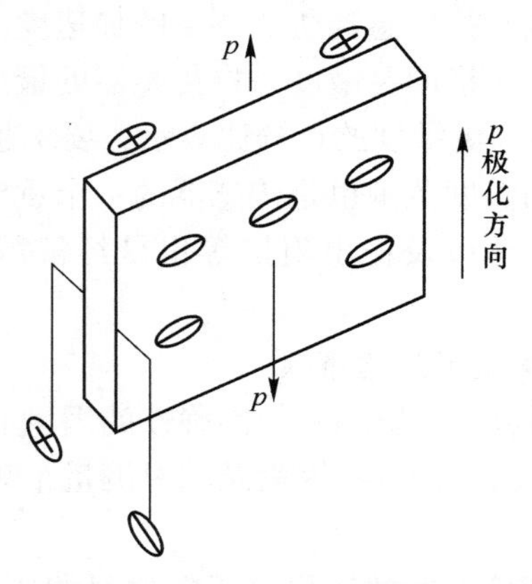

图 2-10　晶体片受剪切力的压电效应

三角剪切式的优点是能在较长时间内保持传感器特性的稳定，较压缩式结构具有更宽的动态范围和更好的线性度。三角剪切式的另一优点是它对底座的弯曲变形不敏感。如图 2-11 所示，当传感器底座发生弯曲变形时，对图中（b）的三角剪切式结构来说，这种变形不会对晶片产生附加变形，但会对中心压缩式结构产生附加变形，使整个传感器产生附加电荷输出。目前，优质的剪切式加速度传感器与压缩式传感器相比，横向灵敏度小一半，灵敏度受瞬时温度冲击和基座弯曲应变效应的影响都小得多，剪切式加速度传感器有替代压缩式加速度传感器的趋势。

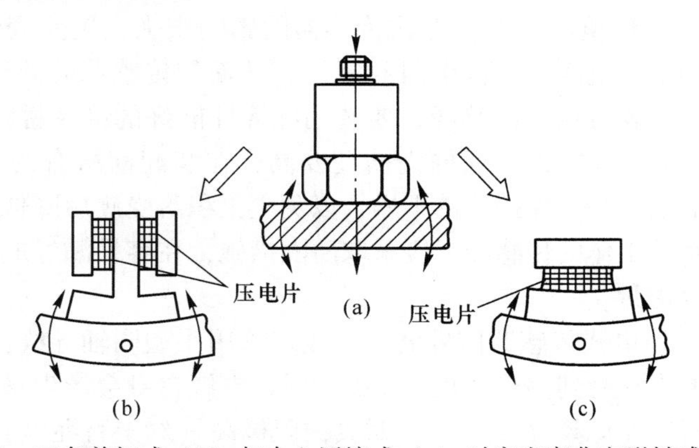

图 2-11　三角剪切式（b）与中心压缩式（c）对底座弯曲变形敏感的对比

2.1.1.4　压电加速度传感器的性能指标

表征压电加速度传感器性能特征的参数主要有：

(1) 灵敏度。灵敏度分电荷灵敏度 S_q 和电压灵敏度 S_v 两种。电荷灵敏度 S_q 是单

位加速度下的输出电荷量大小（pC/g）。电压灵敏度 S_v 则是单位加速度下的输出电压大小（mV/g）。二者之间的关系为 $S_q=S_vC_a$。对传感器灵敏度的要求是越高越好，以便于检测微弱信号。

（2）频响范围。频响范围是指传感器的幅频特性为水平线的频率范围，一般以 3dB 为截止频率点。频响范围是加速度传感器的一个最重要的指标，要求越宽越好。

（3）测量范围。测量范围是指传感器所能测量的加速度大小，要求越大越好。

（4）最大横向灵敏度。最大横向灵敏度是指传感器的最大灵敏度在垂直于主轴方向的水平面的投影值，以主轴方向的灵敏度的百分比表示，要求越小越好。

（5）使用温度范围。使用温度范围也是传感器的一个重要指标，要求越宽越好。

此外，传感器的重量、尺寸以及输出阻抗等也是经常需要考虑的因素，要求越轻越好，越小越好。

2.1.1.5 测量误差来源及使用注意事项

压电加速度传感器用于测量时，影响测量准确性的因素有很多。如环境因素、安装因素及传感器本身的特性等。下面分析这些因素及其对测量结果的影响，以及使用时需要注意的问题。

（1）温度的影响。周围环境温度的变化对压电材料的压电系数、介电常数影响最大，将使传感器的灵敏度发生变化。但不同的压电材料，其受温度变化的影响程度不同，石英晶体对温度不敏感，在常温范围内，以致温度变至 200℃ 时，石英的压电系数和介电常数几乎不变，在 200~400℃ 的范围内也变化不大，故障石英晶体常用于标准传感器。而温度对人工极化的压电陶瓷的压电系数和介电常数的影响则大得多，为了提高压电陶瓷的温度稳定性和长期稳定性，一般要进行人工老化处理。尽管如此，压电陶瓷在高温环境中使用时，其压电系数和介电常数仍会发生变化。

温度的影响还表现在对压电材料电阻率的影响以及测量电路元件、连接电缆的耐温特性等，这些都是需要考虑的方面。

（2）湿度的影响。环境湿度对压电式传感器的影响很大，主要表现在：环境湿度增大，将会使传感器的绝缘电阻（泄漏电阻）减小，从而使传感器的低频特性变坏。因此，传感器的有关部分一定要有良好的绝缘，要选用绝缘性能好的绝缘材料，如聚四氟乙烯、聚苯乙烯、陶瓷等。此外，零件表面的光洁度要高，在装配前所有的零件都要用酒精清洗、烘干，传感器的输出端要保持清洁干燥，以免尘土积落受潮后降低绝缘电阻。对那些长期在潮湿环境或水下工作的传感器，应采取防潮措施，在容易漏气或进水的输出引线接头处用聚氟塑料加以密封。

（3）电缆噪声。压电式传感器信号电缆一般多采用小型同轴导线，这种电缆很柔软，具有良好的挠性。但当它受到突然的扰动或振动时，电缆自身会产生噪声。由于压电式传感器是电容性的，所以在低频（≤20Hz）时其内阻极高（约上百兆欧），这样，电缆里产生的噪声不会很快消失，以致进行前置放大器，成为一种干扰信号。

电缆噪声完全是由电缆自身产生的。普通的同轴电缆是由带挤压聚乙烯或聚四氟乙烯材料作绝缘保护层的多股绞线组成的。外部屏蔽是一个纺织的多股镀银金属套套在绝缘材料上，如图 2-12 所示。当电缆受到突然的弯曲振动时电缆芯线和绝缘体之间以及绝缘体和金属屏蔽套之间就可能发生相对移动，以致在它们两两之间形成一个空隙。当相对移动很快时，在空隙中将因静摩擦而产生静电感应，静电荷放电时将直接被送到放大器中，形成电缆噪声。

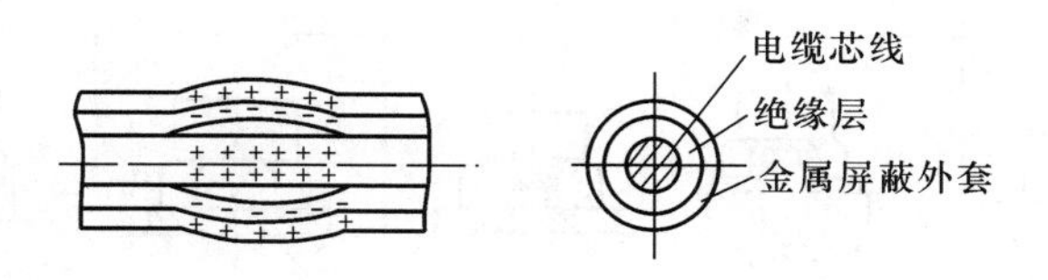

图 2-12 同轴电缆结构及电缆噪声的产生机理

为减小电缆噪声，除选用特制的低噪声电缆外，在测量过程中应将电缆固定，以避免相对运动，如图 2-13 所示。

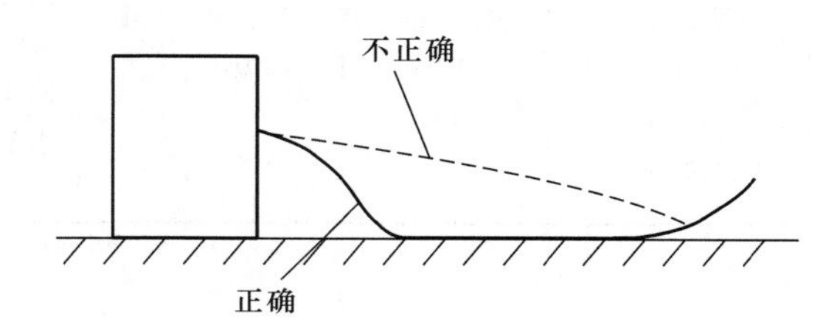

图 2-13 传感器连接电缆的正确固定

(4) 接地回路噪声。在振动测试中，测试用仪器往往不止一个，如果各仪器和传感器等分别接地，如图 2-14（a）所示，当不同接地点之间存在电位差 ΔU 时，该电位差就会在接地回路中形成回路电流，导致在测量系统中产生噪声信号。防止接地回路中产生噪声信号的措施是把整个测量系统在一点接地，如图 2-14（b）所示，此时由于没有接地回路，当然也就不会有回路电流和噪声信号了。

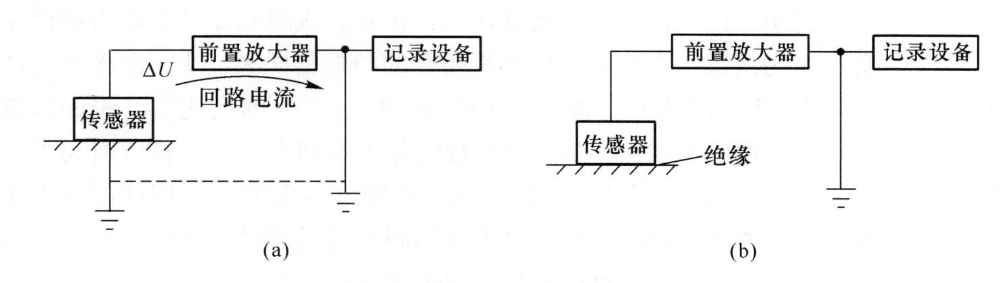

图 2-14 接地回路及防止措施

（a）接地回路；（b）防止措施

一般合适的接地点是记录设备的输入端。因此，要将传感器和放大器对地隔离。传感器的简单隔离方法是对地绝缘，可以用绝缘螺栓和云母垫片将传感器与它所安装的构件绝缘。

(5) 传感器安装方式的影响。安装方式是影响测量结果的一个重要因素，因为不同的安装方式对传感器频响的特性影响是不同的。表 2-1 给出了加速度传感器的几种常见的安装方式及各自的特点，以便安装时参考。

表2-1 压电加速度传感器的安装方式及其特点

安装方式	钢制双头螺栓安装	绝缘螺栓加云母垫片	用黏结剂固定	刚性高的蜡	永久磁铁安装	手持
安装示意图		云母垫片	刚性高的专用垫	刚性高的蜡	与被测物绝缘的永久磁铁	
特点	频响特性最好，基本不降低传感器的频响性能。负荷加速度最大，是最好的安装方法，适合于冲击测量	频响特性近似于没加云母片的双头螺栓安装，负荷加速度大，适合于需要电气绝缘的场合	用黏结剂固定，和绝缘法一样，频率特性良好，可达10kHz	频率特性好，但不耐高温	只适用于1~2kHz的测量，负荷加速度中等(小于200g)，使用温度一般小于150℃	用手按住，频响特性最差，负荷加速度小，只适用于小于1kHz的测量，其最大的优点是使用方便

2.1.2 电涡流传感器

电涡流传感器是一种非接触式振动测量传感器，它利用金属导体在交变磁场作用下的电涡流效应，将形变、位移与压力等物理参量的改变转化为阻抗、电感、品质因数等电磁参量的变化。由于电涡流传感器具有灵敏度高、频响范围宽、测量范围大、抗干扰能力强、不受介质影响、结构简单以及非接触测量等优点而被广泛应用。

2.1.2.1 电涡流传感器的工作原理

如图2-15所示，一线圈靠近一块金属板，两者相距δ，当线圈中通以一交变高频电流时，会引起一交变磁通Φ。由于该交变磁通的作用，在靠近线圈的金属表面内部产生一感应电流i_1，该电流i_1即为涡流，在金属板内部是闭合的。根据楞次定律，由该涡流产生的交变磁通Φ_1将与线圈产生的磁场方向相反，亦即Φ_1将抵抗Φ的变化。由于该涡流磁场的作用，线圈的等效阻抗将发生变化，其变化的程度除了与两者间的距离δ有关外，还与金属导体的电阻率ρ、磁导率μ以及线圈的激磁电流圆频率ω等有关。因此改变上述任意一种参数，均可改变线圈的等效阻抗，从而可做成不同的传感器件。例如：改变δ来测量位移和振动，改变ρ或μ可用来测量材质变化或用于无损探伤等。

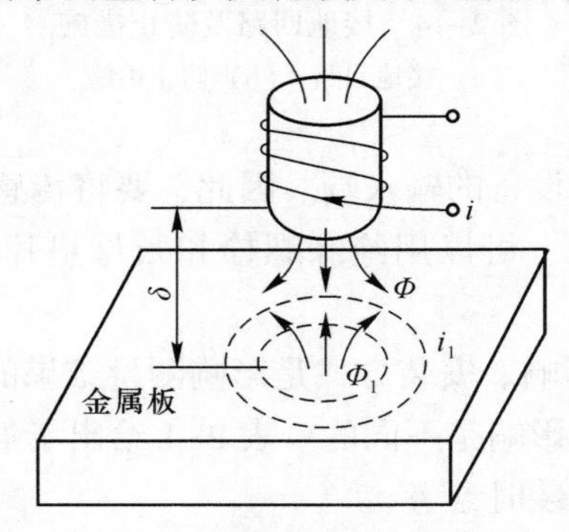

图2-15 电涡流传感器的工作原理

2.1.2.2 等效电路

分析涡流传感器中的线圈阻抗与影响线圈阻抗的诸因素之间存在一定的函数关系。将电涡流传感器与被测金属导体用图 2-16 所示的等效电路来表示，图中金属导体被抽象为一短路线圈，它与传感器线圈磁性耦合，两者之间定义一互感系数 M，表示耦合程度，它随间距 δ 的增大而减小。R_1 和 L_1 分别为线圈的电阻和电感。R_2 和 L_2 分别为金属导体的电阻和电感。设 E 为激励电压，由克希霍夫定律可得

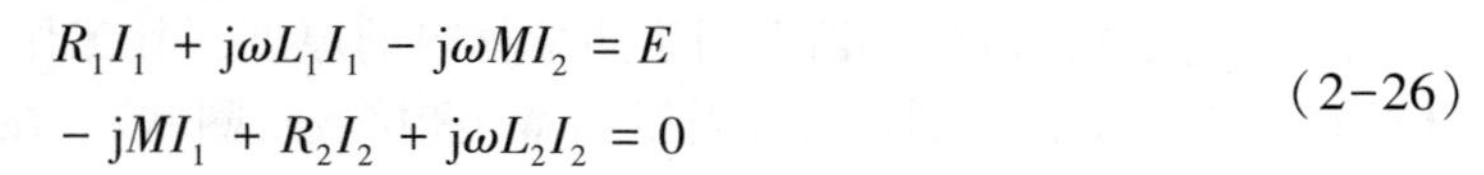

$$\begin{aligned} R_1 I_1 + \mathrm{j}\omega L_1 I_1 - \mathrm{j}\omega M I_2 = E \\ -\mathrm{j}M I_1 + R_2 I_2 + \mathrm{j}\omega L_2 I_2 = 0 \end{aligned} \tag{2-26}$$

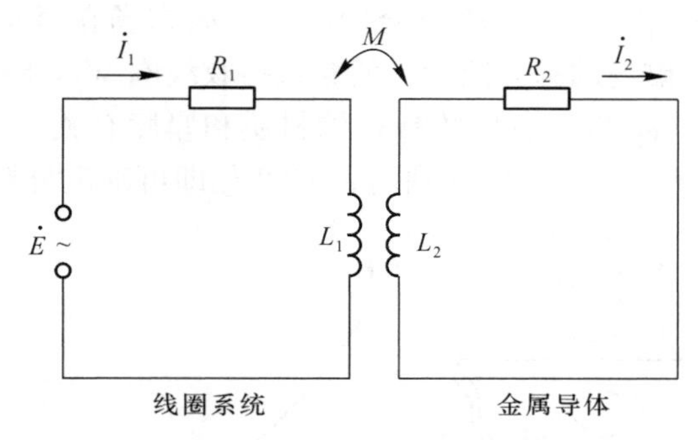

图 2-16 电涡流传感器与被测物体的等效电路

将上两式改写成

$$\left.\begin{aligned} (R_1 + \mathrm{j}\omega L_1) I_1 - \mathrm{j}\omega M I_2 = E \\ -\mathrm{j}M I_1 + (R_2 + \mathrm{j}\omega L_2) I_2 = 0 \end{aligned}\right\} \tag{2-27}$$

解上述方程组得

$$\left.\begin{aligned} I_1 &= \frac{E}{R_1 + \dfrac{\omega^2 M^2}{R_2^2 + (\omega L_2)^2} R_2 + \mathrm{j}\omega L_1 - \dfrac{\omega^2 M^2}{R_2^2 + (\omega L_2)^2} \omega L_2} \\ I_2 &= \mathrm{j}\omega \frac{M I_1}{R_2 + \mathrm{j}\omega L_2} = \frac{M\omega^2 L_2 I_1 + \mathrm{j}\omega M R_2 I_1}{R_2^2 + (\omega L_2)^2} \end{aligned}\right\} \tag{2-28}$$

进而可计算出线圈受到金属导体影响后的等效电阻为

$$Z = R_1 + \frac{\omega^2 M^2}{R_2^2 + (\omega L_2)^2} R_2 + \mathrm{j}\omega L_1 - \frac{\omega^2 M^2}{R_2^2 + (\omega L_2)^2} \omega L_2 \tag{2-29}$$

线圈的等效电感也可计算为

$$L = L_1 - L_2 \frac{\omega^2 M^2}{R_2^2 + \omega^2 L_2^2} \tag{2-30}$$

式（2-30）中的第一项 L_1 与静磁学效应有关。线圈与金属导体形成一个磁路，可以认为有效磁导率取决于该磁路。当金属导体为磁性材料时，该有效磁导率随间距 δ 的缩小而增大，L_1 也随之增大。但若当金属导体为非磁性材料时，有效磁导率不随间距的变化而变化，因此 L_1 不变。该式中的第二项与电涡流效应有关，电涡流产生一个与原磁场方向相反的磁场并由此减小线圈的电感。间距 δ 越小，电感减小得越厉害。由于在金属导体中流动的电涡流要产生热量而消耗能量，因此线圈阻抗的实数部分是增加的，且金属导体材料

的导电性能和导体离线圈的距离将直接影响该实数部分的大小，这一点从式（2-29）中可以清楚看出。另外，该实数部分的大小与导体是否为磁性材料无关。

2.1.2.3　测量电路

电涡流传感器一般分为高频反射式和低频透射式两种。以上介绍的基本上为高频反射式，其激励电流 i 为高频（兆赫以上）电流。这种传感器通常用来测量位移、振动等物理量。

低频透射式涡流传感器多用于测量材料的厚度，其工作原理如图 2-17 所示。在被测材料 G 的上、下方分别置有发射线圈 W_1 和接收线圈 W_2。在发射线圈 W_1 的两端加有低频（一般为音频范围）电压 e_1，因此形成一交变磁场，该磁场在材料 G 中感应产生涡流 i。由于涡流 i 的产生消耗了磁场的部分能量，使穿过接收线圈 W_2 的磁通量减小，从而使 W_2 产生的感应电势 e_2 减小。e_2 的大小与材料 G 的材质和厚度有关，e_2 随材料厚度 h 的增加按指数规律减小（图 2-17（b）），因此利用 e_2 的变化即可确定材料的厚度。

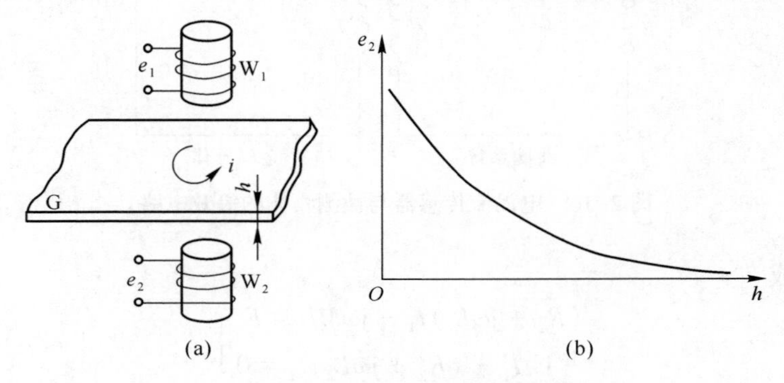

图 2-17　低频透射式涡流传感器

涡流传感器的测量电路一般有阻抗分压式调幅电路及调频电路。

图 2-18 示出一种涡流测振仪用分压式调幅电路的原理。它由晶体振荡器、高频放大器、检波器和滤波器组成。由晶体振荡器产生高频振荡信号作为载波信号。由传感器输出的信号经与该高频载波信号作调制后输出的信号 e 为高频调制信号，该信号经放大器放大后再经检波与滤波即可得到气隙 δ 的动态变化信息。

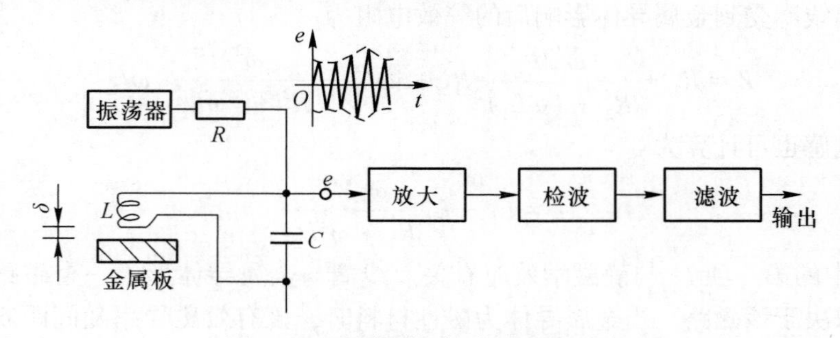

图 2-18　涡流测振仪分压调幅电路

图 2-19 示出调频电路的工作原理。该法同样把传感器线圈接成一个 LC 振荡回路。与调幅电路不同的是将回路的谐振频率作为输出量。随着间隙 δ 的变化，线圈电感 L 亦将变

化，由此使振荡器的振荡频率 f 发生变化。采用鉴频器对输出频率作频率-电压转换，即可得到与 δ 成正比的输出电压信号。

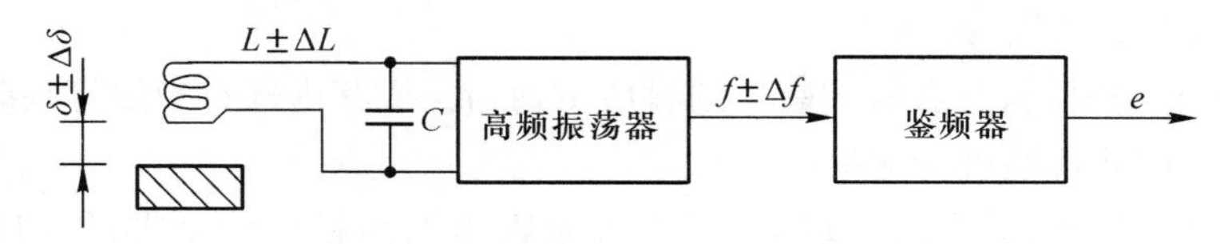

图 2-19 调频电路工作原理

涡流式电感传感器由于结构简单、使用方便等特点已经在位移、振动、材料的无损探伤等诸多领域得到广泛应用。其测量的范围和精度取决于传感器的结构尺寸、线圈匝数以及激磁频率等诸因素。测量的距离可为 0~30mm，频率范围为 $0\sim10^4$Hz，线性度误差约为 1%~3%，分辨率最高可达 0.05μm。

2.1.2.4 电涡流传感器的结构

高频反射式电涡流传感器目前被广泛使用，其结构比较简单，一般由传感器头部、传感器壳体、固定电缆和接头四部分组成，有的传感器上还有供安装固定用的支架等附件，图 2-20 是 CZF_1 型电涡流传感器的结构简图。

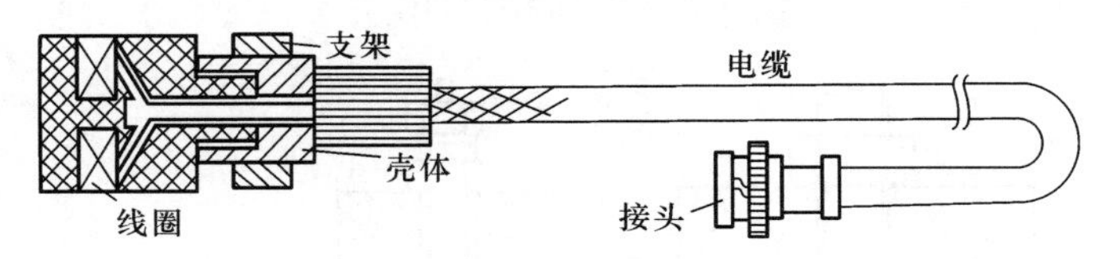

图 2-20 CZF_1 型电涡流传感器的结构简图

（1）传感器头部是传感器感受被测信号的关键部分，主要是由一矩形截面线圈及其框架组成，其中线圈可以粘贴于框架上，也可在框架上开一沟槽，将导线绕在槽内。对线圈的设计要求是灵敏度高、线性范围大、稳定性好。因此，要求线圈的磁场轴向分布范围要大，线圈的涡流损耗功率随被测体间隙的变化要大，亦即轴向磁场强度的变化要大。对于具有矩形截面的线圈，外径越大，则线性范围越大，但灵敏度降低；反之，线圈外径越小，灵敏度越高，而线性范围越小。对线圈阻抗的要求是尽可能地小，因为大阻抗会降低线圈的灵敏度，实际传感器均选用电阻系数小的材料，如高强度漆包线、银合金漆包线等。骨架材料要求涡流损耗要小，绝缘性能好、肿胀系数小，通常用聚四氟乙烯、陶瓷、环氧玻璃纤维等。

（2）传感器壳体一般为不锈钢制成，用于支持传感器头部和测试时装夹。

（3）固定电缆是与传感器头部接在一起的射频同轴电缆，长约 0.5~1m。

（4）接头用以与延长电缆（长 5~10m 或更长）或前置器相连接，多为标准接插头，如高频插头、航空密封插头等。

2.1.2.5 性能特点及使用注意事项

能实现非接触式测量是电涡流传感器最显著的特点。此外，其优点是灵敏度高、频响范围宽、测量范围大、抗干扰能力强、结构简单、标定容易等。

其缺点是：

（1）对被测材料敏感是它的主要缺点。被测材料不同，传感器的灵敏度和线性范围都要发生变化。被测体导电率越高，灵敏度越高，在相同量程下，其线性范围越宽。因此，在被测体材料改变时必须重新标定。

（2）对于同一种材料，若被测表面的材质不均匀，或其内部有裂纹等缺陷，就会影响测量结果（可利用此特性进行无损探伤）。

被测物体形状对测量结果也有影响。当被测物体的面积比传感器的线圈面积大得多时，传感器的灵敏度基本上不发生变化；而当被测面积为传感器线圈面积的一半时，其灵敏度减少一半；更小时，则其灵敏度显著下降。若被体为圆柱体时，当圆柱体的直径 D 为传感器线圈直径的 3.5 倍以上时，测量结果基本不受影响；当 $D/d=1$ 时，灵敏度降至 70%左右。

在使用过程中，除要注意传感器因其上述缺点而对测量结果带来的影响外，还应对传感器的安装予以足够的重视。实践证明，传感器安装的好坏将直接影响测量结果的正确性。首先应注意电涡流传感器安装时，其头部四周必须要留有一定范围的非导电介质空间，如图 2-21 所示。当被测体与传感器间不允许留有空间时，可采用绝缘体材料进行灌封。此外，若同一部位需安装两个以上的传感器时，应注意使它们之间留有足够的空间，以避免交叉干扰。具体安装时可参阅传感器所带说明书。

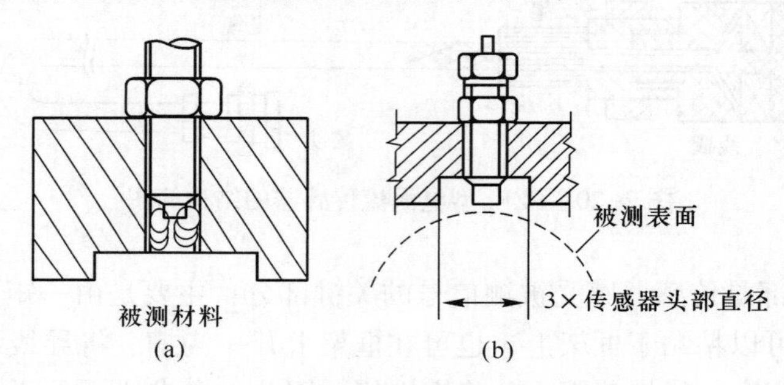

图 2-21　传感器头部的非导磁空间
（a）不正确安装；（b）正确安装

2.1.3　振动传感器的选用原则

在实际测试工作中，选用振动传感器应本着可用和优化的原则。所谓可用，就是要使所选的传感器满足最基本的测试要求；所谓优化，就是在满足基本测试要求的前提下，尽量降低传感器的费用，即取得最佳的性能价格比。具体来说，就是要考虑以下几方面的问题：

（1）测量范围。测量范围又称量程，是保证传感器有用的首要指标，因为超量程测量不仅意味着测量结果的不可靠，而且有时还会造成传感器的永久损坏。因此，必须保证不超过传感器的测量量程。不过，对于振动加速度传感器来说，这个问题显得不那么重要。因为一个好的加速度传感器，可承受高达±10000g 的冲击，一般性能的传感器也能承受 50g 左右的振动。

（2）频响范围。振动参量的最显著特性就是其频率构成特性，即一个机械振动信号往往是由许多频率不同的信号叠加而成。从理论上来讲，其频率分布可从 0Hz 到无穷大，因此要求用于振动测试的传感器的频率特性要好，也就是要求其幅频特性的水平范围尽可能宽，相频特性为线性。同时还要求其频率下限尽可能地低，以检测缓变的振动信号，其频率上限尽可能地高，以检测高频率冲击信号。实际上，一个传感器往往很难同时满足这两个要求，因此，在选用传感器前，应该对被信号的频率构成情况进行初步的了解，并结合振动测试的目的，确定出优先要求的指标是低下限频率，还是高上限频率。所选传感器的工作频响范围应覆盖整个需要测试的信号频段并略有超出，但也不要选用频响范围过宽的传感器，以免增加传感器的费用，同时无用频率信号的引入还会增加后续信号分析处理工作的难度，甚至得出错误的结论。

（3）灵敏度。一般而言，总是希望传感器的灵敏度尽可能高，以便检测微弱信号，但还要考虑以下几点，首先外界噪声的混入会因传感器的灵敏度提高而变得容易，这就要求传感器的信号比（S/N）要高，以便在充分放大被测信号的同时，能最有效地抑制噪声信号；其次，在确定传感器的灵敏度时，还要与其测量范围结合起来考虑，应使传感器工作在线性区；最后，对于二维、三维等多维向量的测量，要求传感器向与向之间的交叉灵敏度愈小愈好。

（4）精度。传感器的精度是影响测试结果真实性的主要指标，便也并不是要求精度愈高愈好，这主要是因为传感器的精度与其价格对应，精度提高一级，传感器的价格将成倍增长，因此，应从实际需要出发来选用。首先应该明确测试工作的目的是定性分析还是定量分析，如果是属于比较性的定性研究，由于只需得到相对比较值，而无须要求高精度的绝对值，此时可选择低精度的传感器；而对于那些需要精确地测量振动参量绝对值的场合，则要选用高精度的传感器。此外，确定传感器的精度时还要与整个测试系统综合起来考虑，对于同一测试系统中的设备，应尽量使它们属于同一精度等级，以优化测试成本。

（5）稳定性。传感器的稳定性有两方面的含义，即时间稳定性和环境稳定性，其中环境（温度、湿度、灰尘、电磁场等因素）稳定性是任何传感器都应考虑的问题，要保证传感器工作在允许的环境条件下，以避免降低传感器的性能。对于那些用于水下、高温、易爆等特殊工况的传感器，还要考虑其相应的技术性能，以免发生危险。至于时间稳定性，则是用于长期工况监测的传感器所要重点考虑的问题。

另外，传感器的工作方式、外形尺寸、重量等也是选用传感器时应该考虑的因素。

2.2 信号的转换与调理

信号的转换与调理是振动测试的重要组成部分。被测振动参量经传感器被转换为电阻、电容、电感或电压、电流、电荷等电参量的变化，由于在测量过程中不可避免地遭受各种内、外干扰因素的影响，且为了用被测信号驱动显示、记录和控制等仪器或进一步将信号输入计算机进行数据处理，因此经传感后的信号尚需经过调理、放大、滤波、运算分析等一系列的加工处理，以抑制干扰噪声、提高信噪比，便于进一步的传输和后续环节中的处理。信号的转换与调理涉及的范围很广，本章将集中讨论一些常用的环节如电桥、调制与解调、信号的滤波及 A/D、D/A。

2.2.1　电桥

电桥是将电阻、电容、电感等参数的变化转换为电压或电流输出的一种测量电路。由于电桥电路简单可靠，且具有很高的精度和灵敏度，因此被广泛用作仪器测量电路。

电桥按其所采用的激励电源类型可分为直流电桥和交流电桥两类，按其工作原理又可分为归零法和偏值法两种，其中尤以偏值法的应用更为广泛。

2.2.1.1　直流电桥

图 2-22 示出直流电桥的基本结构形式，其中电阻 R_1、R_2、R_3、R_4 组成电桥的四个桥臂，在电桥的一条对角线两端 a 和 c 接入直流电源 e_x 作为电桥的激励电源。而在电桥的另一对角线两端 b 和 d 上输出电压值 e_o，该输出可直接用于驱动指示仪表，也可接入后续放大电路。

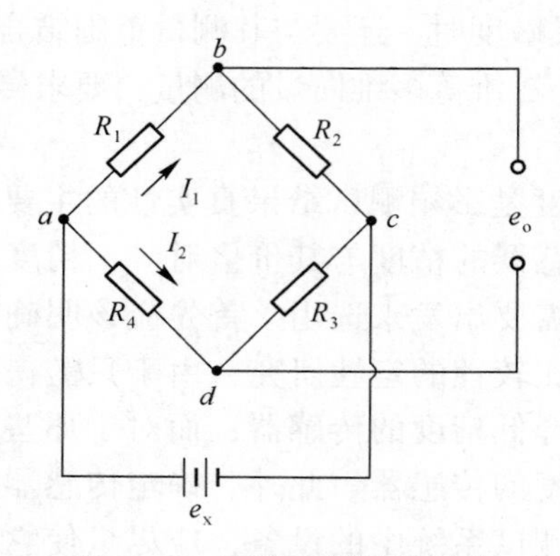

图 2-22　直流电桥结构形式

作为测量电路的直流电桥其工作原理是利用四个桥臂中的一个或数个的阻值变化而起电桥输出电压的变化，因此桥臂可采用电阻式敏感元件组成并接入测量系统。

图 2-22 所示为直流电桥，当输出端后接输入阻抗较大的仪表或放大电路时，可视为开路，其输出电流为零，此时有：

$$\begin{aligned} I_1 &= \frac{e_x}{R_1 + R_2} \\ I_2 &= \frac{e_x}{R_3 + R_4} \end{aligned} \tag{2-31}$$

a 和 b 之间与 a 和 d 之间的电位差分别为

$$U_{ab} = I_1 R_1 = \frac{R_1}{R_1 + R_2} e_x \tag{2-32}$$

$$U_{cd} = I_2 R_4 = \frac{R_4}{R_3 + R_4} e_x \tag{2-33}$$

由此可得输出电压

$$e_o = U_{ab} - U_{cd} = \frac{R_1}{R_1 + R_2}e_x - \frac{R_4}{R_3 + R_4}e_x = \frac{R_1R_3 - R_2R_4}{(R_1 + R_2)(R_3 + R_4)}e_x \tag{2-34}$$

由式（2-34）可知，若要使输出为零，亦即当电桥平衡时，则应有：

$$R_1R_3 = R_2R_4 \tag{2-35}$$

式（2-35）即为直流电桥的平衡公式。由式可知，公式中四个电阻的任何一个或数个阻值发生变化而使电桥的平衡不成立时，均可引起电桥输出电压的变化，因此适当选取各桥臂电阻值，可使输出电压仅与被测量引起的电阻值变化有关。

常用的电桥连接形式有半桥单臂、半桥双臂和全桥连接，如图 2-23 所示。图 2-23（a）所示为半桥单臂连接形式，在工作时仅有一个桥臂电阻值随被测量变化，设该电阻为 R_1，其变化量为 ΔR，则由式（2-34）可得：

$$e_o = \left(\frac{R_1 + \Delta R}{R_1 + R_2 + \Delta R} - \frac{R_4}{R_3 + R_4}\right)e_x \tag{2-36}$$

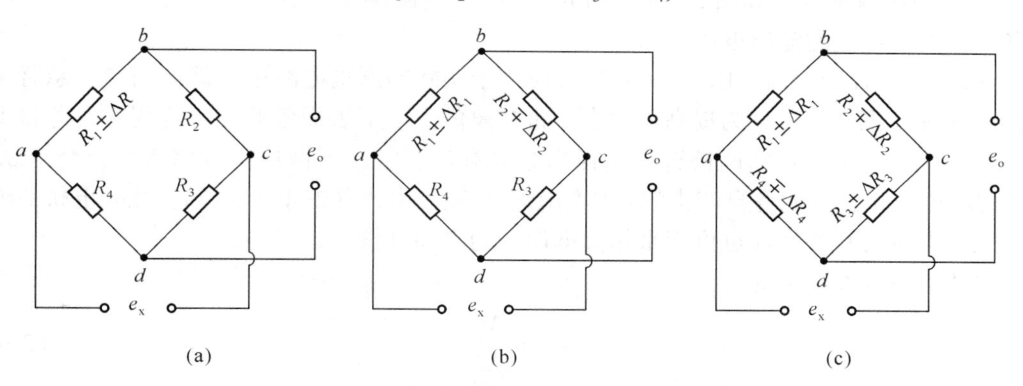

图 2-23　直流电桥的连接方式
（a）半桥单臂；（b）半桥双臂；（c）全桥

实践中常设相邻桥臂的阻值相等，亦即：$R_1 = R_2 = R_0$，$R_3 = R_4 = R_0'$，又若 $R_0 = R_0'$，则上式变为

$$e_o = \frac{\Delta R}{4R_0 + 2\Delta R}e_x \tag{2-37}$$

一般 $\Delta R \ll R_0$，因此上式简化为

$$e_o = \frac{\Delta R}{4R_0}e_x \tag{2-38}$$

可见电桥输出 e_o 与激励电压 e_x 成正比，且在 e_x 和 R_0 固定条件下，与变化桥臂的阻值变化量成单调线性变化关系。

图 2-23（b）为半桥双臂连接形式，工作时有两个桥臂（一般为相邻桥臂）随被测量变化，图中为 $R_1 \pm \Delta R_1$，$R_2 \mp \Delta R_2$ 同样由式（2-34）可知，当 $R_1 = R_2 = R_0$，$R_3 = R_4 = R_0'$，$\Delta R_1 = \Delta R_2 = \Delta R$ 且 $R_0 = R_0'$ 时，可得电桥输出电压

$$e_o = \frac{\Delta R}{2R_0} e_x \tag{2-39}$$

图 2-23（c）所示的全桥连接法中四个桥臂的阻值均随被测量变化，即：$R_1 \pm \Delta R_1$，$R_2 \mp \Delta R_2$，$R_3 \pm \Delta R_4$，$R_4 \mp \Delta R_4$，同样，当 $R_1 = R_2 = R_3 = R_4 = R_0$，且 $\Delta R_1 = \Delta R_2 = \Delta R_3 = \Delta R_4 = \Delta R$ 时，由式（2-34）计算得输出：

$$e_o = \frac{\Delta R}{R_0} e_x \tag{2-40}$$

又若当四个桥臂的阻值变化同号时，即为：$R_1 + \Delta R_1$，$R_2 + \Delta R_2$，$R_3 + \Delta R_3$，$R_4 + \Delta R_4$，而当 $R_1 = R_2 = R_3 = R_4 = R_0$，阻值变化相对各阻值本身为小量时，可得此时的输出电压近似为

$$e_o = \frac{1}{4}\left(\frac{\Delta R_1}{R} - \frac{\Delta R_2}{R} + \frac{\Delta R_3}{R} - \frac{\Delta R_4}{R}\right) e_x \tag{2-41}$$

由式（2-41）可看出桥臂阻值变化对输出电压的影响规律：

（1）相邻两桥臂（如图 2-23 中的 R_1 和 R_2）电阻的变化所产生的输出电压为该两桥臂各阻值变化产生的输出电压之差；

（2）相对两桥臂（如图 2-23 中的 R_1 和 R_3）电阻的变化所产生的输出电压为该两桥臂各阻值变化产生的输出电压之和。

这便是电桥的和差特性。这一特性可应用于实际的测量电路中。例如测量一悬臂梁结构的应变仪（图 2-24），为提高灵敏度，常在梁的上、下表面各贴一个应变片，并将上述两应变片接入电桥的相邻两桥臂。这样当梁受载时，上、下两应变片将各自产生 $+\Delta R$ 和 $-\Delta R$ 的阻值变化，它们各自产生的电压输出将相减，由式（2-41）可知，此时电桥的输出为最大。电桥的和差特性也可用来作温度误差的自动补偿。

电桥的灵敏度定义为

$$S = \frac{\Delta e_o}{\Delta R} \tag{2-42}$$

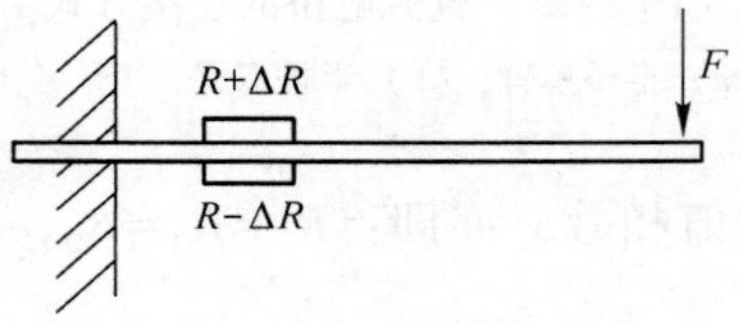

图 2-24　悬臂梁应变仪结构

也有的将电桥的灵敏度定义为 $S = \dfrac{\Delta e_o}{\Delta R / R'}$，其中将 $\dfrac{\Delta R}{R'}$ 作为输入量。

直流电桥的优点是采用直流电源作激励电源，而直流电源稳定性高。电桥的输出 e_o 是直流量，可用直流仪表测量，精度高。电桥与后接仪表间的连接导线不会形成分布参数，因此对导线连接的方式要求较低。另外，电桥的平衡电路简单，仅需对纯电阻的桥臂调整即可。直流电桥的平衡调节，无论是串联、并联、差动的还是非差动的，实质都是调节桥臂的电阻值来达到电桥的平衡，实现起来比较容易。直流电桥的缺点是易引入工频干扰，由于输出为直流量，故需对其作直流放大，而直流放大器一般都比较复杂，易受零漂和接地电位的影响。因此直流电桥适合于静态量的测量。

2.2.1.2 交流电桥

交流电桥电路结构与直流电桥相似，所不同的是：交流电桥的激励电源为交流电源，电桥的桥臂可以是电阻、电感或电容（图 2-25，图中的 $z_1 \sim z_4$ 表示四桥臂的交流阻抗）。

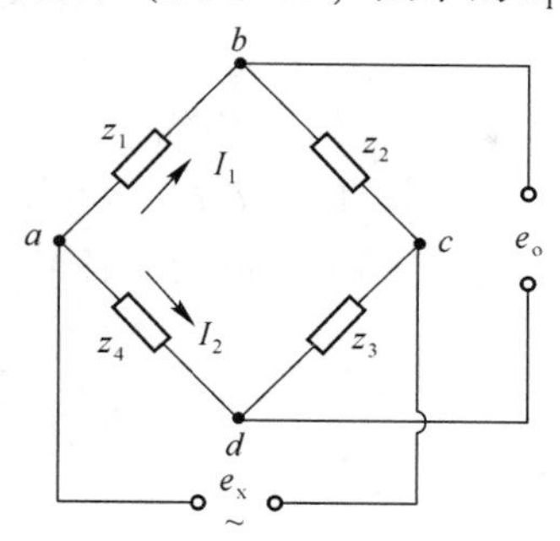

图 2-25 交流电桥

若将交流电桥的阻抗、电流及电压用复数表示，则直流电桥的平衡关系式也可用于交流电桥。由图 2-25 可知，当电桥平衡时有：

$$z_1 z_3 = z_2 z_4 \tag{2-43}$$

式中，zi 为各桥臂的复数阻抗，$z_i = Z_i e^{j\varphi_i}$，而 Z_i 为复数阻抗的模，φ_i 为复数阻抗的阻抗角。

代入式（2-43）得

$$Z_1 Z_3 e^{j(\varphi_1+\varphi_3)} = Z_2 Z_4 e^{j(\varphi_2+\varphi_4)} \tag{2-44}$$

上式成立的条件是：

$$Z_1 Z_3 = Z_2 Z_4$$
$$\varphi_1 + \varphi_3 = \varphi_2 + \varphi_4 \tag{2-45}$$

式（2-45）表明，交流电桥平衡要满足两个条件，即：两相对桥臂的阻抗模的乘积相等；其阻抗角的和相等。

由于阻抗角表示桥臂电流与电压之间的相位差，而当桥臂为纯电阻时，$\varphi=0$，即电流与电压同相位；若为电感性阻抗，$\varphi>0$；电容性阻抗时，$\varphi<0$。由于交流电桥平衡必须同时满足模及阻抗角的两个条件，因此桥臂结构可采取不同的组合方式，以满足相对桥臂阻抗角之和相等这一条件。

图 2-26 示出两种常见的交流电桥形式，其中（a）为电容电桥，电桥中两相邻桥臂为纯电阻 R_2、R_3，而另两相邻桥臂为电容 C_1、C_4，其中 R_1、R_4 可视为电容介质损耗的等效电阻，由此根据式（2-45）的平衡条件有：

$$\left(R_1 + \frac{1}{j\omega C_1}\right) R_3 = \left(R_4 + \frac{1}{j\omega C_4}\right) R_2 \tag{2-46}$$

展开有：

$$R_1 R_3 + \frac{R_3}{j\omega C_1} = R_2 R_4 + \frac{R_2}{j\omega C_4}$$

根据实部、虚部分别相等的原理可得：

$$\left.\begin{aligned} R_1 R_3 &= R_2 R_4 \\ \frac{R_3}{C_1} &= \frac{R_2}{C_4} \end{aligned}\right\} \tag{2-47}$$

由式（2-47）可知，为达到电桥平衡，必须同时调节电容与电阻两个参数，使之分别取得电阻和电容的平衡。

图 2-26（b）为电感电桥，两相邻桥臂分别为 L_1、L_4 和 R_2、R_3。同样由式（2-45）的平衡条件可最终得：

$$\begin{cases} R_1R_3 = R_2R_4 \\ L_1R_3 = L_4R_2 \end{cases} \tag{2-48}$$

调平衡时也就是分别调节电阻和电感两参数使之各自达到平衡。

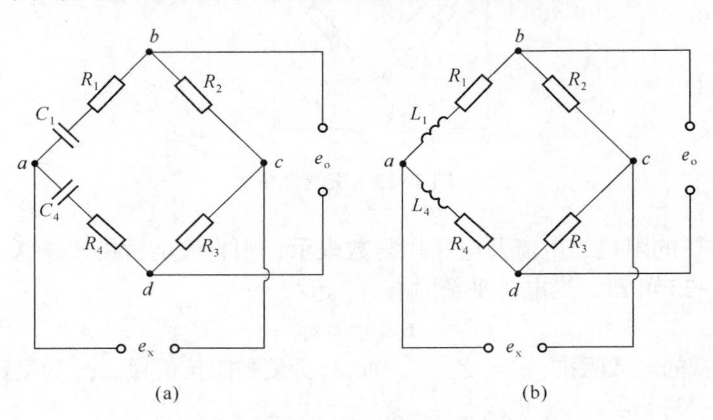

图 2-26　电容电桥与电感电桥

（a）电容电桥；（b）电感电桥

由于交流电桥的平衡必须同时满足幅值与阻抗角两个条件，因此较之直流电桥其平衡调节要复杂得多。即使是纯电阻交流电桥，电桥导线之间形成的分布电容也会影响桥臂阻抗值，相当于在各桥臂的电阻上并联了一个电容（图 2-27（a））。为此，在调电阻平衡时尚需进行电容的调平衡。图 2-27（b）示出的是一种用于动态应变仪的纯电阻电桥，其中采用差动可变电容器 C_2 来调电容，使并联的电容值得到改变，来实现电桥电容的平衡。

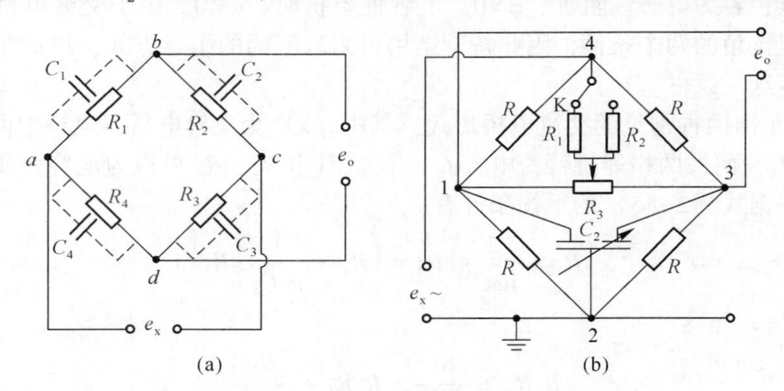

图 2-27　交流电桥平衡调节

（a）电桥的分布电容；（b）采用电阻电容平衡的交流电阻电桥

在交流电桥的使用中，影响交流电桥测量精度及误差的因素较之直流电桥要多得多，如电桥各元件之间的互感耦合、无感电阻的残余电抗、泄漏电阻、元件间以及元件对地之间的分布电容、邻近交流电路对电桥的感应影响等，对此应尽可能地采取适当措施加以消除。另外，对交流电桥的激励电源要求其电压波形和频率必须具有很好的稳定性，否则将影响到电桥的平衡。当电源电压波形畸变时，其中亦即包含了高次谐波。即使针对基波频率将电桥调至平衡，由于电源电压波形中有高次谐波，仍将有高次谐波的输出，电桥仍不一定能平衡。作为电桥电源一般多采用频率范围为 5～10kHz 的音频交流电源，此时电桥输出将为调制波，外界工频干扰便不易被引入电桥线路中，由此后接交流放大电路便可采用一般简单的形式，且没有零漂的问题。

采用交流电桥时，必须注意一些影响因素，如电桥元件之间的互感、无感电阻的残余电抗、邻近交流电源对电桥的感应作用、泄漏电阻以及元件之间、元件与地之间的分布电容。

2.2.1.3 变压器式电桥

变压器式电桥将变压器中感应耦合的两线圈绕组作为电桥的桥臂，图 2-28 示出其常用的两种形式。图 2-28（a）所示电桥常用于电感比较仪中，其中感应耦合绕组 W_1、W_2（阻抗 Z_1、Z_2）与阻抗 Z_3、Z_4 组成电桥的四个臂，绕组 W_1、W_2 为变压器副边，平衡时有 $Z_1Z_3=Z_2Z_4$。如果任一桥臂阻抗有变化，则电桥有电压输出。图 2-28（b）为另一种变压器式电桥形式，其中变压器的原边绕组 W_1、W_2（阻抗 Z_1、Z_2）与阻抗 Z_3、Z_4 构成电桥 4 个臂，若使阻抗 Z_3、Z_4 相等并保持不变，电桥平衡时，绕组 W_1、W_2 中两磁通大小相等但方向相反，激磁效应互相抵消，因此变压器副边绕组中无感应电势产生，输出为零。反之当移动变压器中铁芯位置时，电桥失去平衡，促使副边绕组中产生感应电势，从而有电压输出。

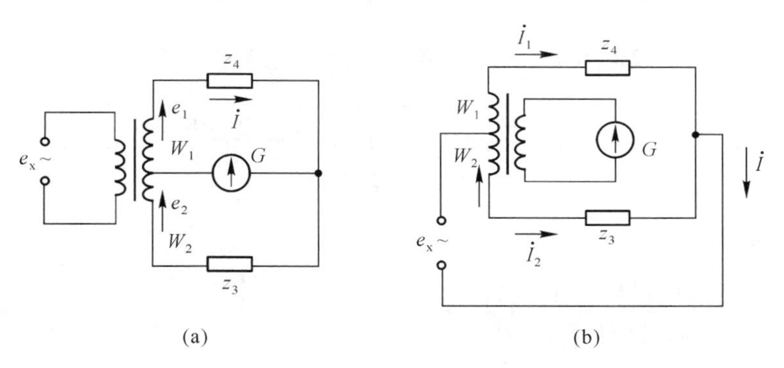

图 2-28 变压器式电桥

（a）变压器式电桥；（b）差动变压器式电桥

上述两种电桥中的变压器结构实际上均为差动变压器式传感器，通过移动其中的敏感元件——铁芯的位置将被测位移转换为绕组间互感的变化，再经电荷转换为电压或电流输出量。与普通电桥相比，变压器式电桥具有较高的测量精度和灵敏度，且性能也较稳定，因此在非电量测量中得到广泛的应用。

2.2.2 调制与解调

所谓调制是指利用某种信号来控制或改变一般为高频振荡信号的某个参数（幅值、频率或相位）的过程。当被控制的量是高频振荡信号的幅值时，称为幅值调制或调幅；当被控制的量为高频振荡信号的频率时，称为频率调制或调频；而当被控制的量为高频振荡信号的相位时，则称为相位调制或调相。

在调制解调技术中，将控制高频振荡的低频信号称为调制波，载送低频信号的高频振荡信号称为载波，将经过调制过程所得的高频振荡波称为已调制波。根据被控制参数（如幅值、频率）的不同分别有调幅波、调频波等不同的称谓。从时域上讲，调制过程即是使载波的某一参量随调制波的变化而变化，而在频域上，调制过程则是一个移频的过程。

解调是从已调制波信号中恢复出原有低频调制信号的过程。调制与解调（MODEM）是一对信号变换过程，在工程上常常结合在一起使用。

为便于叙述和理解，本章将着重介绍装备故障诊断技术中常用的以正（余）弦波为载波信号的调制与解调。

2.2.2.1　调幅及其解调

A　调幅

调幅是将一个高频载波信号同被测信号（调制信号）相乘，使载波信号的幅值随着被测信号的变化而变化。如图 2-29 所示，$x(t)$ 为被测信号，$y(t)$ 为高频载波信号，此处选择余弦信号：$y(t)=\cos 2\pi f_0 t$，则调制器的输出即已调制信号 $x_m(t)$ 为 $x(t)$ 与 $y(t)$ 的乘积：$x_m(t)=x(t)\cos 2\pi f_0 t$（图 2-29（a））。由傅里叶变换性质知：两信号在时域中的相乘对应于其在频域中的傅里叶变换的卷积，即

$$x(t)y(t) \Leftrightarrow X(f) * Y(f)$$

则有

$$x(t)\cos 2\pi f_0 t \Leftrightarrow \frac{1}{2}X(f) * \delta(f+f_0) + \frac{1}{2}X(f) * \delta(f-f_0) \tag{2-49}$$

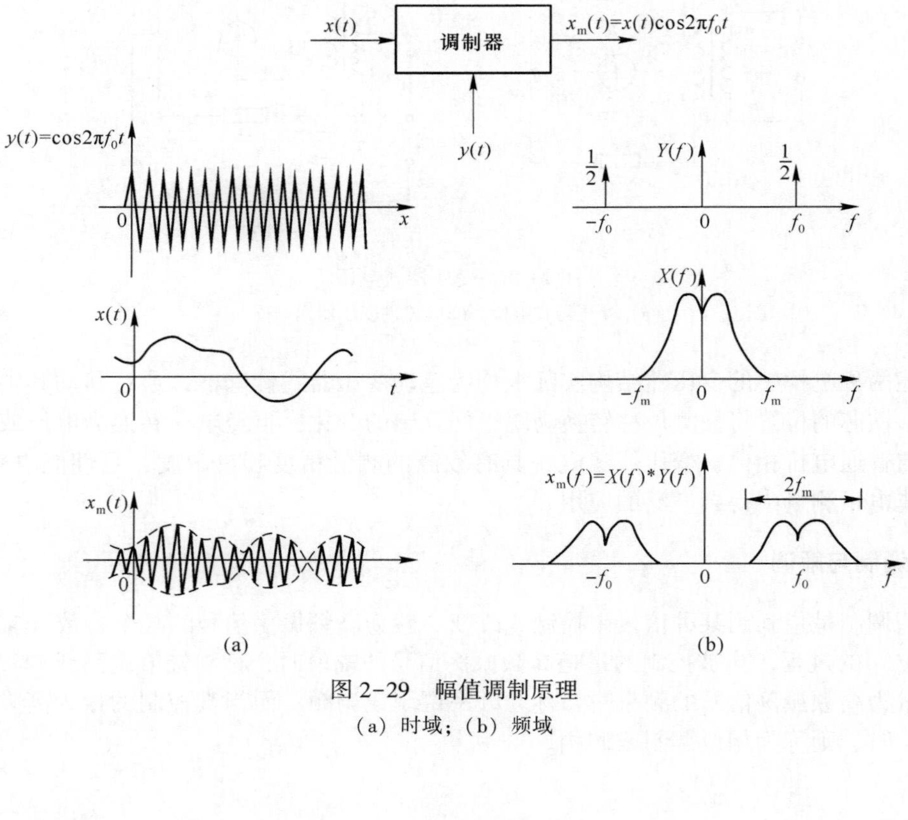

图 2-29　幅值调制原理
（a）时域；（b）频域

因此信号 $x(t)$ 与载波信号的乘积在频域上相当于将 $x(t)$ 在原点处的频谱图形移至载波频率 f_0 处，如图 2-29（b）所示。因此调幅的过程在频域上就相当于一个移频的过程。

调制信号 $x(t)$ 可以有不同的形式，以下就 $x(t)$ 为正（余）弦信号为例，分析调幅过程中幅值与相位的变化情况。

设调制信号 $x(t)=A_s\sin\omega_s t$，载波信号 $y(t)=A_c\sin\omega_c t$，则经调制后的已调制波为

$$x_m = x(t)\cdot y(t) = A_s\sin\omega_s t\cdot A_c\sin\omega_c t \tag{2-50}$$

式中，A_s 为调制信号幅值；ω_s 为调制信号频率；A_c 为载波信号幅值；ω_c 为载波信号频率。

频率 ω_c 应远大于频率 ω_s，其信号波形示于图 2-30。其中，调制信号处于正半周时，已调制波与载波信号同相；当调制信号处于负半周时，已调制波与载波信号反相。

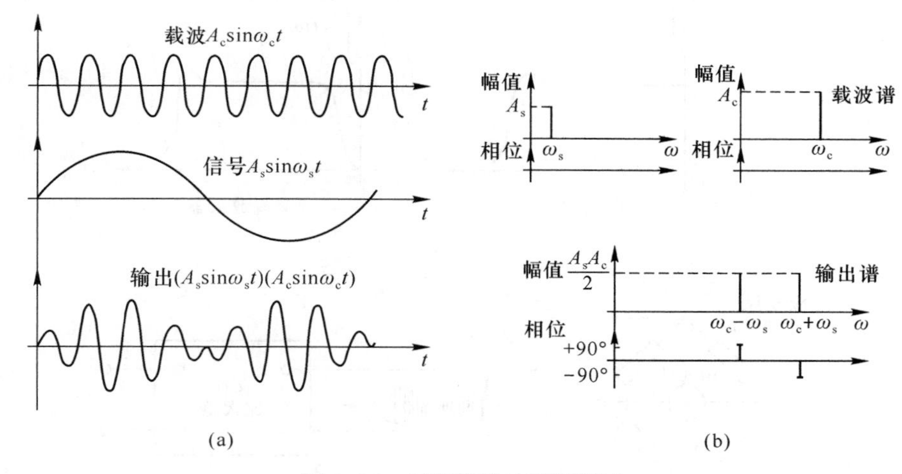

图 2-30 正弦信号的幅值调制

为求出信号的频谱，可采用三角积化和差公式：

$$\sin\alpha\times\sin\beta = \frac{1}{2}\cos(\alpha-\beta) - \frac{1}{2}\cos(\alpha-\beta) \tag{2-51}$$

将式（2-31）应用于公式（2-30）得

$$x_m = \frac{A_sA_c}{2}[\cos(\omega_c-\omega_s)t - \cos(\omega_c+\omega_s)t] \tag{2-52}$$

或

$$x_m = \frac{A_sA_c}{2}\sin\left[(\omega_c-\omega_s)t+\frac{\pi}{2}\right] + \frac{A_sA_c}{2}\sin\left[(\omega_c+\omega_s)t-\frac{\pi}{2}\right] \tag{2-53}$$

从图 2-30（b）可见，已调制波信号的频谱是一个离散谱，仅仅位于频率 $\omega_c-\omega_s$ 和 $\omega_c+\omega_s$ 处，即以载波信号 ω_c 为中心，以调制信号 ω_s 为间隔的左右两频率（变频）处。其幅值大小等于 A_s 与 A_c 乘积之半。

幅值调制装置实质上是一个乘法器，在实际应用中经常采用电桥作调制装置，其中以高频振荡电源供给电桥作装置的载波信号，则电桥输出 e_o 便为调幅波。图 2-31 给出一个应变片电桥的调幅实例。众所周知，若想容易地测量并记录来自传感器（比如应变仪）的

很小的输出电压，则要求有一个高增益的放大器。而由于放大器的漂移等问题，构造一个高增益的交流放大器远比一个直流放大器来得容易。但交流放大器不能放大静态的或缓变的量，因此不能直接用来测量静态的应变。解决这一问题的方法是采用一个应变片电桥，电桥的激励电源为交流电源，图例中电桥的电压为 5V，频率为 3000Hz。若所测应变量的频率变化为 0~10Hz，亦即从静态到缓变的一个范围，那么根据电桥原理，由应变阻抗变化促使电桥产生的输出电压将是载波频率的电压（电源电压），其幅值为应变变化值所调制。本例中电桥输出信号的频谱经计算为 2990~3010Hz。该范围的频率易为后续交流放大器处理。这种放大器通常亦称载波放大器。

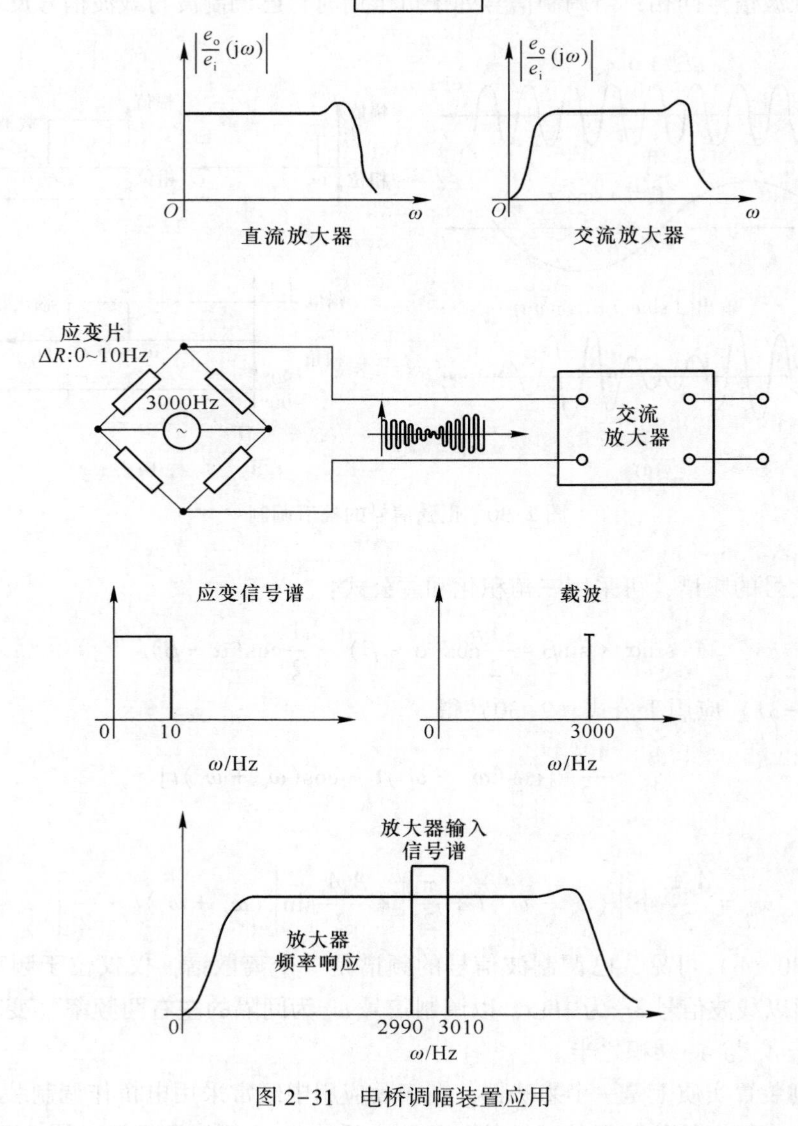

图 2-31 电桥调幅装置应用

B 解调

幅值调制的解调有多种方法，常用的有同步解调法、整流检波和相敏解调法。

a　同步解调法

将图 2-29 所示的调幅波经一乘法器与原载波信号相乘，则调幅波的频谱在频域上被再次移频，结果如图 2-32（a）所示。由于载波信号的频率仍为 f_0，再次移频的结果是使原信号的频谱图形出现在 0 和 $\pm 2f_0$ 的频率处。设计一个低通滤波器将位于中心频率 $\pm 2f_0$ 处的高频成分滤去，便可恢复原信号的频谱。由于在解调过程中所乘的信号与调制时的载波信号具有相同的频率与相位，因此这一解调的方法称为同步解调。时域分析上有：

$$x(t)\cos 2\pi f_0 t \cdot \cos 2\pi f_0 t = \frac{x(t)}{2} + \frac{1}{2}x(t)\cos 4f_0 t \tag{2-54}$$

故只需将频率为 $2f_0$ 的高频信号滤去，即可得到原信号 $x(t)$，但须注意，原信号的幅值减小了一半，通过后续放大可对此进行补偿。同步解调方法简单，但要求有性能良好的线性乘法器件，否则将引起信号失真。图 2-32（b）为上述调制解调原理的具体实现电路，采用了 AD630 调制解调器芯片，包括两个输入缓冲器、一个精密运算放大器和一个相位比较器，可组成增益为 1 或 2 的解调器。

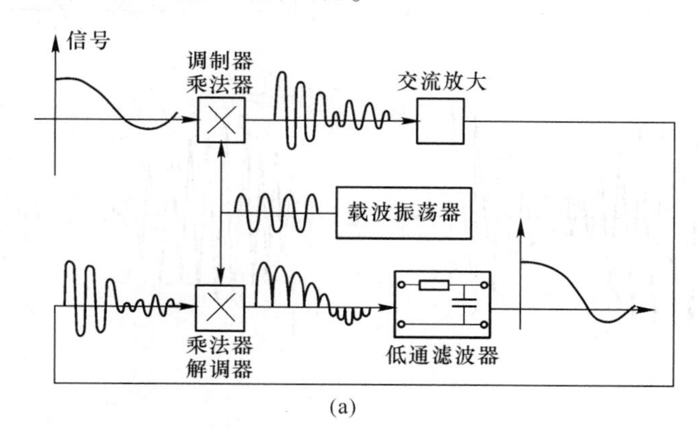

(a)

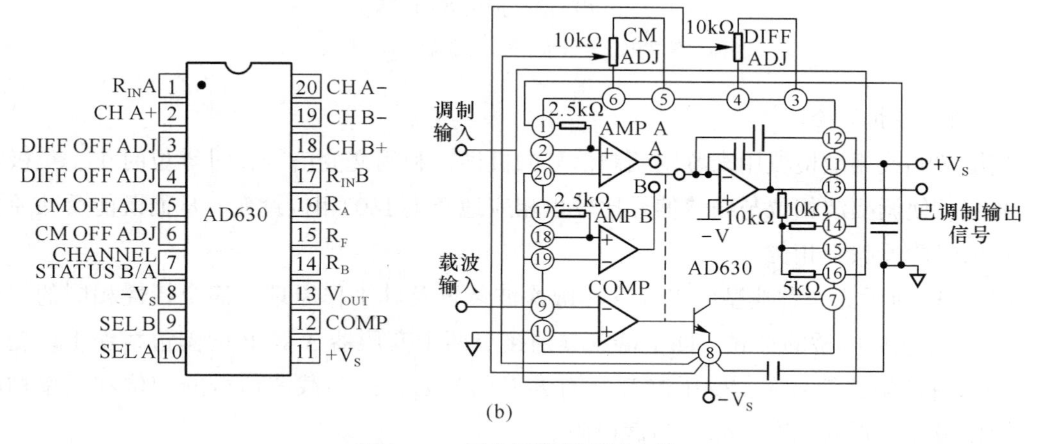

(b)

图 2-32　同步解调原理及电路

（a）同步解调原理；（b）AD630 调制解调芯片

b　整流检波

整流检波是另一种简单的解调方法。其原理是：对调制信号偏置一个直流分量

A，使偏置后的信号具有正电压值（图 2-33（a）），那么该信号作调幅后得到的已调制波 $x_m(t)$ 的包络线将具有原信号形状。对调幅波 $x_m(t)$ 作简单的整流（全波或半波整流）和滤波便可恢复原调制信号，信号在整流滤波之后仍需准确地减去所加的偏置直流电压。

上述方法的关键是准确地加、减偏置电压。若所加偏置电压未能使调制信号电压位于零位的同一侧（图 2-33（b）），那么在调幅之后便不能简单地通过整流滤波来恢复原信号。采用相敏解调可解决这一问题。

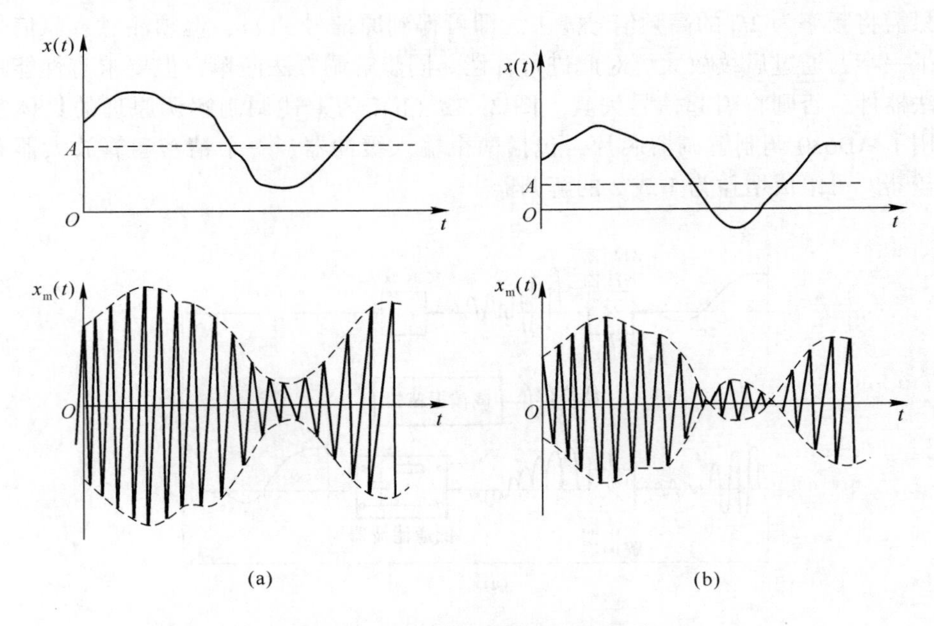

图 2-33 调制信号加偏置的调幅波

（a）偏置电压足够大；（b）偏置电压不够大

2.2.2.2 相敏检波

相敏解调或相敏检波用来鉴别调制信号的极性，利用交变信号在过零位时正、负极性发生突变，使调幅波相位与载波信号比较也相应地产生 180°相位跳变，从而既能反映原信号的幅值又能反映其相位。

图 2-34 所示为一种典型的二极管相敏检波装置及其工作原理。四个特性相同的二极管 $D_1 \sim D_4$ 连接成电桥的形式，四个端点分别接至两个变压器 A 和 B 的副边线圈上。变压器 A 输入有调幅波信号 e_o，变压器 B 接有参考信号 e_x，e_x 与载波信号的相位和频率均相同，用作极性识别的标准。R_1 为负载电阻。

图 2-35 所示为相敏解调器解调的波形转换过程。当调制信号 $R(t)$ 为正时（图 2-35（b）中的 $0 \sim t_1$ 时间内），检波器相应输出为 e_{o1}，此时从图 2-35（a）和（b）中可以看到，无论在 $0 \sim \pi$ 或 $\pi \sim 2\pi$ 时间里，电流 i_1 流过负载 R_1 的方向不变，即此时输出电压 e_{o1} 为正值。

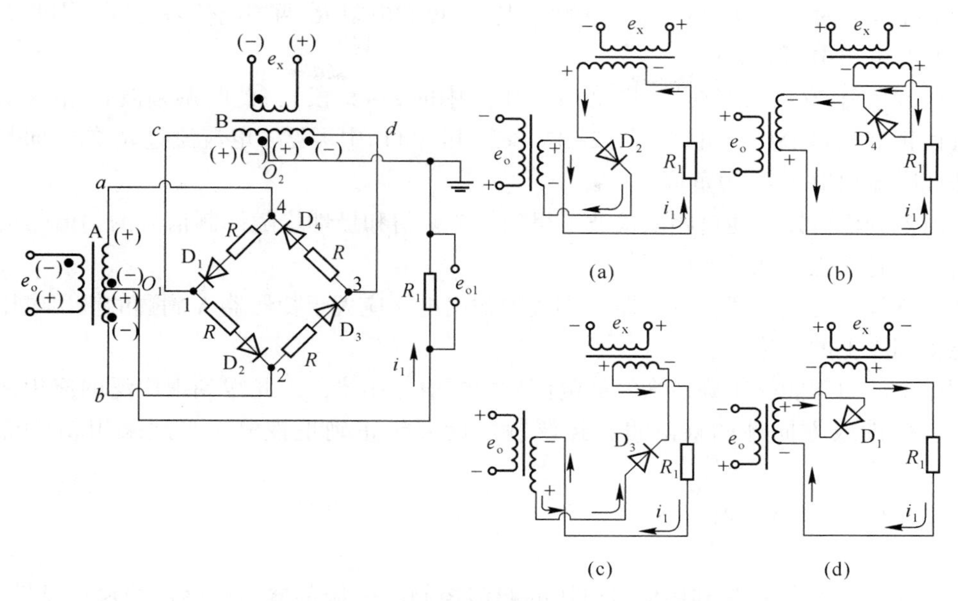

图 2-34　二极管相敏检波器及其工作原理

(a) $R(t)>0$, $0\sim\pi$; (b) $R(t)>0$, $\pi\sim2\pi$; (c)、(d) $R(t)<0$

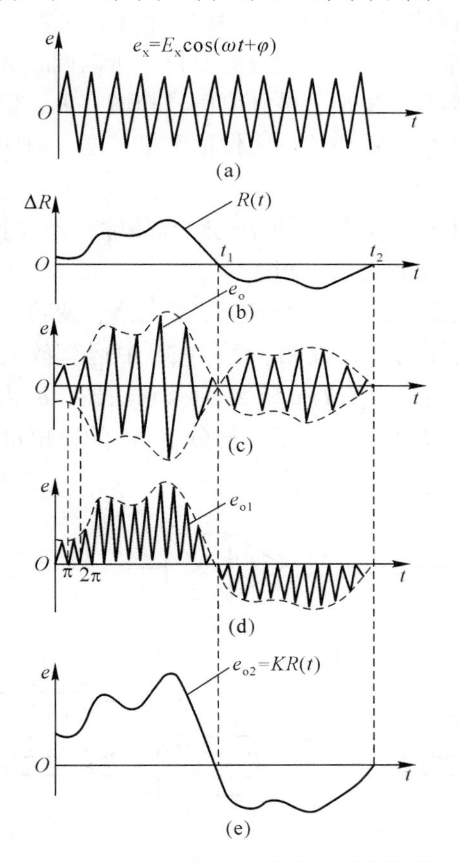

图 2-35　相敏解调过程的波形转换情形

(a) 载波；(b) 调制信号；(c) 放大后的调幅波；(d) 相敏检波后的波形；(e) 滤波后的波形

当$R(t)=0$时（图2-35（b）中的t_1点），负载电阻R_1两端电位差为零，因此无电流流过，此时输出电压$e_{o1}=0$。

当调制信号$R(t)$为负时（图2-35（b）中的$t_1 \sim t_2$段），此时调幅波e_o相对于载波e_x的极性正好相差180°，此时从图2-34（c）和（d）中可见，电流流过R_1的方向与前相反，即此时输出电压e_{o1}为负值。

由以上分析可知，通过相敏检波可得到一个幅值和极性均随调制信号的幅值与极性改变的信号，它真正重现了原被测信号。

在电路设计时应注意，变压器B副边的输出电压应大于变压器A副边的输出电压，这样才能得到以上的结论。

相敏检波由于能够正确地恢复被测信号的幅值与相位，因此得到很广泛的应用，对于信号具有极性或方向性的被测量，经调制之后要想正确地恢复，必须采用相敏检波的方法。

2.2.2.3 调频与解调

A 调频

调频（频率调制）是利用信号电压的幅值控制一个振荡器，振荡器的输出是等幅波，但其振荡频率和信号电压成正比。当信号电压为零时，调频波的频率等载波频率（中心频率）；信号电压为正值时频率增大，为负值时频率降低。在整个调制过程中，调频波的幅值保持不变，而瞬时频率随信号电压作相应的变化。所以调频波是随信号电压变化的疏密不等的等幅波，其频谱结构非常复杂，虽和原信号频谱有关，但却不像调幅那样进行简单的频移，也不能用简单的函数关系描述。为保证测量精度，对应于零信号的载波中心频率应远高于信号的最高频率成分。

信号经调频后具有抗干扰能力强，便于远距离传输，不易错乱、跌落和失真等优点。调频后也很容易采用数字技术和计算机相连接。

频率调制一般用振荡电路来实现，如RC振荡电路、变容二极管调制器、压控振荡器等。图2-36所示为一压控振荡器原理图。图2-36中运算放大器e_w为一正反馈放大器，其输入电压受稳压管D_w箝制为$+e_w$或$-e_w$。M为一乘法器，e_i为一恒值电压。开始时，设A_1输出处于$+e_w$，则乘法器输出e_z也为正，积分器A_2的输出电压将线性下降。当该电压

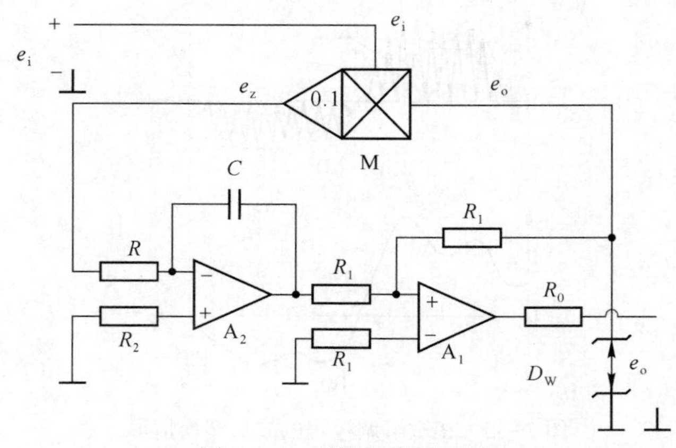

图2-36 压控振荡器原理

降至低于$-e_w$时，A_1翻转，其输出将变为$-e_w$。此时乘法器M的输出亦即A_2的输入也将成负电压，其结果使A_2输出电压线性上升。当A_2输出上升到$+e_w$时，A_1又翻转，输出$+e_w$，如此反复。由此可见，在常值正电压e_i作用下，积分器A_2将输出频率一定的三角波，而A_1输出与之同频率的方波e_o。由于乘法器M的一个输入端电压e_o为一定值（$\pm e_w$），因此改变另一输入值e_i可线性地改变其输出，促使积分器A_2的输入电压也随之改变。这种改变将使A_2由$-e_w$（或$+e_w$）充电至$+e_w$（或$-e_w$）的所需时间发生改变，从而使振荡器的振荡频率与电压e_i成正比。改变e_i的值便可达到控制振荡器振荡频率的目的。

上述压控振荡器是基于乘法器的原理，其中e_z与e_o同号，乘法器应有较好的线性，且e_i应有固定的极性。这正是该方案的缺点。压控振荡器技术发展很快，目前已有单片式压控振荡器（如Maxim公司推出的MAX2622~MAX2624），其内部电路包括振荡器和输出缓冲器，其调谐电路的电感器和变容二极管均集成在同一芯片内。振荡器的中心频率与频率范围由工厂预置，频率范围与控制电压对应，由外部调谐电压控制振荡频率，振荡信号经缓冲器缓冲后输出，具有较高的输出功率和隔离度，免受负载变化影响。

B 鉴频（频率检波）

对调频波的解调亦称鉴频，有多种方案可以使用。鉴频原理是将频率的变化相应地复原为原来电压幅值的变化。图2-37所示为一种测试技术中常用的振幅鉴频电路。图2-37（a）中L_1、L_2为变压器耦合的原、副边线圈，它们与电容C_1、C_2形成并联谐振回路。回路的输入为等幅调频波e_f，在回路谐振频率f_n处，线圈L_1、L_2中的耦合电流为最大，而副边输出电压e_a也最大。当e_f的频率偏离f_n时，e_a随之下降。尽管e_a的频率与e_f的频率保持一样，但e_a的幅值却改变，其电压的幅值与频率之间的关系如图2-37（b）所示。通常利用特性曲线中亚谐振区接近于直线的一段工作范围来实现频率-电压的转换，将调频的载波频率f_0设置在直线工作段中点附近，在有频偏Δf时频率范围为$f_0\pm\Delta f$。其中频偏Δf为一正弦波，因此由$f_0\pm\Delta f$所对应的变换所得到的输出信号为一同频（$f\pm\Delta f$）的、幅值也随频率变化的振荡信号。随着测量参数的变化，$f_0\pm\Delta f$的幅值也随调频波e_f的频率作近似线性的变化，调频波e_f的频率则和测量参数保持线性的关系。后续的幅值检波电路是常见的整流滤波电路，它检测出调频调幅波的包络信号e_o，该包络信号e_o反映了被测量参数ΔC的信息。

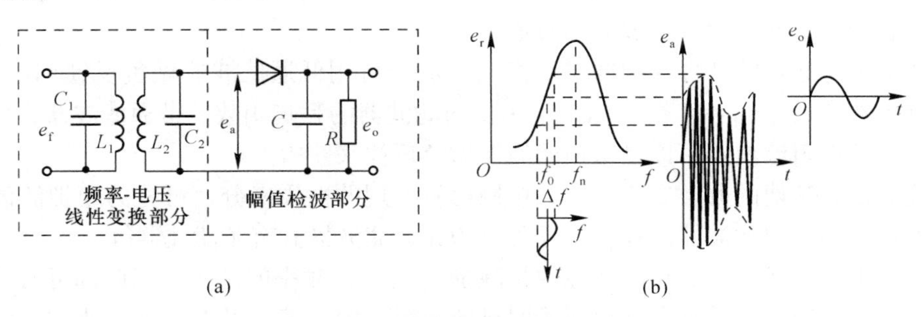

图2-37 谐振振幅鉴频器原理

频率调制的最大优点在于它的抗干扰能力强。由于噪声干扰极易影响信号的幅值，因此调幅波容易受噪声的影响。与此相反，调频是依据频率变化的原理，对噪声的幅度影响不太敏感，因而调频电路的信噪比较高。

2.2.3 滤波

2.2.3.1 概述

滤波是选取信号中感兴趣的成分，而抑制或衰减掉其他不需要的成分。能实施滤波功能的装置称为滤波器，滤波器可采用电的、机械的或数字的方式来实现。

在信号处理中，往往要对信号作时域、频域的分析与处理。对于不同目的的分析与处理，往往需要将信号中相应的频率成分选取出来，而无需对整个的信号频率范围进行处理。此外，在信号的测量与处理过程中，会不断地受到各种干扰的影响。因此在对信号做进一步处理之前，有必要将信号中的干扰成分去除掉，以利于信号处理的顺利进行。滤波和滤波器便是实施上述功能的手段和装置。

根据滤波器的选频方式一般可将其分为低通滤波器、高通滤波器、带通滤波器和带阻滤波器，图 2-38 示出这 4 种滤波器的幅频特性。

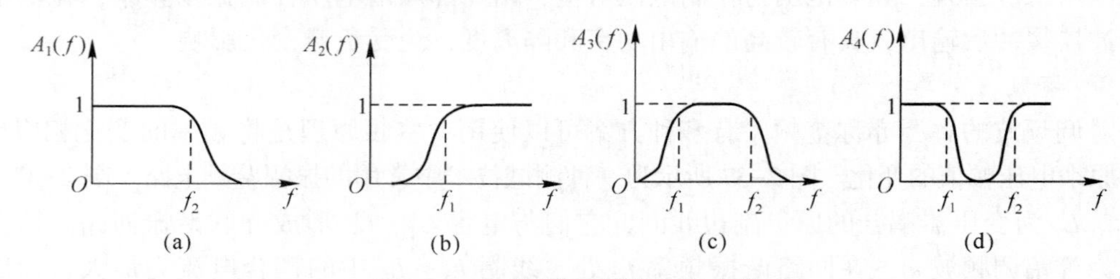

图 2-38 不同滤波器的幅频特性

（a）低通；（b）高通；（c）带通；（d）带阻

（1）低通滤波器。从 O 到 f_2 频率，幅频特性平直，该段范围称之为通频带，信号中高于 f_2 的频率成分则被衰减。

（2）高通滤波器。滤波器通频带为从频率 $f_1 \sim \infty$，信号中高于 f_1 的频率成分可不受衰减地通过，而低于 f_1 的频率成分被衰减。

（3）带通滤波器。它的通频带在 $f_1 \sim f_2$ 之间，信号中高于 f_1 而低于 f_2 的频带成分可以通过，而其他频率成分被衰减。

（4）带阻滤波器。与带通滤波器相反，其阻带在 $f_1 \sim f_2$ 之间；在该阻带之间的信号频率成分被衰减掉，而其他频率成分则可通过。

上述 4 种滤波器的特性互相联系。高通滤波器可用低通滤波器做负反馈回路来实现，故其频响函数 $A_2(f) = 1 - A_1(f)$，$A_1(f)$ 为低通滤波器的频响函数。带通滤波器为低通和高通的组合，而带阻滤波器可以是带通滤波器做负反馈来获得。

滤波器还有其他的分类方法，比如按照信号处理的性质来分，可分为模拟滤波器和数字滤波器；按照构成滤波器的性质，亦可分为无源滤波器和有源滤波器等。

广义地讲，任何装置的响应特性都是激励（输入）频率的函数，因此都可看成是一个滤波器。例如隔振台对低频激励起不了明显的隔振作用，甚至可能有谐振放大，但对高频激励则可以起良好的隔振作用，故隔振台是一种“低通滤波器”。用压电式加速度传感器测量研究对象的加速度时，若确知系统的响应是低频的（如低频正弦激振），或者只对较低频率的振动成分感兴趣，常在加速度计测量结构的连接处加一个“衬垫”，以减小测量时的高频“噪声”，这一“衬垫”可称为机械滤波器。

2.2.3.2 理想滤波器

理想滤波器是指能使通带内信号的幅值和相位都不失真，阻带内的频率成分都衰减为零，其通带和阻带之间有明显分界线的示波器。也就是说，理想滤波器在通带内的幅频特性为常数，相频特性的斜率变为常数，在通带外的幅频特性为零。理想滤波器是一个理想化的模型，在物理上是不能实现的，但它对深入了解滤波器的传输特性是非常有用的。

理想滤波器的频率响应函数应为

$$H(f) = A_0 e^{-j2\pi f t_0} \tag{2-55}$$

式中，A_0 和 t_0 均为常数。同样，若一个滤波器的频率响应函数 $H(f)$ 具有如下形式：

$$H(f) = \begin{cases} A_0 e^{-j2\pi f t_0} & |f| < f_c \\ 0 & 其他 \end{cases} \tag{2-56}$$

则该滤波器称为理想低通滤波器，其幅频与相频特性如图 2-39 所示，相频图中的直线斜率为（$-2\pi t_0$）。

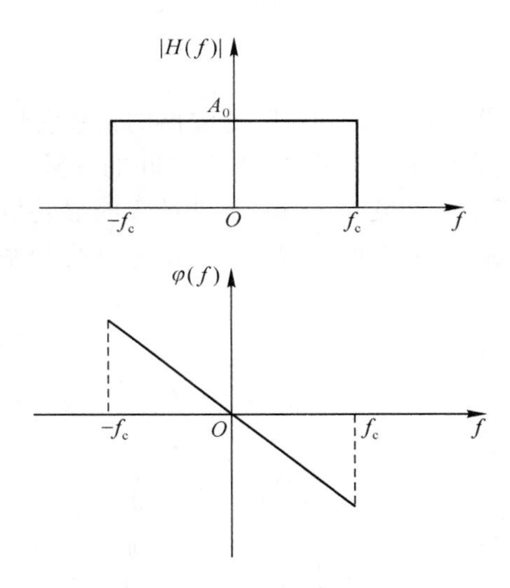

图 2-39 理想低通滤波器的幅频、相频特性

理想低通滤波器的时域脉冲响应函数为 sinc，如无相角滞后，即 $t_0=0$，则

$$h(t) = 2A_0 f_c \mathrm{sinc}(2\pi f_c t) \tag{2-57}$$

若考虑 $t_0 \neq 0$，亦即有时延时，则公式变为

$$h(t) = 2A_0 f_c \mathrm{sinc}[2\pi f_c (t - t_0)] \tag{2-58}$$

从图 2-40 可看出，理想低通滤波器的脉冲响应函数的波形在整个时间轴上延伸，且其输出在输入 $\delta(t)$ 到来之前，亦即 $t<0$ 时便已经出现，对于实际的物理系统来说，在信号被输入之前是不可能有任何输出的，出现上述结果是由于采取了实际中不可能实现的理想化传输特性的缘故。因此理想低通滤波器（推而广之也包括理想高通、带通在内的一切理想化滤波器）在物理上是不可实现的。

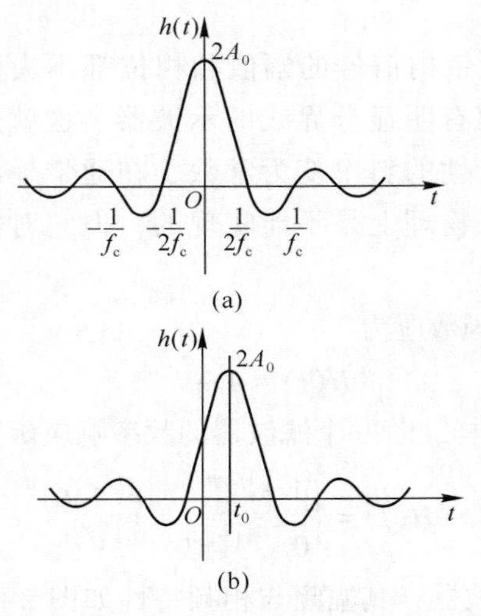

图 2-40 理想低通滤波器的脉冲响应

(a) $t_0=0$；(b) $t_0\neq 0$

2.2.3.3 滤波器的特征参数

图 2-41 表示理想滤波器（虚线）和实际滤波器的幅频特性，从中可看出两者间的差别。对于理想滤波器来说，在两截止频率 f_{c1} 和 f_{c2} 之间的幅频特性为常数 A_0，截止频率之外的幅频特性均为零。对于实际滤波器，其特性曲线无明显转折点，通带中幅频特性也并非常数。因此对它的描述要求有更多的参数，主要的有截止频率、带宽、纹波幅度、品质因子（Q 值）以及倍频程选择性等。

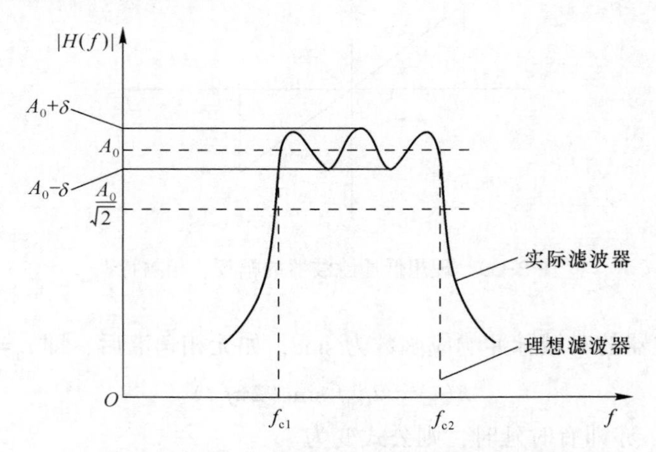

图 2-41 理想的和实际的带通滤波器的幅频特性

（1）截止频率。幅频特性值等于 $\dfrac{A_0}{2}$（−3dB）所对应的频率点（图 2-41 中的 f_{c1} 和 f_{c2}）。若以信号的幅值平方表示信号功率，该频率对应的点为半功率点。

（2）带宽。滤波器带宽定义为上下两截止频率之间的频率范围 $B=f_{c2}-f_{c1}$，又称−3dB 带宽，单位为 Hz。带宽表示滤波器的分辨能力，即滤波器分离信号中相邻频率成分的能力。

（3）纹波幅度。通带中幅频特性值的起伏变化值，图 2-41 中以±表示，δ 值应越小越好。

（4）品质因子（Q 值）。电工学中以 Q 表示谐振回路的品质因子，而在二阶振荡环节中，Q 值相当于谐振点的幅值增益系数，$Q=\frac{1}{2\xi}$。对于一个带通滤波器来说，其品质因子 Q 定义为中心频率 f_0 与带宽 B 之比，即 $Q=\frac{f_0}{B}$。

（5）倍频程选择性。从阻带到通带，实际滤波器还有一个过渡带，过渡带的曲线倾斜度代表着幅频特性衰减的快慢程度。通常用倍频程选择性来表征。倍频程选择性是指上截止频率 f_{c2} 与 $2f_{c2}$ 之间或下截止频率 f_{c1} 与 $2f_{c1}$ 间幅频特性的衰减值，即频率变化一个倍频程的衰减量，以 dB 表示。显然，衰减越快，选择性越好。

（6）滤波器因数（矩形系数）。滤波器因数 λ 定义为滤波器幅频特性的-60dB 带宽与-3dB 带宽的比，即

$$\lambda=\frac{B_{-60\mathrm{dB}}}{B_{-3\mathrm{dB}}} \tag{2-59}$$

2.2.4 A/D 转换器

2.2.4.1 概述

故障检测系统一般不能直接处理模拟信号，但是工程装备的许多工况参数信号，如电流、电压、压力、温度、位移、速度、加速度和流量等都是连续变化的模拟量。故障诊断系统对所要监测的各种参数（如温度、压力等），必须先由传感器进行检测，并转换为电信号，然后对信号进行放大、滤波、归一化等处理。接着通过 A/D 转换器，将标准的模拟信号转换为等价的数字信号，再传给故障检测系统。故障检测系统如需对检测对象或传感器等提供激励或控制信号，再由 D/A 转换器将数字信号转换为模拟信号，作为激励或控制信号输出至工程装备或传感器等执行单元，整个过程如图 2-42 所示。

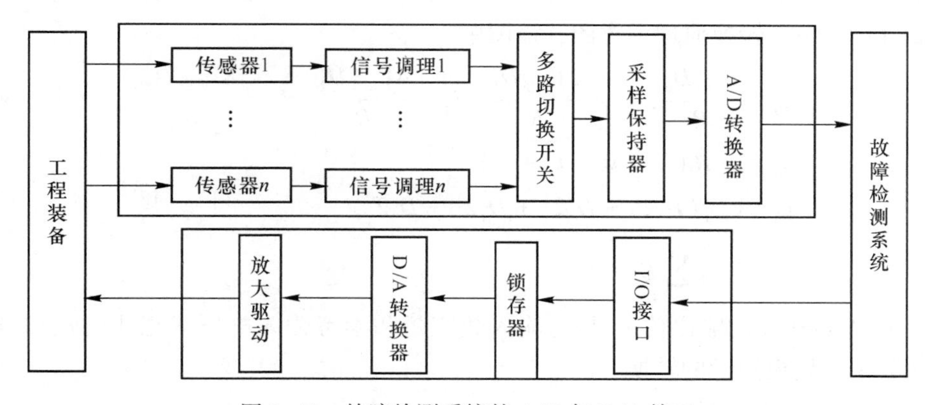

图 2-42 故障检测系统的 A/D 与 D/A 接口

随着材料技术和大规模集成电路技术的发展，各种类型的 A/D 和 D/A 转换芯片已大

量供应市场，其中大多数采用电压-数字转换方式，输入/输出的模拟电压也都标准化，如单极性 0~5V、0~10V 或双极性±5V、±10V 等，给使用带来极大的方便。

2.2.4.2　D/A 转换器

如图 2-42 所示，D/A 转换器的主要功能是将故障检测系统输出的数字量转换为模拟量，用以控制工程装备相关部分或输出激励信号。由于 D/A 转换器需要一定的转换时间，在转换期间，输入待转换的数字量应保持不变，而故障检测系统中的微电脑控制器输出的数据在数据总线上稳定的时间相对较短，因此在故障检测系统与 D/A 转换器间必须用锁存器来保持数字量的稳定。经过 D/A 转换器得到的模拟信号，一般要经过低通滤波，使其输出波形平滑。同时，为了驱动受控设备或输出需要的激励信号，通常采用功率放大器作为模拟量输出的驱动电路。

A　实现 D/A 转换的基本思想

将二进制数 $N_D = (11001)_B$ 转换为十进制数。

$$N_D = b_4 \times 2^4 + b_3 \times 2^3 + b_2 \times 2^2 + b_1 \times 2^1 + b_0 \times 2^0$$
$$= 1 \times 2^4 + 1 \times 2^3 + 0 \times 2^2 + 0 \times 2^1 + 1 \times 2^0$$

数字量是用代码按数位组合而成的，对于有权码，每位代码都有一定的权值，如能将每一位代码按其权的大小转换成相应的模拟量，然后将这些模拟量相加，即可得到与数字量成正比的模拟量，从而实现数字量-模拟量的转换。

B　D/A 转换器的组成、分类与工作原理

D/A 由数码通常由寄存器、n 位模拟开关、解码网络和求和电路等组成，其中数码寄存器用于存放在数字寄存器的数字量的各位编码，n 位模拟开关由输入数字量控制，解码网络用于为电阻网络中的权电阻提供激励电流，求和电路负责将权电流相加产生与输入成正比的模拟电压。

D/A 转换器按解码网络的结构，可以分为 T 形电阻网络 DAC、倒 T 形电阻网络 DAC、权电流 DAC 和权电阻网络 DAC 等。按模拟电子开关电路分类，可分为 CMOS 开关型 DAC 和双极型开关型 DAC，后者又可分为电流开关型 DAC 和 ECL 电流开关型 DAC。

图 2-43 为 D/A 转换原理示意图，该图中

$$i_0 = \frac{V_{REF}D_0}{R},\ i_1 = \frac{2V_{REF}D_1}{R},\ i_2 = \frac{4V_{REF}D_2}{R},\ i_3 = \frac{8V_{REF}D_3}{R}$$

$$v_o = -R_f(i_3 + i_2 + i_1 + i_0)$$

$$v_o = V_{REF}(D_3 2^3 + D_2 2^2 + D_1 2^1 + D_0 2^0)$$
$$= V_{REF}\sum_{i=0}^{3} D_i \cdot 2^i$$

因此 D/A 转换器的输出值 v_o 是与输入数字量和参考输入电压成正比的模拟电压值，实现了从数字量到模拟量的转换。

2.2.4.3　A/D 转换器

A/D 转换器是故障检测系统模拟量采集的核心环节，其作用是将模拟输入量转换为数字量。A/D 转换过程包括采样、量化和编码三个步骤，其转换原理图如 2-44 所示。

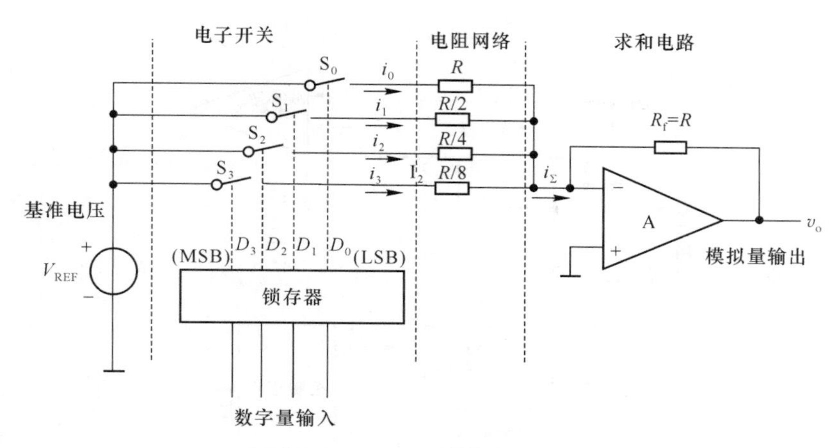

图 2-43　D/A 转换原理图

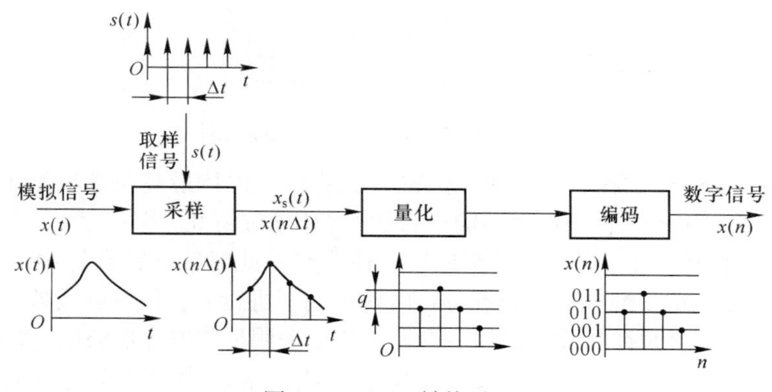

图 2-44　A/D 转换过程

由图 2-44 可见，采样即是将连续时间信号离散化。采样后，信号在幅值上仍然是连续取值的，必须进一步通过幅值量化转换为幅值离散的信号。其信号 $x(t)$ 可能出现的最大值为 A，令其人分为 d 个间隔，则每个间隔大小为 $q=A/d$，q 称为量化当量或量化步长。量化的结果是将连续信号幅值通过舍入或截尾的方法表示为量化当量的整数倍。量化后的离散幅值需通过编码表示为二进制数字以适应数字计算机处理的需要，即 $A=qD$，其中 D 为编码后的二进制数。

显然，经过上述量化和编码后得到的数字信号其幅值必须带来误差，这种误差称为量化误差。当采用舍入时，最大量化误差为 $\pm q/2$，而采用截尾量化时，最大量化误差为 $-q$。

量化误差的大小一般取决于二进制编码的位数，这是因为编码位数决定了幅值分割数量 d。如二进制编码为 8 位时，$d=2^8=256$，即量化当量为最大可测信号幅值的 1/256。

实际的 A/D 转换器通常利用测量信号与标准参考信号进行比较获得转换后的数字信号，根据其比较的方式可将其分为直接比较型和间接比较型两大类。

直接比较型 A/D 转换器将输入模拟电压信号直接与作为标准的参考电压信号相比较，得到相应的数字编码，如逐次逼近式 A/D 转换器通过将待转换的模拟输入量 U_i 与一个推测信号 U_R 相比较，根据比较结果调节 U_R 以向 U_i 逼近。该推测信号 U_R 由 D/A 转换器的输出获得，当 U_R 与 U_i 相等时，D/A 转换器的输入数字量即为 A/D 转换的结果。具体实现框图如图 2-45 所示。

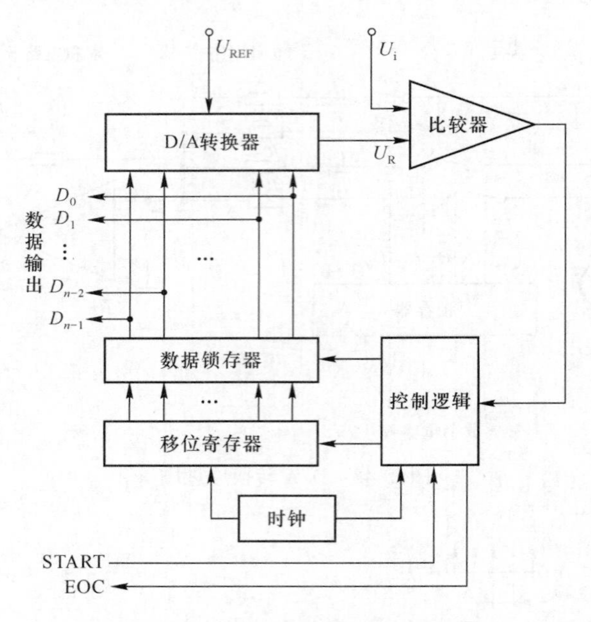

图 2-45 逐次逼近式 A/D 原理框图

“推测”输出的具体过程如下：使移位寄存器的每一位从最高位依次置 1，每置一位时均进行比较，若 U_i 小于 U_R，则比较器输出为 0，并使该位清 0，若 U_i 大于 U_R，则比较器输出为 1，并使该位保持为 1，直至比较至最后一位为止。此时数据锁存器中的数值即为转换结果。显然，逐次逼近式 A/D 转换是在移位时钟控制下进行的，比较的次数等于其位数，完成一次转换共需 $n+1$ 个时钟脉冲（最后一个脉冲用于表明移位寄存器溢出，转换结束）。

直接型 A/D 转换器属于瞬时比较，转换速度快，常作为数字信号处理系统的前端，但缺点是抗干扰能力差。

间接比较型 A/D 转换器首先将输入的模拟信号与参考信号转换为某种中间变量（如时间、频率、脉冲宽度等），然后再对其比较得到相应的数字量输出。如双积分式 A/D 转换器通过时间作为中间变量实现转换。其原理是：先对输入模拟电压 U_i 进行固定时间的积分，然后通过控制逻辑转为对标准电压 U_{REF} 进行反向积分，直至积分输出返回起始值，这样对标准电压积分的时间 T 将正比于 U_i，如图 2-46 所示。U_i 越大，反向积分时间越长。若用高频标准时钟测量时间 T，则可得到与 U_i 相应的数字量。

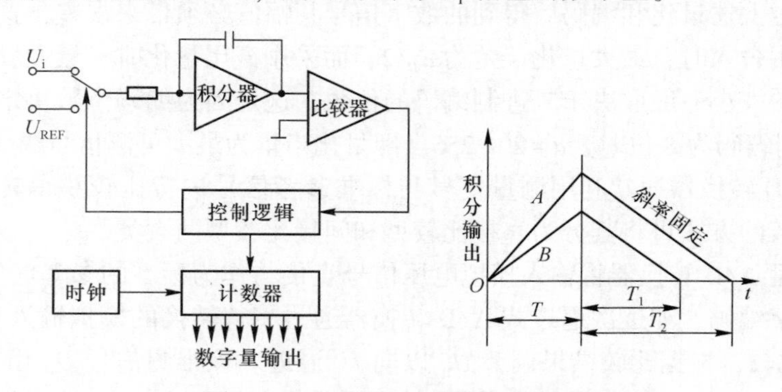

图 2-46 双积分 A/D 转换原理图

间接型 A/D 转换器抗干扰能力强，但转换速度慢，常用于数字显示系统中。

2.3 振动诊断基础工作

振动分析方法是一种非常复杂的技术手段，涉及的内容非常广泛，包括机械振动、振动测试以及信号分析与处理等诸多方面，因此要求装备故障诊断人员具有较高的理论水平和较强的实际操作能力。为了更好地将振动分析方法用于机械装备的故障诊断，装备检测与维修保障人员在长期实践的基础上，提出了从简易诊断到精密诊断的诊断策略。所谓简易诊断，就是利用一些简单的测试仪器对所选定的机械装备进行粗略的诊断，以判断设备是否有故障，有时也能得出关于装备故障严重程度的信息。精密诊断则用于进一步探明其故障原因。在对装备进行诊断之前，应先进行如下的基础工作。

2.3.1 确定诊断对象

为提高军队的信息化作战能力，部队的各种装备的数量与种类都是非常庞大的，如将这些为数众多的装备都选做诊断对象显然是行不通的，这不仅增加了诊断工作量，降低了诊断效率，不但不适应部队装备维修保障的任务需求，也难以保证诊断效果。因此，故障诊断的先期工作是确定被测单元，也即确定测试诊断的对象，通常可以选取系统、分系统、部件、组件等。被测单元的确定是装备诊断面临的第一个问题，也是影响装备诊断的经济和军事效益的关键因素。选择诊断对象必须经过充分的调查研究，通过故障模式影响及危害性分析，掌握装备的故障模式、原因、影响、危害及其发生频率，有重点地选定用作诊断的被测单元。优先选作诊断对象的单元应该是：

(1) 在作战保障行动中担负直接保障任务的工程装备，特别是连续作业或关键作业流程上的装备，如施工中的挖掘机、执行通载保障任务的重型冲击桥、支援桥等装备的组成单元；

(2) 一旦发生故障，会造成安全性、重要任务性和重大经济性影响的单元；

(3) 故障发生后，会造成严重二次损伤的装备单元；

(4) 故障发生频率较高的装备或系统；

(5) 维修周期长、维修费用高的系统，如发动机等。

2.3.2 选定测量参数

对于装备的振动诊断而言，可测量的振动参数有位移、速度和加速度 3 种。振动测量参数的选择应该考虑振动信号的频率构成和所关心的振动后果这两方面的因素。从信号频率角度来看，一般随着信号频率的提高，而依次选用位移、速度和加速度作为测量参数。因为对简谐振动而言，加速度 a、速度 v 和位移 s 三者之间存在如下的关系式：

$$a = \omega v = \omega^2 s$$

式中 ω——简谐振动的角频率。

由此可以看出，ω 越大，则加速度和速度的测定灵敏度相对越高。通常，三种测量参数的适用频段范围见表 2-2。

表 2-2　按频带选定测量参数的指南

测量参数	位移	速度	加速度
适用频带/Hz	0~100	10~1000	>1000

对振动检测最重要的要求之一，就是能在足够宽的频率范围内测量所有主要频率分量的全部信息，包括不平衡、不对中、滚动体损坏、齿轮啮合、叶片共振、轴承元件径向共振、油膜涡动和油膜振荡等有关的频率成分，其频率范围往往远超过 1kHz。很多典型的测试结果表明，在装备内部损坏还没有影响到装备的实际工作能力之前，高频分量就已包含了缺损的信息。为了预测装备是否损坏，高频信息是非常重要的。因此，测量加速度值的变化及其频率分析常常成为装备故障诊断的重要手段。

从振动的影响后果来看，应该根据不同的应用场合来选择相应的振动监测参数，如表 2-3 所示。

表 2-3　根据振动后果选择振动监测参数的指南

测量参数	所关心的振动后果	举　例
位移	位移量或活动量异常	旋转轴的摆动
速度	振动能量异常	旋转机械的振动
加速度	冲击力异常	轴承和齿轮的缺陷引起的振动

选择测量参数的另一个含义是振动信号的统计特征量的选用。有效值反映了振动能量的大小及振动时间历程的全过程，峰值只反映瞬时值的大小，同平均值一样，不能全面地反映振动的真实特性。因此，在大多数情况下，评定装备的振动量级和诊断机械故障，主要采用速度和加速度的有效值，只在测量变形破坏时，才采用位移峰值。

2.3.3　选择测试点

在确定了被测单元和测量参数之后，接下来的问题是要确定监测装备的哪些部位，即测试点的选择问题。信号是信息的载体，选择最佳的测试点并采用合适的检测方法是获取装备运行状态信息的重要条件。真实而充分地检测到足够数量的能够客观地反映装备运行工况的信号是诊断成功与否的先决条件，如果所检测到的信号不真实、不典型、或不能客观地、充分地暴露装备的实际状态，那么，后续的各种功能即使再完善也枉然。因此，测试点选择的正确与否，关系到能否对装备故障做出正确的诊断。

一般情况下，测试点数量及方向的确定应考虑的总原则是：能对装备振动状态做出全面的描述；应是装备振动的敏感点；应是离装备核心部位最近的关键点；应是容易产生劣化现象的易损点。

对于一般的旋转机械，常见的振动测定方法有测轴的振动和测轴承的振动两种。一般而言，对于非高速旋转体，以测定轴承的振动为多；而对于高速旋转体，则以测定轴的振动位移居多。这是因为高速时轴承振动的测定灵敏度有所下降。轴振动和轴承振动的特性比较见表 2-4。

表 2-4 轴承振动与轴振动的特性比较

比较项目	轴承振动	轴振动
测量系统	1. 传感器安装、拆卸较方便； 2. 容易测定振动	1. 安装方法受到限制； 2. 测定振动时比轴承困难
测量的特点	测振灵敏度较低（当轴轻而本体件刚度大时，测出过渡振动变化和异常振动的灵敏度低）	1. 测振灵敏度高； 2. 可直接测出轴振动的位移量
测试点的影响	测试点容易确定，周围环境的影响小	有时测试点确定困难，测定场所对测定值的影响大
用途	可监测机械的各种振动	能比轴承较为详细地监测振动，可用作精度较高的现场平衡

在测轴承的振动时，测试点应尽量靠近轴承的承载区；与被监测的转动部件最好只有一个界面，尽可能避免多层相隔，以减少振动信号在传递过程中因中间环节造成的能量衰减；测试点必须要有足够的刚度。

在测轴的振动时，常见的有测轴与轴承座的相对振动和测轴的绝对振动（很少采用）两种方法。

从信号频段的角度来考虑，对于低频振动，应该在水平和垂直两个方向同时进行测量，必要时，还应在轴向进行测量；而对于高频振动，则一般只需在一个方向进行测量。这是因为低频信号的方向性较强，而高频信号对方向不敏感的缘故。

此外，在选择测试点时，还应考虑环境因素的影响，尽可能地避免选择高温、高湿、出风口和温度变化剧烈的地方作为测试点，以保证测量结果的有效性。

最后切记，测试点一经选定，就应进行标记，以保证在同一点进行测量。有研究结果表明，在测高频振动时，由于测试点的微小偏移（几个毫米），将会造成测量值的成倍离散（高达6倍）。

2.3.4 确定测量周期

2.3.4.1 测量周期的确定

测量周期的选定应能感知装备的劣化。根据装备的不同种类及其所处工况确定监测周期，是装备诊断的一项重要工作内容，目前尚无统一的标准，以下所列仅供参考。

（1）定期检测：即每隔一定的时间间隔对装备检测一次。对于汽轮压缩机、燃气轮机等高速旋转机械，可每天检测一次；对于水泵、风机等可每周检测一次；当发现测量数据有变化征兆时，应缩短监测周期；而对于新安装和大修后的装备，应频繁检测，直至运转正常。

（2）随机点检：专职装备检测维修人员一般不定期地对装备进行检测，装备操作人员或责任人则负责装备的日常检测工作，并做必要的记录。当发现有异常现象时，即报告装备专职检测维修人员，进行相应的处理。随机点检也是装备管理中经常采取的一种策略。

（3）实时监测：对于某些关键装备的关键部位，应进行在线实时监测，一旦测定值超过设定的 ICJ 值即进行报警，进而采取相应的保护措施。

2. 3. 4. 2　振动诊断系统的建立

振动诊断一般分为两个步骤，即简易诊断和精密诊断。简易诊断是测定总的振动强度，即测量机械振动参数（位移、速度和加速度）的幅值（如有效值、峰值等），将它与标准值或经验值比较，可初步判断机械有无故障。若有故障，则需进行精密诊断，进一步判明故障的原因、部位及危险程度等。简易诊断也常作为现场维修人员监测机械产品状态的手段。精密诊断是将测得的装备振动参数随时间变化的时域信号，进行各种分析处理，最终得到振动的特征参数或其图像，将它与装备正常运转时的特征参数或图像进行比较，从而判断装备故障的原因、部位和程度。典型振动诊断系统框图如图 2-47 所示。

图 2-47　典型振动诊断系统框图

加速度传感器将机械振动加速度转换为电荷量，送入电荷放大器放大并转换为电压量输出，经低通滤波器滤波，消除高频噪声的干扰，然后输入 A/D 转换器，将模拟信号转换为计算机可接收的数字信号。在这里，计算机相当于一台综合性仪器。它利用相应的软件，进行振动时域信号的记录、显示，进行信号的运算及结果或图形的显示，集信号的记录、显示及处理分析等多种功能于一身。剩下的工作，也是一个极其重要、难度较大的环节，就是根据计算机计算和显示的结果，分析、判断机械产品的故障，这项工作可由计算机完成，也可由人工完成。

2. 3. 5　确定诊断标准

故障诊断的主要目的之一是要给出工程装备状态有无异常的信息，这就存在一个故障判别的标准问题，即被测信号量值的故障阈值确定，故障参数量值低于阈值时，表明装备状态正常，而当参数值超过故障阈值时，则说明装备异常。振动信号故障判别的标准主要有绝对判别标准、相对判别标准和类比判别标准 3 大类。

2. 3. 5. 1　绝对判别标准

将被测参数量值与预先设定的“标准状态阈值”相比较以判断装备运行状态的一类标准，如 ISO2372、ISO3495、VDI2056、RS4675、GB 6075—1985、ISO10816 等。表 2-5 所示是 ISO2372 标准和 ISO3495 标准的振动速度阈值，其中 A 表示装备状态良好，B 为容许状态，C 为可容忍状态，D 为不允许状态。表 2-6 是根据加拿大政府文件 CDA/MS/NVSH107 编制的轴承振动极限数据（10Hz～1kHz）。图 2-48 是根据研究资料得出的轴承振动位移标准曲线。ISO 制订的机械振动评价新标准 ISO10816 中，关于额定功率在 100kW 以上的往复式机械的运行状态的振动评价标准如表 2-7 所示。机械振动的部分绝对评价标准索引列于表 2-8 中。

在应用绝对判别标准时，一定要注意其适用条件与测定方法。

表 2-5 ISO2372 和 ISO3495 标准的振动速度阈值

<table>
<tr><th colspan="6">ISO2372
（适用于转速 10~200r/m，信号频率在 10~1000Hz 内的旋转机械）</th><th colspan="2">ISO3495
（适用于转速 10~200r/min 的大型装备）</th></tr>
<tr><th colspan="2">振动烈度</th><th rowspan="2">小型机器
（≤15kW）</th><th rowspan="2">中型机器
（18~75kW）</th><th rowspan="2">大型机器</th><th rowspan="2">透平机</th><th colspan="2">支撑分类</th></tr>
<tr><th>范围</th><th>v_{max}/mm·s^{-1}</th><th>刚性支撑</th><th>柔性支撑</th></tr>
<tr><td>0.28</td><td>0.28</td><td rowspan="3">A</td><td rowspan="4">A</td><td rowspan="5">A</td><td rowspan="6">A</td><td rowspan="5">好</td><td rowspan="6">好</td></tr>
<tr><td>0.45</td><td>0.45</td></tr>
<tr><td>0.71</td><td>0.71</td></tr>
<tr><td>1.12</td><td>1.12</td><td rowspan="2">B</td></tr>
<tr><td>1.8</td><td>1.8</td><td rowspan="2">B</td></tr>
<tr><td>2.8</td><td>2.8</td><td rowspan="2">C</td><td rowspan="2">B</td><td rowspan="2">满意</td></tr>
<tr><td>4.5</td><td>4.5</td><td rowspan="2">C</td><td rowspan="2">B</td><td rowspan="2">满意</td></tr>
<tr><td>7.1</td><td>7.1</td><td rowspan="6">D</td><td rowspan="2">C</td><td rowspan="2">不满意</td></tr>
<tr><td>11.2</td><td>11.2</td><td rowspan="4">D</td><td rowspan="2">C</td><td rowspan="2">不满意</td></tr>
<tr><td>18</td><td>18</td><td rowspan="3">D</td><td rowspan="3">不能接受</td></tr>
<tr><td>28</td><td>28</td><td rowspan="2">D</td><td rowspan="2">不能接受</td></tr>
<tr><td>45</td><td rowspan="2">45</td></tr>
<tr><td>71</td></tr>
</table>

表 2-6 轴承振动极限（10~1000Hz）范围内的总的振动速度均方根允许值

机器类型		新机器				旧机器			
		长寿命		短寿命		检查界限值		修理界限值	
		v_{dB}	mm/s	v_{dB}	mm/s	v_{dB}	mm/s	v_{dB}	mm/s
燃气轮机	>20000hp	138	7.9	145	18	145	18	150	32
	6000~2000hp	128	2.5	135	5.6	140	10	145	18
	≤5000hp	118	0.79	130	3.2	135	5.6	140	10
汽轮机	>20000hp	125	1.8	145	18	145	18	150	32
	6000~2000hp	120	1.0	135	5.6	145	18	150	32
	≤5000hp	115	0.56	130	3.2	140	10	145	18
压气机	自由活塞	140	10	150	32	150	332	155	56
	高压空气、空调	133	4.5	140	10	140	10	145	18
	低压空气	123	1.4	135	5.6	140	10	145	18
	电冰箱	115	0.56	135	5.6	140	10	145	18
柴油发电机组		123	1.4	140	10	145	18	150	32
离心机油分离器		123	1.4	140	10	145	18	150	32
齿轮箱	>10000hp	120	1.0	140	10	145	18	150	32
	10~10000hp	115	0.56	135	5.6	145	18	150	32
	≤10hp	110	0.32	130	3.2	140	10	145	18

续表 2-6

<table>
<tr><th rowspan="3" colspan="2">机器类型</th><th colspan="4">新机器</th><th colspan="4">旧机器</th></tr>
<tr><th colspan="2">长寿命</th><th colspan="2">短寿命</th><th colspan="2">检查界限值</th><th colspan="2">修理界限值</th></tr>
<tr><th>v_{dB}</th><th>mm/s</th><th>v_{dB}</th><th>mm/s</th><th>v_{dB}</th><th>mm/s</th><th>v_{dB}</th><th>mm/s</th></tr>
<tr><td colspan="2">发电机组</td><td>120</td><td>1.0</td><td>130</td><td>3.2</td><td>135</td><td>5.6</td><td>140</td><td>10</td></tr>
<tr><td rowspan="2">泵</td><td>>5hp</td><td>123</td><td>1.4</td><td>135</td><td>5.6</td><td>140</td><td>10</td><td>145</td><td>18</td></tr>
<tr><td>≤5hp</td><td>118</td><td>0.79</td><td>130</td><td>3.2</td><td>140</td><td>10</td><td>145</td><td>18</td></tr>
<tr><td rowspan="2">风扇</td><td><1800r/min</td><td>120</td><td>1.0</td><td>130</td><td>3.2</td><td>135</td><td>5.6</td><td>140</td><td>10</td></tr>
<tr><td>>1800r/min</td><td>115</td><td>0.56</td><td>130</td><td>3.2</td><td>135</td><td>5.6</td><td>140</td><td>10</td></tr>
<tr><td rowspan="2">电机</td><td>>5hp 或≥1200r/min</td><td>108</td><td>0.25</td><td>125</td><td>1.8</td><td>130</td><td>3.2</td><td>135</td><td>5.6</td></tr>
<tr><td>≤5hp 或≤1200r/min</td><td>103</td><td>0.14</td><td>125</td><td>1.8</td><td>130</td><td>3.2</td><td>135</td><td>5.6</td></tr>
<tr><td rowspan="2">变流机</td><td>>1kVA</td><td>113</td><td>0.14</td><td>—</td><td>—</td><td>115</td><td>0.56</td><td>120</td><td>1.0</td></tr>
<tr><td>≤1kVA</td><td>100</td><td>0.10</td><td>—</td><td>—</td><td>110</td><td>0.32</td><td>115</td><td>0.56</td></tr>
</table>

表 2-7　ISO10816 给出的往复式机械的振动评价阈值（信号频段 2~100Hz）

<table>
<tr><th rowspan="2">振动烈度</th><th colspan="3">总体振动均方根允许值</th><th colspan="7">机械振动分段</th></tr>
<tr><th>位移/μm</th><th>速度/mm · s^{-1}</th><th>加速度/m · s^{-2}</th><th>1</th><th>2</th><th>3</th><th>4</th><th>5</th><th>6</th><th>7</th></tr>
<tr><td>1.1</td><td>≤17.8</td><td>≤1.12</td><td>≤1.76</td><td rowspan="4">A/B</td><td rowspan="5">A/B</td><td rowspan="6">A/B</td><td rowspan="7">A/B</td><td rowspan="8">A/B</td><td rowspan="9">A/B</td><td rowspan="10">A/B</td></tr>
<tr><td>1.8</td><td>≤28.3</td><td>≤1.78</td><td>≤2.79</td></tr>
<tr><td>2.8</td><td>≤44.8</td><td>≤2.82</td><td>≤4.42</td></tr>
<tr><td>4.5</td><td>≤71.0</td><td>≤4.46</td><td>≤7.01</td></tr>
<tr><td>7.1</td><td>≤113</td><td>≤7.07</td><td>≤11.1</td><td>C</td></tr>
<tr><td>11</td><td>≤178</td><td>≤11.2</td><td>≤17.6</td><td rowspan="7">S</td><td>C</td></tr>
<tr><td>18</td><td>≤283</td><td>≤17.8</td><td>≤27.9</td><td rowspan="6">D</td><td>C</td></tr>
<tr><td>28</td><td>≤448</td><td>≤28.2</td><td>≤44.2</td><td rowspan="5">D</td><td>C</td></tr>
<tr><td>45</td><td>≤710</td><td>≤44.6</td><td>≤70.1</td><td rowspan="4">D</td><td>C</td></tr>
<tr><td>71</td><td>≤1125</td><td>≤70.7</td><td>≤111</td><td rowspan="3">D</td><td>C</td></tr>
<tr><td>112</td><td>≤1784</td><td>≤112</td><td>≤176</td><td rowspan="2">D</td><td>C</td></tr>
<tr><td>180</td><td>≤1784</td><td>>112</td><td>>176</td><td>D</td></tr>
</table>

表 2-8　机械振动的绝对评价标准索引

机械产品类型	适用评价标准
电站透平机组	轴振动 ISO7919-2、VDI2059. B12、API611、VGB-R 103M
工业透平机组	轴振动 ISO10816-3. 4、VDI2056、轴承振动 ISO7979-3、VDI2059
压缩机	轴振动 ISO10816-3、VDI2059. BI. 3
水电机组	ISO7919-3、VDI2059. BI. 5
离心泵	ISO10816-3
电机	轴振动 ISO7919-3、VDI2059. BI. 3

续表 2-8

机械产品类型	适用评价标准
印刷机械、鼓风机、脱水机	ISO10816-3、VDI2056
齿轮箱	ISO8579-2、VDI2056、API670

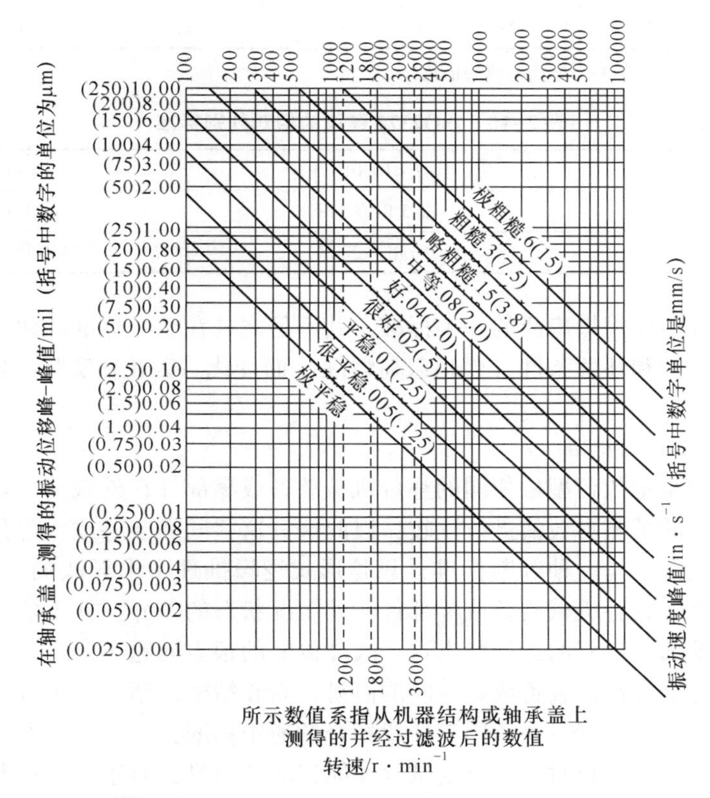

图 2-48　大型旋转机械中的轴承振动位移标准

2.3.5.2　相对判别标准

相对判别标准又称纵向比较标准，通过连续地监测某台装备的运行，取得其完整的运行历程记录，并将装备初始投入运行或维修后经适度磨合而进入平稳运行状态时的被测量值作为原始基值，根据被测参数值相对运行时间的变化规律，对该台装备所处工况状态进行判断。因其监测的是该装备从最初的完好运行到最后故障而失效的整个历程，因此称之为纵向标准。相对标准可用图 2-49 加以说明。

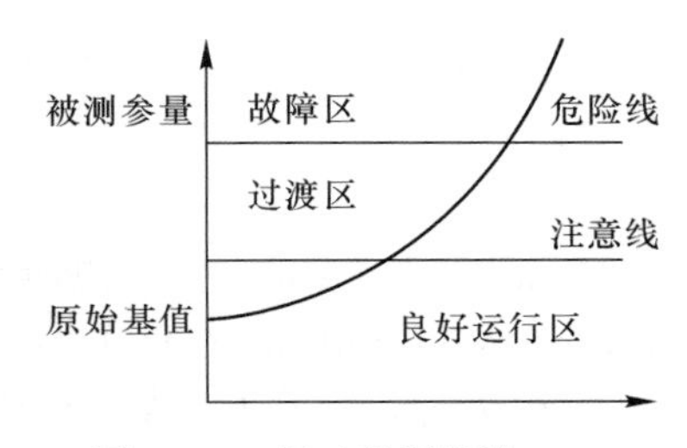

图 2-49　相对判别标准

装备的整个运行工况被注意线和危险线分为良好运行区、故障运行区和连接两者的中间过渡区三个区域。其注意线和危险线的阈值设定，随机构种类及信号的频率范围而异，表 2-9 所示是一些经验数据可供参考。ISO2372 建议的相对判断标准如表 2-10 所示。

表 2-9　相对判别标准的状态阈值

机构	低频振动			高频振动		
	良好	注意	危险	良好	注意	危险
旋转机构	<2	2~4	>4	<3	3	6
齿轮	<2	2~4	>4	<3	3	6
滚动、浮动轴承	<2	2~4	>4	<3	3	6

注：表中数值为被测参量值相对原始基值的倍数。

表 2-10　ISO2372 建议的相对判别标准

频率范围	<1000Hz	>4000Hz
注意区	2.5 倍（8dB）	6 倍（16dB）
异常区	10 倍（20dB）	100 倍（40dB）

相对判断标准是应用最广泛的一类标准，其不足之处在于，标准的建立周期长，且阈值的设定可能随时间和环境条件（包括载荷情况）而变化。因此在实际工作中，应通过反复试验才能制订。

2.3.5.3　类比判别标准

类比判别标准是把数台型号相同的整台机械装备或零部件在外载荷、转速以及环境因素都相同的条件下的被测参数值进行比较，以此区分这些同类装备或零部件所处的工况状态。严格地说，这并不是一种判断标准，只是形式逻辑推理中求异法的一个应用。而且，类比判断方法只能区分各机械装备或零部件所处工况状态的差异，并不能回答哪些是好的运行状态，哪些偏离了良好的运行状态这一故障诊断的根本问题。

总之，判断标准是机械装备故障诊断的简易诊断和精密诊断一个十分复杂而根本的问题，直至目前，还没有找到一个适用于任意场合的通用标准，一个真正有效的判断标准的制订，需要经过大量的、长时间的反复试验才能完成。而且，对于一个已制订的标准，随着时间的推移，可能还需要随时予以修正。在以下三种标准中，应优先考虑使用绝对判断标准。

复习思考题

2-1　常用的振动测量传感器有哪些？振动传感器的选用原则有哪些？

2-2　有人在使用电阻应变片时，发现灵敏度不够，于是试图在工作电桥上增加电阻应变片数以提高灵敏度，试问，在下列情况下，是否可提高灵敏度？说明为什么？

（1）半桥双臂可串联一片。

（2）半桥双臂各并联一片。

2-3　一个信号具有从 100Hz 到 500Hz 范围的频率成分，若对此信号进行调幅，试求：

（1）调幅波的带宽将是多少？

（2）若载波频率为 10kHz，在调幅波中将出现哪些频率成分？

2-4　选择一个正确的答案：

将两个中心频率相同的滤波器串联，可以达到：（a）扩大分析频带；（b）滤波器选择性变好，但相移增加；（c）幅频、相频特性都得到改善。

2-5 如果要求一个 D/A 转换器能分辨 5mV 的电压，设其满量程电压为 10V，试问其输入端数字量至少要多少位？

2-6 一个 6 位逐次逼近式 A/D 转换器，分辨率为 0.05V，若模拟输入电压为 2.2V，试求其数字输出量的值。

2-7 表述机械装备振动诊断标准。

第3章　故障树分析诊断方法

故障树分析方法也是装备故障诊断中一种常用的诊断方法，特别是近几年计算机速度和容量的提高解决了复杂机电装备故障树的构建与分析所面临的技术瓶颈，进一步促进了故障树分析方法在装备故障诊断中的应用。故障树分析是可靠性设计的一种有效方法，已成为故障诊断技术中较普遍使用的一种方法。

3.1　故障树分析概述

3.1.1　故障树分析及其特点

故障树分析是一种图形演绎方法，它针对某个特定的不希望事件进行演绎推理分析，把系统故障与组成系统各部件的故障有机地联系在一起，找出导致系统故障的全部原因。基于故障的层次特性，其故障成因和后果的关系往往具有很多层次，并形成一连串的因果链，加之存在一因多果或一果多因的情况就构成了“树”或“网”，这就是故障树提出的背景。

故障树分析在工程上的应用主要包括：系统的可靠性分析、系统的安全性分析与事故分析、改进系统设计，对系统可靠性进行评价、概率风险评价、故障诊断与检修流程的制定、运行和管理人员的培训等。

在故障树分析中，一般是把所研究系统最不希望发生的故障状态作为辨识和估计的目标，这个最不希望发生的系统故障事件称为顶事件，位于故障树的顶端；随后在一定的环境与工作条件下，找出导致顶事件发生的必要和（或）充分的直接原因，这些原因可能是部件中硬件失效、人为差错、环境因素以及其他有关事件等，把它们作为第二级；依次再找出导致第二级故障事件发生的直接因素作为第三级，如此逐级展开，一直追溯到那些不能再展开或无须再深究的最基本的故障事件为止。这些不能再展开或无须再深究的最基本的故障事件称为底事件，介于顶事件和底事件之间的其他故障事件称为中间事件。把顶事件、中间事件和底事件用适当的逻辑门自上而下逐级联结起来所构成的逻辑结构图就是故障树，下面较低一级的事件是门的输入，上面较高一级的事件是门的输出。通常把仅含有故障事件及与门、或门的故障树称为正规故障树。

故障树分析具有直观、形象、灵活、方便、通用、可算等优点，但也有建树工作量大、数据收集困难、要求分析人员充分了解被分析对象等缺点。

3.1.2　故障树分析使用的符号

故障树分析所用的符号主要可分为两类，即代表故障事件的符号，以及联系事件的逻辑门符号（参见 GB 4888—1985）。此外，为了避免在故障树中出现重复，减轻建树工作量，使图形简明，还设置了转移符号，用以指明子树的位置等，表3-1对故障树分析中的常用符号加以说明，其他符号说明可查阅有关的参考文献。

表3-1 故障树中常用符号及说明

序号	名称	符号	说明
1	基本事件	○	无须进一步展开的基本初始故障
2	未展开事件	◇	由于推论不详或是没有可以利用的信息而没有进一步展开的事件
3	中间事件	▭	因逻辑门一个或多个输入事件发生而发生的输出事件
4	与门		所有故障事件发生时，输出故障事件才发生
5	或门		如果至少有一个输入故障事件发生，则输出故障事件发生
6	转入	△	指出故障树接着相应“转出”（在另一页）而进一步发展
7	转出	△	指出故障树的这部分必须与相应的“转入”相连接
8	异或门		如果只有一个输入故障事件发生，则输出故障事件发生
9	顺序门		当所有输入故障事件按特定顺序发生时，输出故障事件发生（顺序由画在门右边的条件事件表示）
10	禁门	⬡	在有起作用的条件时，若单个输入故障发生，则输出故障发生（起作用的条件由画在门右边的条件事件表示）

3.2 故障树分析的一般步骤及表达

故障树分析方法经过40多年的发展，无论从定性分析、定量分析，还是图形化、计算机化等方面都取得了很大发展，现已由技巧化走向科学化，建树手段也由人工演绎建树走向计算机辅助建树。下面介绍分析、建造故障树的步骤和表达故障树的数学方法。

3.2.1 故障树分析的步骤

可根据分析的要求和人力、物力情况，选取其中几步进行。

（1）确定所要分析的对象。首先确定要分析的对象所包含的内容及其边界条件。例如一个工程装备，首先要确定分析的对象是底盘车还是上装部分，上装部分是液压系统还是电控系统抑或是机械系统，只有明确了系统，才能有明确的对象，做出易于理解的正确分析。在顶事件确定之后要定义故障树的边界条件（分解极限与外边界），即要对系统的某些组成部分（部件、子系统）的状态、环境条件等做出合理的假设。

（2）熟悉分析对象。只有在熟悉分析对象的基础上，故障树分析才能反映其客观实际。熟悉对象系统是正确建立故障树进而能做出正确分析的关键。要求确切了解分析对象的构成、功能、工艺（或生产）过程、操作运行情况、保护设备、各种重要参数和越限指标等，必要时还需要了解工艺流程图及结构布置图，以作为构建故障树的依据。

（3）调查对象发生的故障。尽量广泛地调查所分析系统的所有故障，既包括过去和现在已发生的故障，也包括估计将来可能发生的故障；既要了解所研究的本系统发生的故障，也要了解同类装备对象系统发生的故障。

（4）确定故障树的顶事件。顶事件是系统不希望发生的事件。根据事故调查和统计分析的结果，将容易发生且后果严重或偶尔会发生但损失很大的事故作为不希望发生的事件，即顶事件。

（5）调查引起顶事件发生的基本事件。在熟悉对象、分析事故的基础上，找出引起顶事件发生的各种因素，这些因素包括：人、机、管理、环境，即武器装备故障、操作失误；维修质量和维护不良、管理指挥错误，影响顶事件发生的环境不良等。在全面分析的基础上确定这些因素间的因果关系和逻辑关系，最底层或最下面的原因事件即为基本事件。

（6）构建故障树。在完成以上工作的基础上，可以着手构建故障树。按照演绎分析的方法，从顶事件开始，逐级往下分析找出原因事件，直到基本事件为止。根据相互间的逻辑关系，用规定的逻辑门连接上下层事件，形成一个事故逻辑关系图，即为故障树。对所建的故障树要反复推敲、检查看其是否符合逻辑分析原则，即：上一层事件应是下层事件的必然结果；下一层事件应是上层事件的充分条件。同时还应反复核实直接原因事件是否全部找齐，这具有定量意义。

（7）定性分析。故障树的定性分析是根据所构造的故障树，利用布尔代数进行化简，然后求取故障树的最小割集和最小路集。最小割集是导致顶事件发生的基本事件的最小集合，最小路集是顶事件不发生时的最小集合，由此做出基本事件的结构重要度分析，得出定性分析的结论。

（8）定量分析。若已知故障树的结构函数和底事件，即系统基本故障事件的发生概率，从原则上说，应用容斥原理对“事件和”与“事件积”的概率计算，可以定量地评定故障树顶事件出现的概率。

（9）比较分析。由定量分析中求得的故障事件发生概率与通过统计分析得到的故障发生概率进行比较，如果两者相差很大，则应考虑故障树图是否正确，基本事件是否完备，上下层事件间的逻辑关系是否正确，各基本事件的故障率是否合适等。若有问题，应返回重新对故障树进行修改。

（10）安全性评价。经过定性和定量分析后得到的顶事件发生概率如果超过预定的目标，则要研究降低事故发生概率的各种可能，由故障发生频度与事故损失严重度得到的损失超过元件的安全指标必须予以调整。由定性分析的结论得到多种降低事故发生频率的方案，根据人力、财力条件，选取最佳方案，确定装备改造和加强人为控制。

3.2.2 故障树构建的一般方法

在故障树分析发展应用的过程中，逐渐总结出一些科学的建树规则，遵循这些规则可以有效地避免建树过程中产生错误或遗漏，概括起来有以下几个原则。

3.2.2.1 准确地描述故障事件

从顶事件开始，对每一个中间事件、底事件都要准确地说明是一种什么样的故障，何时、何条件下发生。这也许需要一个冗长的描述，但绝不能因为麻烦而进行简化。否则会使故障的界限和概念不清，致使故障分析混乱、遗漏或重复。

3.2.2.2 判明结果事件是否属于部件故障状态还是系统故障状态

如果对问题“这个故障能否由部件失效组成”的回答是“能”，则将该事件归为部件故障状态，那么就在该事件下面加一个或门，并寻找初级故障、次级故障和指令故障；如果回答“否”，则将此事件归为系统故障状态，需要寻找最充分必要的直接原因。系统故障状态可能需要一个或门、一个禁门或什么门也不需要。一般来说，如果能量来源于部件外的一点，那么这个事件就归为“系统故障状态”。

3.2.2.3 完整、准确定义所有输入事件

对于某个门，在进一步分析这个门的输入事件之前，要寻找到这个门的所有输入事件，并完整、准确地定义所有的输入事件

这一规则表明，故障应该逐级构建，逐级找出必要而充分的直接原因。对一级做任何考虑之前，必须完成上一级。这样能使建树有条理地一级一级地进行下去，避免遗漏和重复。

3.2.2.4 门的所有输入均为正确定的事故事件

门的所有输入都应当是正确定义了的故障事件，门不能与门直接相连，以免造成建树混乱

现以图3-1所示的简单电气系统为例，说明顶事件和边界条件的关系。

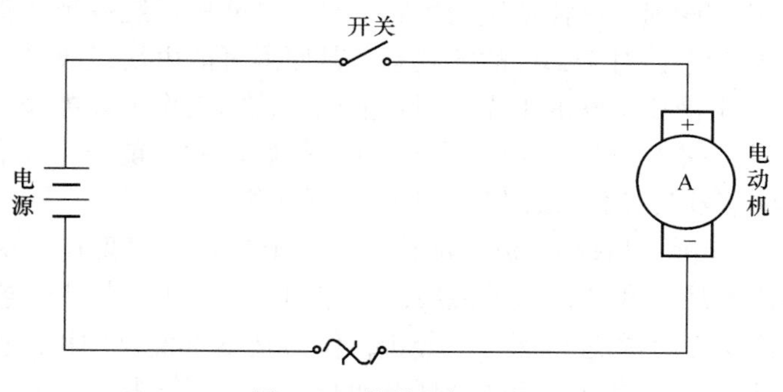

图3-1 简单电气系统

该电气系统的故障可分为3种可能：第1种是电机不转动；第2种是电动机虽转动，但温升过高，不能按要求长时间工作；第3种也是电机可转动，但转速异常（转速过慢）。对应于这3种故障状态的顶事件和边界条件如表3-2所示。

表3-2 简单电气系统的顶事件和边界条件

顶事件	电机不转	电机温度异常	电机转速异常（转速过慢）
初始状态	开关闭合	开关闭合	开关闭合
不容许事件	由于外来因素使系统失效（不包括人为因素）	由于外来因素使系统失效	由于外来因素使系统失效
必然事件	无	开关闭合	开关闭合

在确定边界条件时，一般允许把小概率事件当作不容许事件，在建树时可不予考虑，例如，在图 3-1 的例子中，就对导线和接头的故障忽略不计。由于小概率事件与小部件的故障或小故障事件是不同的概念，因此允许忽略小概率事件故障，不等于允许忽略小部件的故障事件。有些小部件故障或多发性的小故障事件的出现，所造成的危害可能远大于一些大部件或重要设备的故障后果。挑战者号航天飞机的爆炸就是由一个密封圈失效的"小故障"引起的。有的故障发生概率虽小，可是一旦发生则后果严重，因此这种事件就不能忽略。

3.2.2.5　构建故障树

顶事件和边界条件确定后，就可以从顶事件出发建故障树了。要有层次地逐级进行分析，依照 3.2.2.2 所述的原则判断每一级是部件故障状态还是系统故障状态。如果这个故障事件是部件故障状态，那么就在这个事件后面加一个或门，并寻找初级失效、次级失效和指令失效模式；如果这个故障事件是系统故障状态，则寻找最充分必要的直接原因。然后逐级向下发展，直到找出引起系统失效的全部原因。对各级事件的定义要简明、确切，当所有中间事件被分解为底事件时，则故障树初步建成。

下面是某型装备负载敏感式电液比例阀组故障树的构建示例。

某型装备液压系统是其整车作业装置的动力传动系统，主要完成该装备的扫雷作业及其他附属装置的操作驱动等。电液比例液压阀是绝大多数工程装备，如机械化桥、支援桥、伴随桥、布（扫）雷车、工程机械等装备液压系统的核心控制元件，应用极为广泛。在该装备中，电液比例阀通过电控系统的控制信号，使液压系统按规定程序运行。该比例阀的故障为部件故障状态，对于部件故障状态，其原因可能由初级故障、次级故障或指令故障引发。通过分析电液比例阀的工作原理及液压系统的工作过程可知，确定初级故障为"收到电流驱动信号，阀未打开"，次级故障为"阀启动后不能正常工作"，指令故障为"阀未收到电流驱动信号"，用"或门"与上一级事件相连。

对 3 个事件逐一分析，"收到电流驱动信号，阀未打开"表现在阀块上，原因为"阀芯卡死""驱动电流不足"和"阀块电磁线圈电路损坏"，用"或门"连接。"阀芯卡死"已经是系统部件的故障，不再进行深入的分析，作为基本事件。"驱动电流不足"在本故障树分析之外，在此将这一事件处理成未展开事件，表明是未探明原因的事件。"阀块电磁线圈电路损坏"也是系统部件的故障。"阀启动后不能正常工作"是系统故障，非部件本身失效引起。寻找其最充分必要的原因为"阀组损坏"和"进油路故障"，对于"进油回路故障"作未展开事件。第三级事件"阀体损坏"的初级故障是"阀组首联故障使得各联阀不工作"，次级故障是"驱动电流不足"，同样，这一事件也处理成未展开事件。这部分的故障树如图 3-2 所示。

3.2.2.6　对故障树进行整理和优化

为进行故障树的定性和定量分析，需要对所建故障树进行整理和优化，可以在优化的过程中适当去掉一些基本上不可能发生的事件，使分析出的结果更有价值、可靠，并且一目了然。对于一般的故障树，可利用逻辑函数构造故障树的结构函数，然后再应用逻辑代数运算规则来简化故障树，获得其等效的故障树。以下是利用布尔函数中的吸收率进行化简的例子，其故障树逻辑关系如图 3-3 所示。

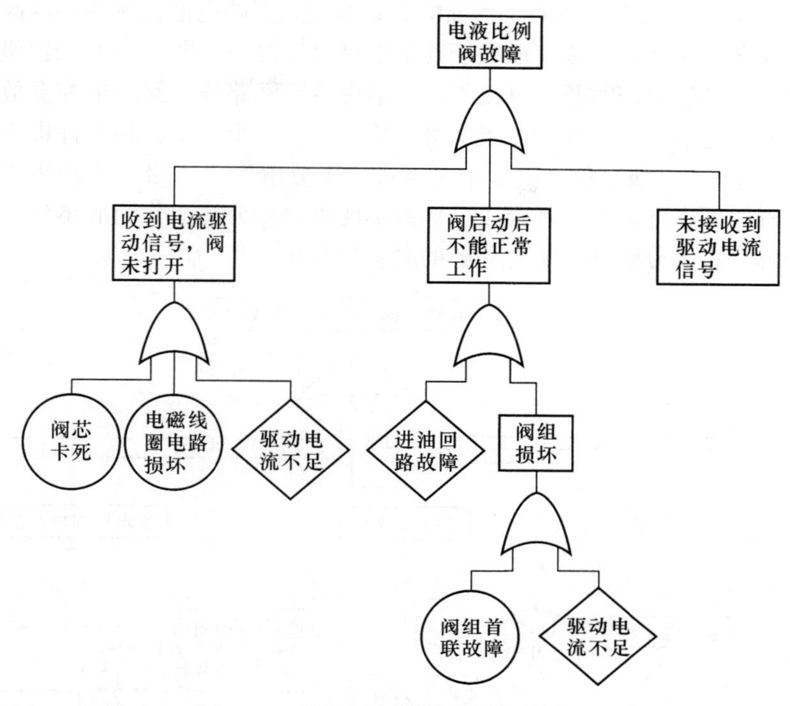

图 3-2 电液比例多种阀故障树结构图

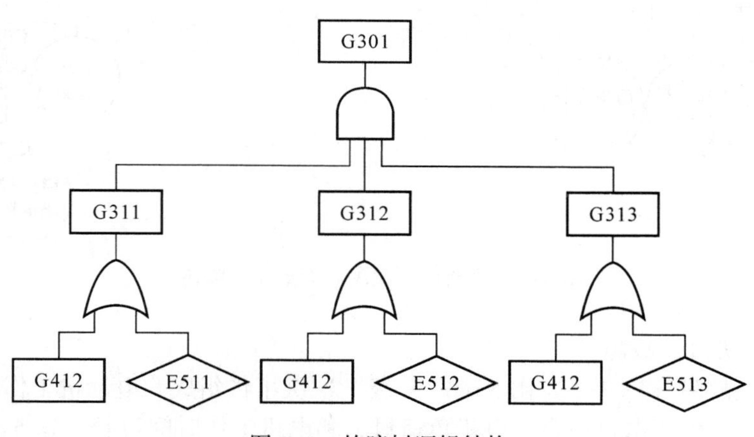

图 3-3 故障树逻辑结构

$$G301=G311\cdot G312\cdot G313=(G412+E511)(G412+E512)(G412+E513)$$

根据吸收律化简后，计算 $G301=G412+E511\cdot E512\cdot E513$，不仅逻辑结构简化，同时可将计算最小割集时的计算步骤减少。

3.2.3 构建故障树实例

建立故障树是在仔细地分析系统顶事件发生原因的基础上进行的。下面给出某型工程装备液压系统负载敏感多路电液比例阀组中的一联阀阀芯无动作故障举例。

例 1： 多路比例阀中某片阀阀芯无动作故障树。

图 3-4 所示是某型工程装备液压系统中负载敏感式多路电液比例阀某联阀芯无动作故障树。该联阀阀芯无动作故障首先取决于 6 个次级事件之一，即“一级”次级事件：阀芯插头与插座接触不良、电磁阀驱动电流不足、电磁线圈断路或短路、电控盒故障、逻辑控制电路故障以及阀芯卡死。这 6 个一级次级事件只要有一个发生，顶事件即成立，因而用“或门”连接。这 6 个一级事件中的 3 个又可进一步分解为“二级”次级事件，逐级分解直至不能再分解的底事件为主。其余 3 个事件不能进一步分解而作为底事件。对所有的次级事件逐级分解，直至分解到不能再分解的底事件为止。

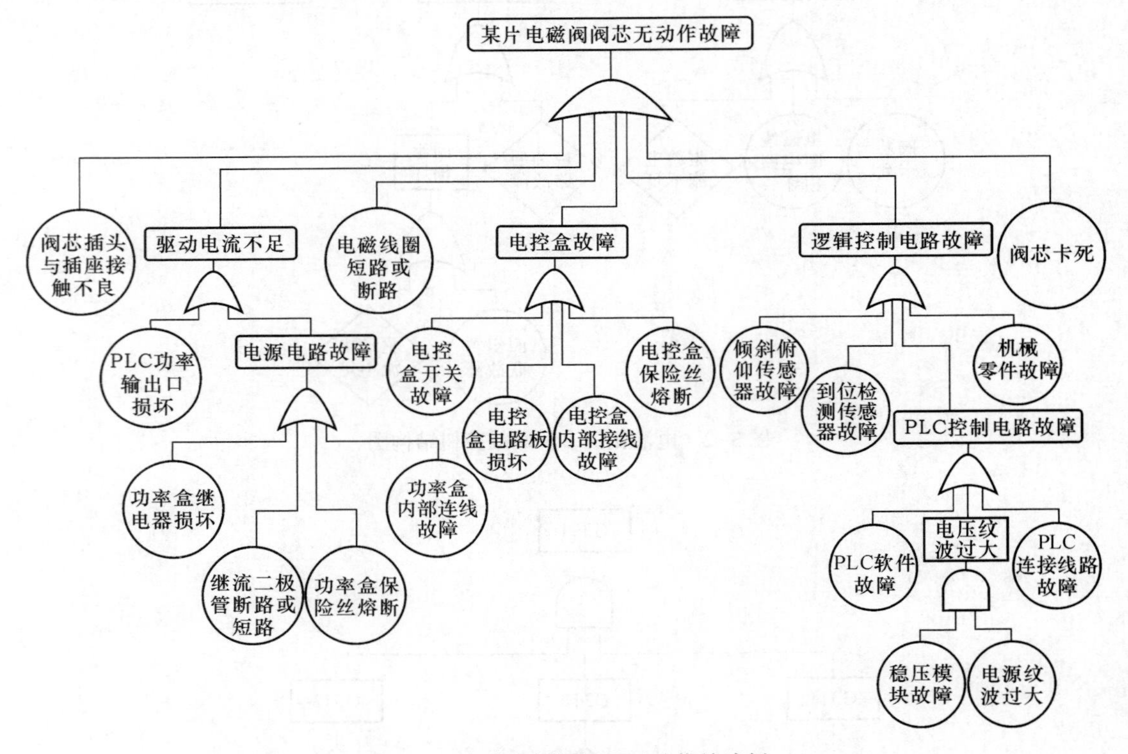

图 3-4　多路比例阀阀芯无动作故障树

例 2：电动机过热故障。

电动机过热故障（图 3-5）由 5 个“一级”次级事件组成：电动机工作电流过大、电机轴承润滑不良、电机散热不良、电机负荷过大和电机工作时间过长。这 5 个次级事件只要有一个发生，顶事件必然发生，因此用“或门”连接。其中，只有次级事件——电动机电流过大可以进一步分解，其他 4 个次级事件既是一级事件，又是底事件。

例 3：某火箭布雷车电气系统中的点火系统故障树。

点火系统故障（如图 3-6 所示），由 3 个“一级”次级事件组成：触头油污、触头信号不正常和触头卡滞。这 3 个次级事件只要有一个发生，顶事件就发生，因而顶事件和次级事件之间用“或门”连接。其中只有次级事件——触头信号不正常可以进一步分解，其他 2 个次级事件既是一级次级事件，又是底事件。触头信号不正常可分解为 3 个“二级”次级事件：时序信号不正常、无信号和电压信号不正常，其中时序信号不正常事件既是二级次级事件，又是底事件。而无信号和电压信号不正常 2 个二级次级事件，均可进一步分

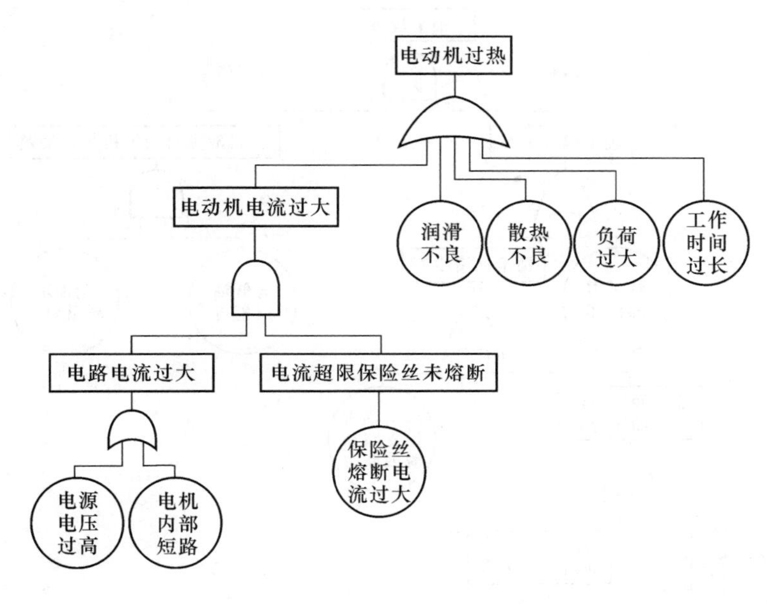

图 3-5 电动机过热故障树

解为“三级”次级事件，直到分解到底事件为止。该故障树中，发火器故障和蓄电池故障未进一步细分，是未探明事件，作为底事件。

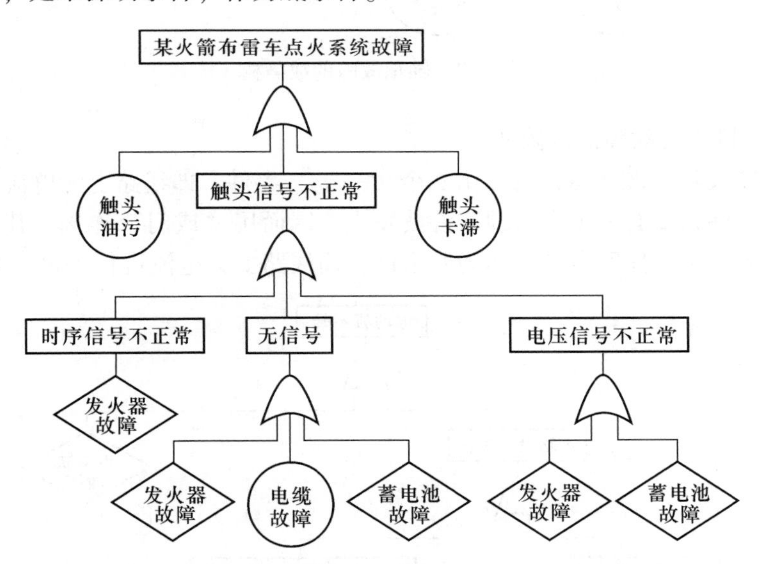

图 3-6 火箭布雷车电气系统中点火系统故障树

例 4：轴承故障的故障树。

轴承故障的故障树（图 3-7）可分解为两个“一级”次级事件：轴承温升过高和主机故障自动停机装置失效。这两个次级事件要同时发生，底事件才发生，因此用“与门”连接。每个一级次级事件又可进一步分解为“二级”次级事件，依次持续分解，直至分解到底事件为止。

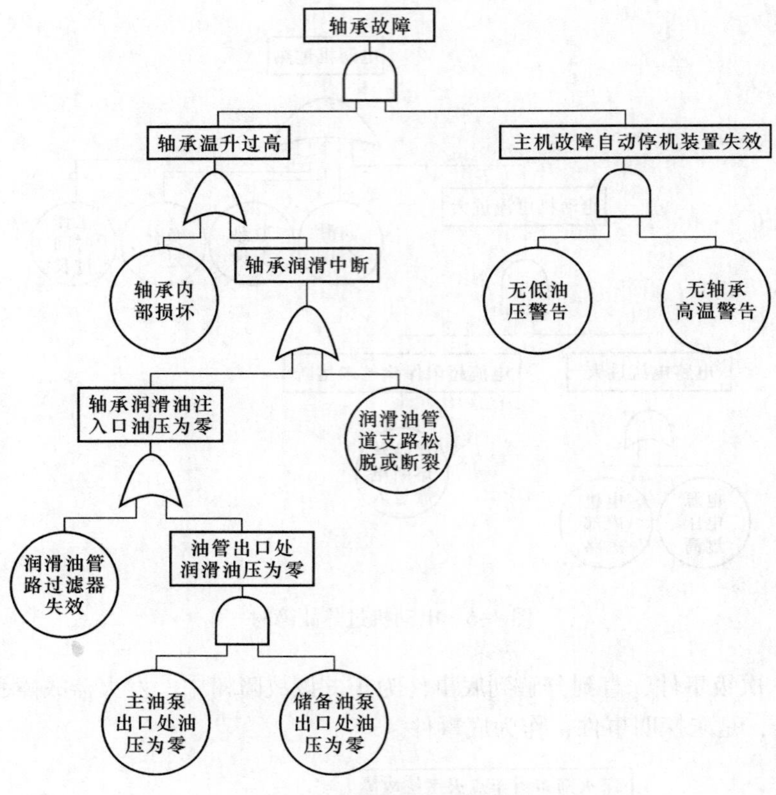

图 3-7 轴承故障的故障树

例 5：电动机不转故障的故障树。

电动机不转故障（图 3-8）可以由 2 个“一级”事件，即线路上无电流和电动机故障引起，这两个事件只要有一个发生顶事件就发生，因而用“或门”连接。其中，电动机故障未进一步细分，是未探明事件，作为底事件；而线路上无电流进行了进一步的划分。

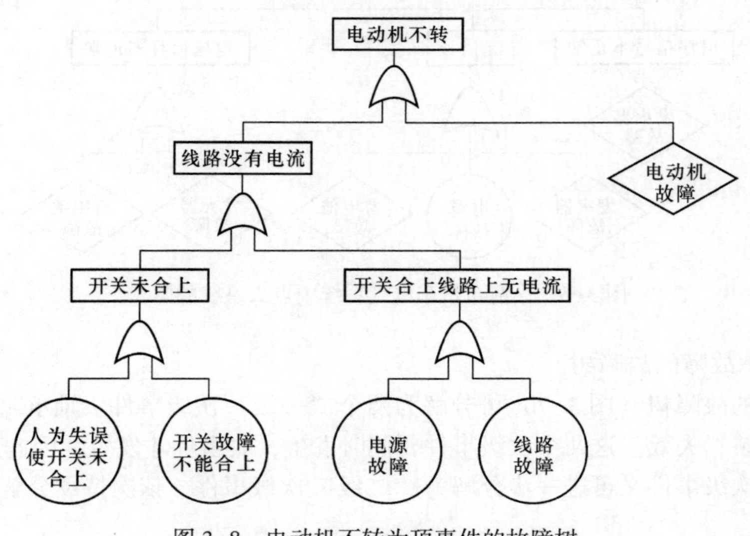

图 3-8 电动机不转为顶事件的故障树

3.2.4　故障树的结构函数

为了对故障树进行定性和定量分析，需要对故障树的逻辑关系用数学语言进行描述，故障树的结构函数就是故障树的数学表达式。

由 n 个独立底事件构成的故障树，其化简后的顶事件的状态 φ 完全由底事件的状态 x_i（$i=1$，2，…，n）的取值所决定（若每个底事件的状态取“0”或“1”两种状态，则其有 2^n 个状态），即

$$\varphi=\varphi(\boldsymbol{X})=\varphi(x_1,\ x_2,\ \cdots,\ x_n) \tag{3-1}$$

例如，图 3-9 所示与门结构故障树的逻辑函数为

$$\varphi(\boldsymbol{X})=\prod_{i=1}^{n}x_i=\min(x_1,\ x_2,\ \cdots,\ x_n) \tag{3-2}$$

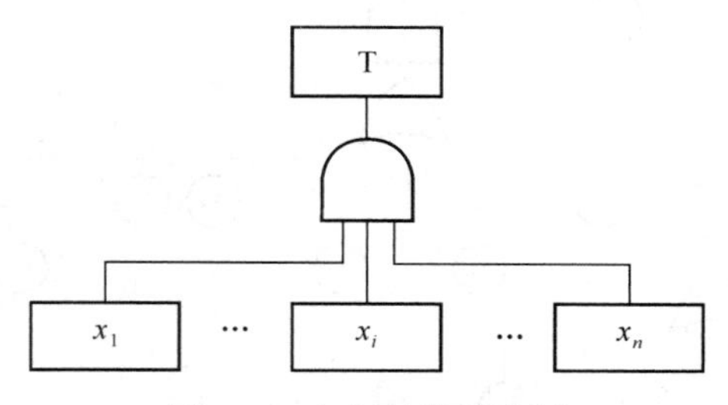

图 3-9　与门结构故障树

式（3-2）的工程意义在于：当全部底事件都发生，即全部 x_i（$i=1$，2，…，n）都取值为 1 时，则顶事件才发生，即 $\varphi(\boldsymbol{X})=1$。

同理，对图 3-10 所示的或门结构故障树，其结构函数为

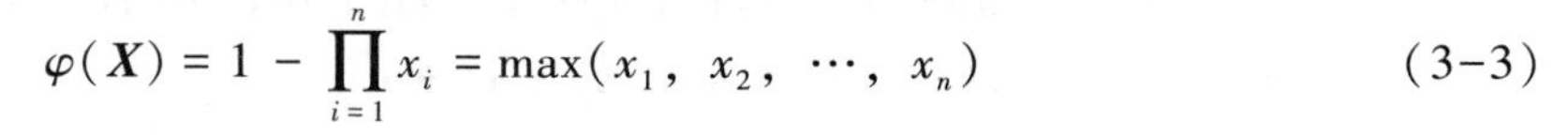

$$\varphi(\boldsymbol{X})=1-\prod_{i=1}^{n}x_i=\max(x_1,\ x_2,\ \cdots,\ x_n) \tag{3-3}$$

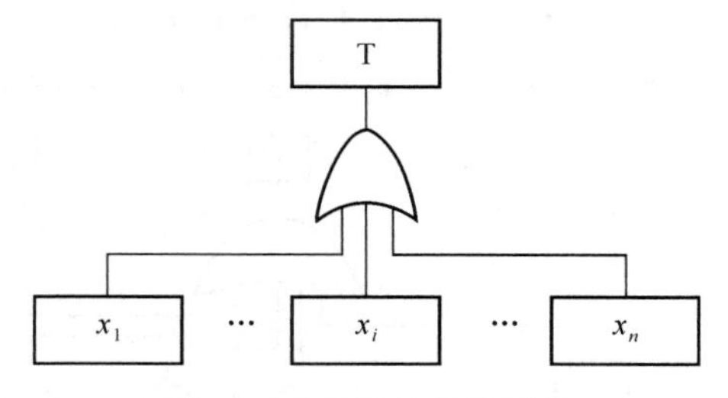

图 3-10　或门结构故障树

式（3-3）的工程意义在于：当系统中任何一个底事件发生时，则顶事件发生。

对于一般的故障树，可先写出其结构函数，然后利用逻辑代数运算规则和逻辑门等效变换规则，获得对应的简化后的故障树。下面举几个例子说明。

例 1：多路比例阀中某片阀阀芯无动作故障树结构函数。

多路比例阀中某片阀阀芯无动作故障的故障树（图 3-4）用符号表示为图 3-11 所示，其结构函数为：

$$
\begin{aligned}
\varphi(x) &= x_1 + G_1 + x_2 + G_2 + G_3 + x_3 \\
&= x_1 + (x_4 + G_4) + x_2 + (x_5 + x_6 + x_7 + x_8) + (x_9 + x_{10} + G_5 + x_{11}) + x_3 \\
&= x_1 + [x_4 + (x_{12} + x_{13} + x_{14} + x_{15})] + x_2 + (x_5 + x_6 + x_7 + x_8) + [x_9 + \\
&\quad x_{10} + (x_{16} + x_{17} + x_{18}) + x_{11}] + x_3 \\
&= x_1 + x_2 + \cdots + x_{18}
\end{aligned}
\tag{3-4}
$$

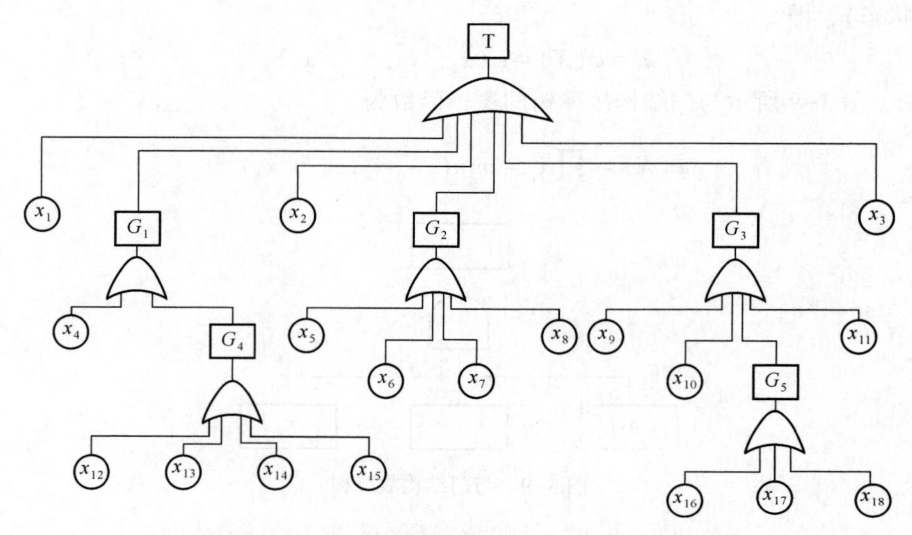

图 3-11　用符号表示的多路比例阀中某片阀阀芯无动作故障树

例 2：电动机过热故障树结构函数表达。

图 3-5 所示电动机过热的故障树用符号表示如图 3-12 所示，其结构函数为：

$$
\begin{aligned}
\varphi(x) &= G_1 + x_1 + x_2 + x_3 + x_4 \\
&= (G_2 \cdot G_3) + x_1 + x_2 + x_3 + x_4 \\
&= [(x_5 + x_6) \cdot x_7] + x_1 + x_2 + x_3 + x_4
\end{aligned}
\tag{3-5}
$$

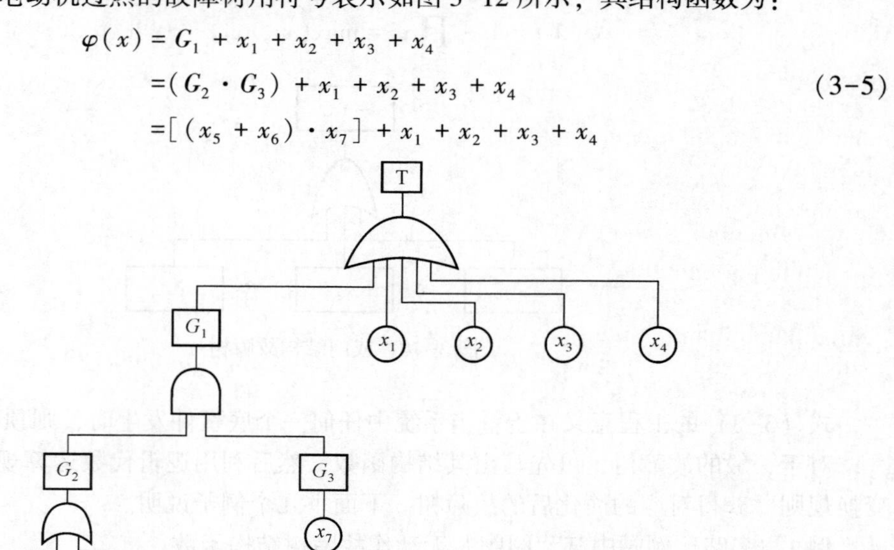

图 3-12　用符号表示的电动机过热故障树

例 3：轴承故障的故障树结构函数。

用符号表示轴承故障的故障树如图 3-13 所示。

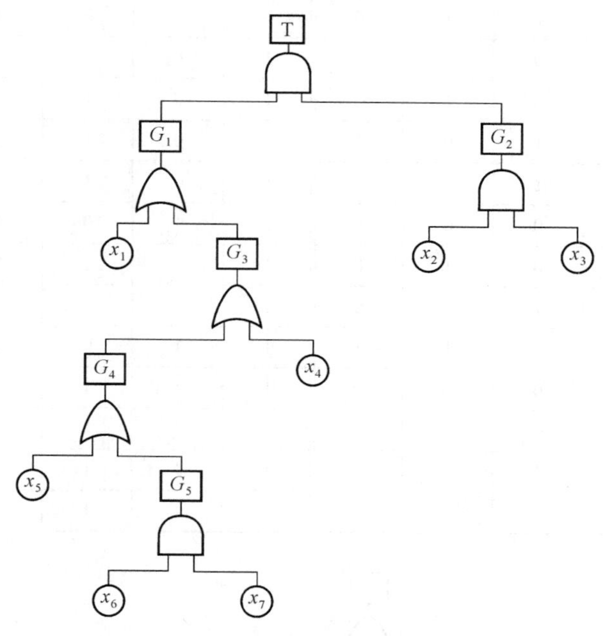

图 3-13 用符号表示的轴承故障树

图 3-7 所示的轴承故障的故障树采用符号表示见图 3-13，其结构函数为：

$$\begin{aligned}\varphi(x) &= G_1 \cdot G_2 \\ &=(x_1 + G_3) \cdot (x_2 \cdot x_3) \\ &=[x_1 + (x_4 + G_4)] \cdot (x_2 \cdot x_3) \\ &=[x_1 + x_4 + (G_5 + x_5)] \cdot (x_2 \cdot x_3) \\ &=[x_1 + x_4 + x_5 + (x_6 \cdot x_7)] \cdot (x_2 \cdot x_3) \\ &=(x_1 + x_4 + x_5 + x_6 \cdot x_7) \cdot x_2 \cdot x_3\end{aligned} \tag{3-6}$$

例 4：故障树的状态值表。

图 3-14 所示的故障树，其状态向量 $\boldsymbol{X} = (x_1, x_2, x_3, x_4, x_5)$，结构函数为 $\varphi(\boldsymbol{X})$，其真值见表 3-3。

$$\begin{aligned}\varphi(x) &= A + B = x_4 \cdot C + x_1 \cdot D = x_4 \cdot (x_3 + E) + x_1 \cdot (x_3 + x_5) \\ &=x_4 \cdot (x_3 + x_2 \cdot x_5) + x_1 \cdot x_3 + x_1 \cdot x_5 \\ &=x_3 \cdot x_4 + x_2 \cdot x_4 \cdot x_5 + x_1 \cdot x_3 + x_1 \cdot x_5\end{aligned} \tag{3-7}$$

表 3-3 底事件的状态值与顶事件的状态值表

x_1	x_2	x_3	x_4	x_5	$\varphi(\boldsymbol{X})$	x_1	x_2	x_3	x_4	x_5	$\varphi(\boldsymbol{X})$
0	0	0	0	0	0	1	0	0	0	0	0
0	0	0	0	1	0	1	0	0	0	1	1
0	0	0	1	0	0	1	0	0	1	0	0

续表 3-3

x_1	x_2	x_3	x_4	x_5	$\varphi(\boldsymbol{X})$	x_1	x_2	x_3	x_4	x_5	$\varphi(\boldsymbol{X})$
0	0	0	1	1	0	1	0	0	1	1	1
0	0	1	0	0	0	1	0	1	0	0	1
0	0	1	0	1	0	1	0	1	0	1	1
0	0	1	1	0	1	1	0	1	1	0	1
0	0	1	1	1	1	1	0	1	1	1	1
0	1	0	0	0	0	1	1	0	0	0	0
0	1	0	0	1	0	1	1	0	0	1	1
0	1	0	1	0	0	1	1	0	1	0	0
0	1	0	1	1	1	1	1	0	1	1	1
0	1	1	0	0	0	1	1	1	0	0	1
0	1	1	0	1	0	1	1	1	0	1	1
0	1	1	1	0	1	1	1	1	1	0	1
0	1	1	1	1	1	1	1	1	1	1	1

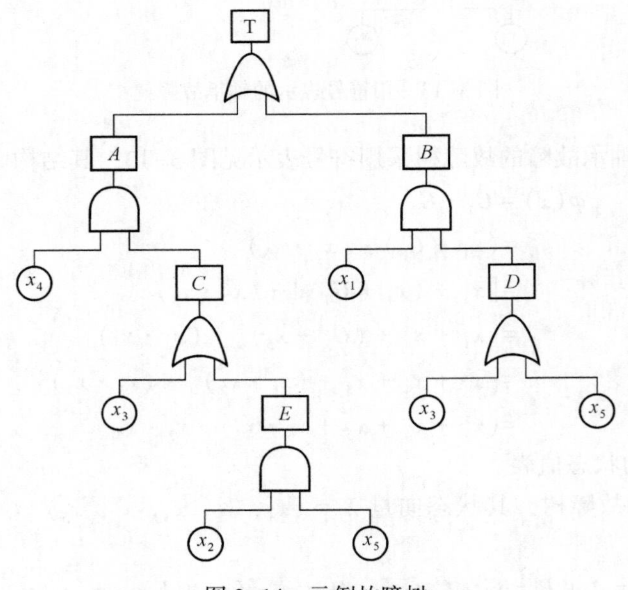

图 3-14 示例故障树

3.3 故障树的分析

故障树的分析方法包括定性分析和定量分析两种方法，下面分别进行介绍。

3.3.1 故障树的定性分析

对故障树进行定性分析的目的是找出导致顶事件发生的所有可能的故障模式，既弄清装备（或系统）出现某种最不希望的故障事件有多少种可能性。

3.3.1.1 基本概念

根据各底事件 $\boldsymbol{X}=(x_1, x_2, \cdots, x_n)$ 的一组取值分为两个集合：取值为0的底事件的集合；取值为1的底事件的集合。

A 割集和最小割集

如有一子集 S_j 所对应的状态向量为：

$$\boldsymbol{X}_j=\{x_{j1}, x_{j2}, \cdots, x_{jl}\}(j=1, 2, \cdots, K)$$

当满足条件 $x_{j1}=x_{j2}=\cdots x_{jl}=1$ 时，使 $\varphi(\boldsymbol{X})=1$，则该子集 S_j 就是割集。即当某子集所含的全部底事件均发生时，顶事件必然发生，则该子集就是割集。割集代表了系统发生故障的一种可能性。其中，l 为割集的底事件数，K 为割集数；与该割集所对应的状态向量 $\boldsymbol{X}_j$ 称为割向量。

如果将割集所含的底事件任意去掉一个即不能成为割集的割集称为最小割集。最小割集是导致故障树顶事件发生的数目最少而又最必要的底事件的割集。对于工程装备来说，每个最小割集就是可能导致装备故障发生的最直接的原因之一，而对于给定的工程装备的全部故障可由全部最小割集的完整集合来表示。与最小割集包含的底事件相对应的状态向量称为最小割集向量。因此，一棵故障树的全部最小割集的完整集合代表了顶事件发生的所有可能性，给出了装备或系统故障模式的完整描述，据此可找出系统中最薄弱的环节或必须要修理的部件。

例如，对于图3-14所示的故障树，从表3-3可以看出，其割集为17个，而最小割集只有4个，即 $\{x_3, x_4\}$、$\{x_2, x_4, x_5\}$、$\{x_1, x_3\}$、$\{x_1, x_5\}$，该结论与式（3-7）所表达的结构函数是一致的。

对于一个复杂的系统，怎么防止顶事件发生是非常复杂的，甚至使我们感到头绪很多，无从下手，但最小割集却为人们提高系统的可靠性和安全性提供了科学的线索。

从直观上看，最小割集是导致顶事件发生的“最少”的底事件的组合。因此，理论上如果能做到使每个最小割集中至少有一个底事件“恒”不发生，则顶事件就不发生。所以，找出复杂系统的最小割集对于消除潜在故障颇有意义。

在复杂的机械装备中，导致系统出现故障的原因常常不是以“单个零件”故障，而是以零件“故障群”的形式出现，而最小割集代表导致系统故障的“最小故障零件群”。记住这一点，我们就会在处理复杂系统的工程实践中处于主动地位。以维修为例，在发现和修复了某个故障零件后，应当继续追查同一最小割集中的其他零件，直至全部修复，系统的可靠性才能切实恢复。

故障树分析中，如果数据不足，可只进行定性分析：根据每个最小割集数目（割集阶数）排序，在各个底事件发生概率比较小、其差别相对不大的条件下，阶数越小的最小割集越重要；在考虑最小割集阶数的条件下，在不同最小割集中重复出现次数越多的底事件越重要。定性比较结果可用于指导装备故障诊断、确定装备维修次序，或者指示改进系统的方面。

B 路集和最小路集

如有一子集 P_i 所对应的状态向量为

$$X_i = \{x_{i1}, x_{i2}, \cdots, x_{il}\} \subset X \quad (i = 1, 2, \cdots, M)$$

当满足条件 $x_{i1} = x_{i2} = \cdots x_{il} = 0$ 时，使 $\varphi(X) = 0$，则该子集就是路集 P_i。式中，l 为路集的底事件数，M 为路集数；与该路集所对应的状态向量 X_i 称为路向量。

最小路集是导致故障树顶事件不发生且数目最少而又最必要的底事件的路集。与最小路集包含底事件相对应的状态向量称为最小路向量。因此，一棵故障树的全部最小路集的完整集合代表了顶事件不发生的可能性，给出了系统成功模式的完整描述。据此，可进行系统可靠性及其特征量的分析。

3.3.1.2　最小割集算法

求最小割集的方法，对于简单的故障树，只需将故障树的结构函数展开，使之成为具有最少项数的积之和表达式，每一项乘积就是一个最小割集，如式（3-7）所示。但是对于复杂系统的故障树，与顶事件发生有关的底事件可能有几十个以上。要从这样为数众多的底事件中，先找到割集，再从中剔除一般割集求出最小割集，往往工作量很大，又容易出错。下面介绍几种常用的计算机算法。

A　上行法

1972 年 Semanders 首先提出求解故障树最小割集的 ELRAFT（故障树有效的逻辑简化分析）计算机程序，其原理是：对给定的故障树，从最下级事件开始，若底事件用“与门”同中间事件相连，则用公式（3-2）来计算；若底事件用“或门”同中间事件相连，则用公式（3-3）来计算。然后顺次向上直至顶事件，运算才终止。按上行原理列出故障树结构函数，并应用逻辑代数运算规则加以化简，便得到最小割集。ELRAFT 程序的缺点是计算机中利用素数的乘积可能会很快超出计算机所能表示的数字范围而造成运算溢出，故障底事件一般不宜过多。

例 1：求图 3-15（a）所示故障树的最小割集。

其结构函数：

$$G_1 = x_1 \cdot x_2$$

$$G_2 = x_1 + x_3$$

$$\varphi(x) = G_1 \cdot G_2 = (x_1 \cdot x_2) \cdot (x_1 + x_3) = x_1 \cdot x_2 \cdot x_1 + x_1 \cdot x_2 \cdot x_3 = x_1 \cdot x_2$$

因此，可得系统最小割集为 $\{x_1, x_2\}$，图 3-15（a）可简化为图 3-15（b）。

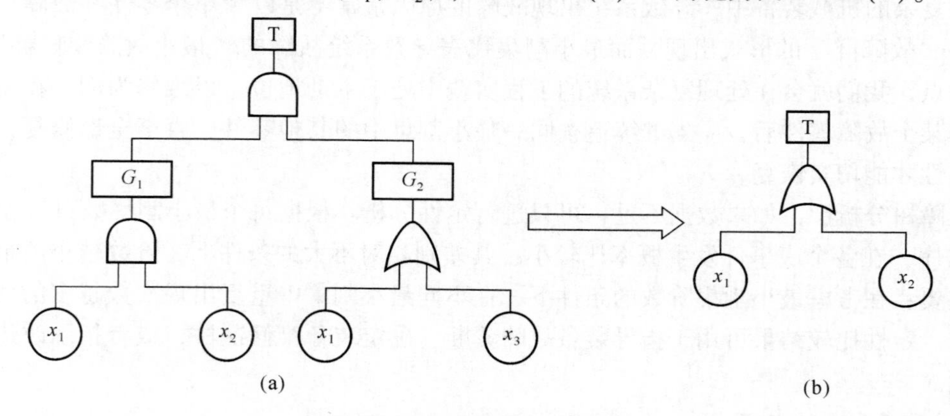

图 3-15　故障树简化例子之一

例 2：求图 3-16 所示故障树的最小割集。

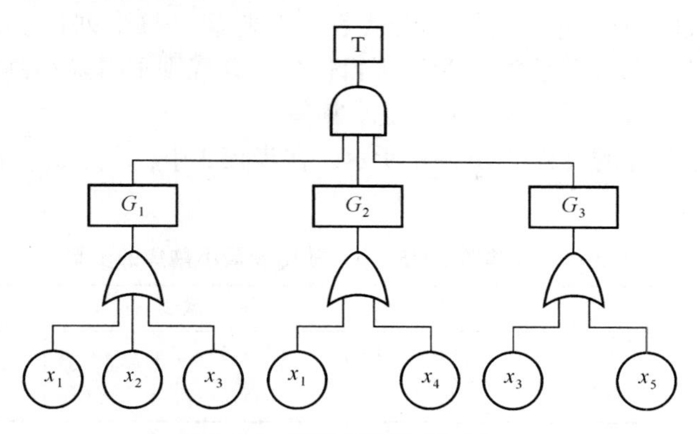

图 3-16 故障树简化例子之二

其结构函数：

$$G_1 = x_1 + x_2 + x_3$$
$$G_2 = x_1 + x_4$$
$$G_3 = x_3 + x_5$$

$$\begin{aligned}\varphi(x) &= G_1 \cdot G_2 \cdot G_3 \\ &= (x_1 + x_2 + x_3) \cdot (x_1 + x_4) \cdot (x_3 + x_5) \\ &= (x_1 \cdot x_1 + x_1 \cdot x_2 + x_1 \cdot x_3 + x_1 \cdot x_4 + x_2 \cdot x_4 + x_3 \cdot x_4) \cdot (x_3 + x_5) \\ &= (x_1 + x_2 \cdot x_4 + x_3 \cdot x_4) \cdot (x_3 + x_5) \\ &= x_1 \cdot x_3 + x_2 \cdot x_3 \cdot x_4 + x_3 \cdot x_4 \cdot x_3 + x_1 \cdot x_5 + x_2 \cdot x_4 \cdot x_5 + x_3 \cdot x_4 \cdot x_5 \\ &= x_1 \cdot x_3 + x_3 \cdot x_4 + x_1 \cdot x_5 + x_2 \cdot x_4 \cdot x_5\end{aligned}$$

因此，得系统的最小割集为：$\{x_1, x_3\}$、$\{x_3, x_4\}$、$\{x_1, x_5\}$ 和 $\{x_2, x_4, x_5\}$。

例 3：求图 3-13 所示轴承故障树的最小割集。

由轴承故障的故障树得其结构函数：

$$G_5 = x_6 \cdot x_7$$
$$G_4 = x_5 + G_5 = x_5 + x_6 \cdot x_7$$
$$G_3 = G_4 + x_4 = x_5 + x_6 \cdot x_7 + x_4 = x_4 + x_5 + x_6 \cdot x_7$$
$$G_1 = x_1 + G_3 = x_1 + x_4 + x_5 + x_6 \cdot x_7$$
$$G_2 = x_2 + x_3$$

$$\begin{aligned}\varphi(x) &= G_1 \cdot G_2 \\ &= (x_1 + x_4 + x_5 + x_6 \cdot x_7) \cdot (x_2 + x_3) \\ &= x_1 \cdot x_2 + x_2 \cdot x_4 + x_2 \cdot x_5 + x_2 \cdot x_6 \cdot x_7 + x_1 \cdot x_3 + x_3 \cdot x_4 + x_3 \cdot x_5 + x_3 \cdot x_6 \cdot x_7\end{aligned}$$

因而，系统的最小割集为：$\{x_1, x_2\}$、$\{x_2, x_4\}$、$\{x_2, x_5\}$、$\{x_1, x_3\}$、$\{x_3, x_4\}$、$\{x_3, x_5\}$、$\{x_2, x_6, x_7\}$ 和 $\{x_3, x_6, x_7\}$。

B 下行法

1972 年 Fussel 根据 Vesely 编制的计算机程序 MOCUS（获得割集的方法）提出了一种手工算法。它是根据故障树中的逻辑或门会增加割集的数目，逻辑与门会增大割集容量的道理，从故障树的顶事件开始，顺次把上一级事件置换为下一级事件；遇到与门将输入事件横向并列写出，遇到或门将输入事件竖向串列写出，直至完全变成由底事件（含省略事件的集合）所组成的一列，它的每一集合代表一个割集，整个列代表了故障树的全部割集。若得到的割集不是最小的，需再利用逻辑代数运算规则求得最小割集。

例4：求图3-15（a）所示故障树的最小割集。

下行法求解最小割集的过程如表3-4所示，在步骤3中，$\{x_1, x_2, x_1\}$ 和 $\{x_1, x_2, x_3\}$ 的最小割集是 $\{x_1, x_2\}$。

表3-4 求解图3-15（a）故障树最小割集的步骤

步骤1	步骤2	步骤3	步骤4
G_1, G_2	x_1, x_2, G_2	x_1, x_2, x_1 x_1, x_2, x_3	x_1, x_2

从例4的分析可知，用上行法和下行法两种方法求取故障树最小割集，其结果是相同的。

3.3.1.3 最小路集算法

故障树T的对偶树 T_D（Dual Fault Tree）表达了故障树T中的全部事件（包括顶事件）都不发生时事件之间的逻辑关系。因此，它实际上是系统的成功树（功能树）。对偶树的画法是把故障树中的每一事件都变成其对立事件，并且将全部或门换成与门，全部与门换成或门，这样便构成了T的对偶树 T_D。

对偶树与故障树的关系为：

（1）T_D 的全部最小割集就是T的全部最小路集，而且是一一对应的；反之亦然。

（2）T_D 的结构函数 $\varphi_D(\boldsymbol{X})$ 与T的结构函数 $\varphi(\boldsymbol{X})$ 满足下列关系：

$$\varphi_D(\overline{\boldsymbol{X}}) = 1 - \varphi(1 - \overline{\boldsymbol{X}})$$

$$\varphi(\overline{\boldsymbol{X}}) = 1 - \varphi_D(1 - \boldsymbol{X}) \tag{3-8}$$

式中，$\overline{\boldsymbol{X}} = 1 - \boldsymbol{X} = \{1 - x_1, 1 - x_2, \cdots, 1 - x_n\} = \{\bar{x}_1, \bar{x}_2, \cdots, \bar{x}_n\}$。

利用上述的对偶性，只要首先构造故障树的对偶树，然后利用前面所介绍的最小割集算法求出对偶树的最小割集，即为原故障树的最小路集。

3.3.2 故障树的定量分析

对故障树进行定量分析的主要目的是求顶事件发生的特征量（如可靠度、重要度、故障率、累积故障率等）和底事件的重要度。

在计算顶事件发生概率时，必须已知各底事件发生的概率，并且需先将故障树进行化简，使其结构函数用最小割集（或最小路集）来表达，然后才能进行计算。

故障树顶发生的概率是各底事件发生概率的函数：

$$P(\mathrm{T}) = Q = Q(q_1, q_2, \cdots, q_n)$$

3.3.2.1 顶事件发生概率的求取

A 概率的基本运算公式

设事件 $A_1, A_2, \cdots, A_n$ 发生的概率为 $P(A_1), P(A_2), \cdots, P(A_n)$，则这些事件的和与积的概率可按下式计算。

a n 个相容事件

积的概率：

$$P(A_1A_2\cdots A_n)=P(A_1)P\left(\frac{A_2}{A_1}\right)P\left(\frac{A_3}{A_1A_2}\right)\cdots \tag{3-9}$$

和的概率：

$$\begin{aligned}&P(A_1+A_2+\cdots+A_n)\\&=\sum_{i=1}^{n}P(A_i)-\sum_{1\leqslant i\leqslant j\leqslant n}P(A_iA_j)+\sum_{1\leqslant i\leqslant j\leqslant n}P(A_iA_jA_k)+\cdots+(-1)^{n-1}P(A_1A_2\cdots A_n)\\&=\sum_{i=1}^{n}(-1)^{i-1}\sum_{1\leqslant j_1\leqslant\cdots\leqslant j_i\leqslant n}P(A_{j1}A_{j2}\cdots A_{jn})\end{aligned} \tag{3-10}$$

b 独立事件

积的概率：

$$P(A_1A_2\cdots A_n)=P(A_1)P(A_2)P(A_3)\cdots P(A_n) \tag{3-11}$$

和的概率：

$$\begin{aligned}&P(A_1+A_2+\cdots+A_n)\\&=\sum_{i=1}^{n}(-1)^{i-1}\sum_{1\leqslant j_1\leqslant\cdots\leqslant j_i\leqslant n}P(A_{j1})P(A_{j2})\cdots P(A_{jn})\\&=1-[1-P(A_1)][1-P(A_2)]\cdots[1-P(A_n)]\end{aligned} \tag{3-12}$$

c 相斥事件

相斥事件的定义：若事件 A_1 和 A_2 不能同时发生，即 $P(A_1A_2)=0$，则称事件 A_1 对 A_2 是相斥事件，也称为互不相容事件。

相斥事件的和、积公式：

n 个相斥整个的积的概率 $P(A_1A_2\cdots A_n)=0$ (3-13)

和的概率：

$$P(A_1+A_2+\cdots+A_n)=P(A_1)+P(A_2)+\cdots+P(A_n) \tag{3-14}$$

B 顶事件发生概率的求取

如果已求得工程装备或某系统故障树的最小割集：S_1, S_2, …, S_n，并且已知组成系统的各机械零件的基本故障事件 x_1, x_2, …, x_n 发生的概率 q_1, q_2, …, q_n，则表征该系统发生故障的顶事件 T 发生的概率：

$$\begin{aligned}P(\mathrm{T})&=P(S_1+S_2+\cdots+S_n)\\&=\sum_{i=1}^{n}(-1)^{i-1}\left[\sum_{1\leqslant j_1\leqslant\cdots\leqslant j_i\leqslant n}P(S_{j1}S_{j2}\cdots S_{jn})\right]\end{aligned} \tag{3-15}$$

当各底事件发生的概率 $q_i(i=1, 2, \cdots, n)$ 在 0.1 数量级时，顶事件发生概率可用下述式来求取：

$$P(\mathrm{T})=\sum_{i=1}^{n}P(S_i)-\sum_{1\leqslant i\leqslant j\leqslant n}P(S_iS_j) \tag{3-16}$$

当各底事件发生的概率 $q_i(i=1, 2, \cdots, n)$ 在 0.01 数量级时，顶事件发生概率可用式（3–16）中第一项来求取：

$$P(\mathrm{T}) = \sum_{i=1}^{n} P(S_i) = P(S_1) + P(S_2) + \cdots + P(S_n)$$

例 1：对于图 3–16 所示故障树，前面已求得最小割集为：$S_1 = \{x_1, x_3\}$、$S_2 = \{x_1, x_5\}$、$S_3 = \{x_3, x_4\}$ 和 $S_4 = \{x_2, x_4, x_5\}$，若已知各底事件发生的概率为：$q_1 = q_2 = q_3 = 1 \times 10^{-3}$、$q_4 = q_5 = 1 \times 10^{-4}$，求顶事件发生的概率。

各最小割集的概率：

$$P(S_1) = P(x_1x_3) = q_1q_3 = 1 \times 10^{-6}$$
$$P(S_2) = P(x_1x_5) = q_1q_5 = 1 \times 10^{-7}$$
$$P(S_3) = P(x_3x_4) = q_3q_4 = 1 \times 10^{-7}$$
$$P(S_4) = P(x_1x_4x_5) = q_1q_4q_5 = 1 \times 10^{-11}$$

精确计算结果：

$$\begin{aligned} P(\mathrm{T}) &= P(S_1 + S_2 + S_3 + S_4) = [P(S_1) + P(S_2) + P(S_3) + P(S_4)] - \\ &\quad [P(S_1S_2) + P(S_1S_3) + P(S_2S_3) + P(S_1S_4) + P(S_2S_4) + P(S_3S_4)] + \\ &\quad [P(S_1S_2S_3) + P(S_1S_2S_4) + P(S_1S_3S_4) + P(S_2S_3S_4)] - P(S_1S_2S_3S_4) \\ &= 1.2001 \times 10^{-6} \end{aligned}$$

由于 $P(x_i)(i = 1, 2, 3, 4)$ 在 0.01 数量级，因此可用近似公式计算，如下式所示

$$P(\mathrm{T}) = \sum_{i=1}^{4} P(S_i) = P(S_1) + P(S_2) + P(S_3) + P(S_4) = 1.2001 \times 10^{-6}$$

可以看出，近似值与精确值相比，误差极小。

3.3.2.2　最不可靠割集及其意义

最小割集的发生概率是各不相同的，其中发生概率最大的最小割集称为最不可靠割集。最不可靠割集反映了系统可靠性、安全性的最薄弱环节。所以从最不可靠割集的底事件入手，力求减小最不可靠割集发生的概率就可有效地改善系统的可靠性和安全性。

例如，对于图 3–16 所举的例子，系统故障树的最不可靠割集为 $S_1 = \{x_1, x_3\}$，其概率 $P(S_1) = 1 \times 10^{-6}$，因此，底事件 x_1 和 x_3 组成的最小割集是系统可靠性、安全性的最薄弱环节，故 x_1 和 x_3 是维修中首先要考虑修理的零件。

故障树的定量分析需要基本事件有较准确的故障概率，为此就需要进行必要的试验和数据积累。

3.3.2.3　事件重要度

从可靠性、安全性角度看，系统中各部件并不是同等重要的，因此，引入重要度的概念来标明某个部件对顶事件发生的影响大小很必要。重要度是故障树分析中的一个重要概念，对改进系统设计、制定维修策略十分重要。对于不同的对象和要求，可采用不同的重要度。常用的有 4 种重要度：概率重要度、结构重要度、相对概率重要度、相关割集重要度。这些重要度从不同的角度反映了部件对顶事件发生的影响大小。

在工程中，重要度分析一般用在以下几个方面：改进系统设计、确定系统中需监测的部件、制定系统故障诊断时核对清单的顺序等。

在故障树所有底事件互相独立的条件下，顶事件发生的概率 Q 是底事件发生概率 q_1，

q_2，…，q_n 的函数，也就是故障树的故障概率函数（failure probabilistic function）：

$$Q = Q(q_1, q_2, \cdots, q_n) \tag{3-17}$$

A 底事件结构重要度

底事件结构重要度从故障树结构的角度反映了各底事件在故障树中的重要程度。第 i 个底事件的结构重要度（structure importance of bottom event）为

$$I_\varphi(i) = \frac{1}{2^n} \sum_{x_1, x_2, \cdots, x_{i-1}, 0, x_{i+1}, \cdots, x_n} [\Phi(x_1, x_2, \cdots, x_{i-1}, 1, x_{i+1}, \cdots, x_n)] - \sum [\Phi(x_1, x_2, \cdots, x_{i-1}, 0, x_{i+1}, \cdots, x_n)] \quad (i = 1, 2, \cdots, n) \tag{3-18}$$

式中 $\Phi(\cdot)$ ——故障树的结构函数；

$\sum\limits_{x_1, x_2, \cdots, x_{i-1}, 0, x_{i+1}, \cdots, x_n}$ ——对 x_1，x_2，…，x_{i-1}，0，x_{i+1}，…，x_n 分别取 0 或 1 的所有可能求和。

B 底事件概率重要度

第 i 个底事件的概率重要度表示第 i 个底事件发生概率的微小变化而导致顶事件发生概率的变化率。在故障树所有底事件相互独立的条件下，第 i 个底事件的概率重要度（probabilistic importance of bottom event）为

$$I_p(i) = \frac{\partial}{\partial q_i} Q(q_1, q_2, \cdots, q_n) \quad (i = 1, 2, \cdots, n) \tag{3-19}$$

C 底事件的关键重要度

第 i 个底事件的关键重要度表示第 i 个底事件发生概率微小的相对变化而导致顶事件发生概率的相对变化率。在故障树所有底事件互相独立的条件下，第 i 个底事件的相对概率重要度（relative probabilistic importance of bottom event）为

$$I_c(i) = \frac{\partial \ln Q(q_1, q_2, \cdots, q_n)}{\partial \ln q_i} = \frac{q_i}{Q(q_1, q_2, \cdots, q_n)} \frac{\partial}{\partial q_i} Q(q_1, q_2, \cdots, q_n) \quad (i = 1, 2, \cdots, n) \tag{3-20}$$

底事件的关键重要度与概率重要度的关系为

$$I_c(i) = \frac{Q(q_1, q_2, \cdots, q_n)}{q_i} I_p(i) \tag{3-21}$$

由此可见，第 i 个底事件的关键重要度是该底事件失效概率变化率所引起的顶事件失效概率的变化率。

设图 3-14 所示故障树的各底事件发生概率分别为：$q_1 = 0.01$，$q_2 = 0.02$，$q_3 = 0.03$，$q_4 = 0.04$，$q_5 = 0.05$，则利用式（3-18）~式（3-20）可计算得几种重要度，见表 3-5。

表 3-5 图 3-14 所示故障树底事件的重要度

重要度类型	1	2	3	4	5
结构重要度 $I_\varphi(i)$	0.44	0.06	0.44	0.31	0.31
概率重要度 $I_p(i)$	0.076	0.002	0.049	0.031	0.010
关键重要度 $I_c(i)$	0.38	0.02	0.73	0.62	0.25

由式（3-20）可见，关键重要度反映了元、部件触发系统故障可能性的大小，因此一旦系统发生故障，理应首先怀疑那些关键重要度大的元、部件。据此安排系统故障监测和诊断的最佳顺序，指导系统的维修。特别当要求迅速排除系统故障时，按关键重要度寻找故障，往往会收到快速而又有效的效果。

上述三种重要度从不同角度反映了部件对系统的影响程度，因而，它们使用的场合各不相同。在进行系统可靠度分配时，通常使用结构重要度。当进行系统可靠性参数设计以及排除诊断检查顺序时，通常使用关键重要度，而在计算部件结构重要度和关键重要度时，往往又少不了概率重要度这一有效工具。

D　底事件的相关割集重要度

若 x_1，x_2，…，x_n 是故障树的所有底事件，S_1，S_2，…，S_r 是由底事件组成的故障树的所有最小割集，其中包含第 i 个底事件的最小割集为 $S_1^{(i)}$，$S_2^{(i)}$，…，$S_{ri}^{(i)}$，记：

$$Q_i = P\left(\sum_{k=1}^{n} \prod_{x_i \in S_k^{(i)}} x_j\right) \tag{3-22}$$

当故障树所有底事件相互独立的条件下，Q_i 是底事件发生概率 q_1，q_2，…，q_n 的函数：

$$Q_i = Q_i(q_1, q_2, \cdots, q_n) \tag{3-23}$$

第 i 个底事件的相关割集重要度表示：包含第 i 个底事件的所有故障模式中至少有一个发生的概率与顶事件发生概率之比。第 i 个底事件的相关割集重要度（correlated cutset importance of bottom event）定义为

$$I_{\mathrm{Rc}}(i) = \frac{Q_i(q_1, q_2, \cdots, q_n)}{Q(q_1, q_2, \cdots, q_n)} \tag{3-24}$$

3.4　故障诊断实例

故障发生时各底事件为系统可测可控的最低分析单元，也是造成系统故障（顶事件）的基本原因，因而，最小割集就是这些能够导致系统故障发生的基本原因的最小组合。它囊括了系统的全部故障原因分析，描绘了系统最薄弱的环节，是故障诊断需要把握的重点和关键，而顶事件的发生概率则定量刻画了系统发生故障的可能性。从概率上说，要最快确定系统故障原因，可通过求解各功能单元（底事件）的关键重要度，加以排序来实现。

3.4.1　故障结构分析

某型火箭扫雷车发射系统中，控制盒是其重要的控制部件之一，对控制盒的故障处理不及时会将造成布雷车部分功能丧失，基于整个装备功能失效的严重后果，所以对控制盒的诊断是非常重要的，图 3-17 为控制盒的故障树的模型。

3.4.2　顶事件重要度和顶事件概率计算

由于工程装备系统元部件结构一般都是串联网络，其每一个底事件都为最小割集，但并不是每一个底事件对系统故障的影响地位都相同，为此可通过比较重要度，来找出对系统故障影响大的底事件重点进行检修，这样可大大提高检修的效率和可靠性。本例中利用式（3-19）计算了底事件的概率重要度，如表 3-6 所示。

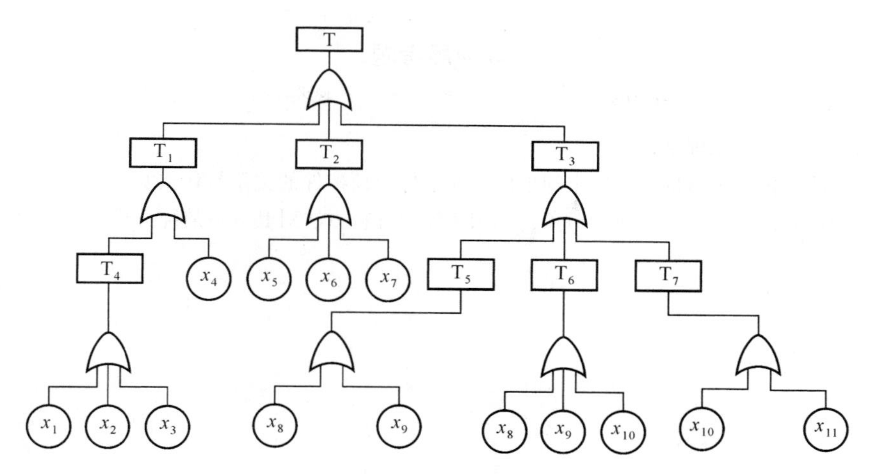

图 3-17 控制盒故障树模型

对于一个重要度高而故障率很小的底事件，单纯从底事件重要度来考察还不能准确地表示其对整个系统可靠性的影响大小，所以引入了故障系数的概念，用 F_i 来表示，$F_i = I_p \cdot q_i$，计算各底事件故障系统（表中为近似值），见表 3-6 所示。

表 3-6 各底事件故障率与重要度

底事件	x_1	x_2	x_3	x_4	x_5	x_6	x_7	x_8	x_9	x_{10}	x_{11}
故障概率 q_i	0.02	0.01	0.03	0.05	0.015	0.01	0.03	0.02	0.01	0.02	0.02
重要度 I_p	1	1	1	1	1	1	1	2	2	2	1
故障系数 F_i	0.02	0.01	0.03	0.05	0.015	0.01	0.03	0.04	0.02	0.02	0.02

如本例中的底事件 x_8，虽然故障概率只要 0.02，但是它的重要度达到了 2，进而它的故障系数也就相应地变为其故障率的 2 倍，所以在工程中对控制盒的故障预测应参考故障系数的大小来计划各个元件的检修顺序。

图 3-17 是一个或门结构，根据式（3-3）和表 3-6 所给出的各底事件故障率，计算控制盒故障概率为

$$Q = 1 - \prod_{i=1}^{11}(1 - q_i) = 0.204$$

3.4.3 结果分析

根据计算结果，发现控制盒的故障原因很多，但是各个底事件在故障树中的重要性则因为它们所代表的元件自身的故障率和在系统中的位置和作用不同而有所不同。本例是一个典型的串联系统，当任何一个底事件出现故障时，顶事件都表现为故障状态，所以要提高控制盒的可靠性，就必须降低每一个底事件的故障率。

复习思考题

3-1　故障树分析方法的原理是什么？

3-2　如何确定故障树的顶事件，其中中间事件、底事件与顶事件的关系是什么？

3-3　根据你的研究课题选定一个研究对象，利用故障树分析方法对其进行故障分析。

第 4 章　油样诊断技术

工程装备中广泛存在着燃油、润滑油和液压油等3类工作油料，这些油料携带有大量的关于装备运行状态的信息，特别是润滑油与液压油，在工作中相关的摩擦副、运动副的磨损碎屑都将落入其中并随之一起流动。因而，通过对工作油液（油脂）的合理采样，并进行必要的分析处理后，就能取得关于该装备或系统的各摩擦副、运动副的磨损状况：包括磨损部位、磨损机理以及磨损程度等方面的信息，从而对系统所处工况做出科学的判断。油液诊断技术犹如人体健康检查中的血液化验，已成为装备故障诊断的主要技术手段之一。

4.1　油样分析概述

工程装备的磨损状态不仅由运动副的性质决定，而且与加入运动副表面之间的润滑油或液压油的质量有关。运动副相互摩擦、磨损，产生磨损微粒进入油液；此外，润滑油液或液压油本身还含有空气及其他污染源带来的污染物质。这些污染物质由大量的、极小的颗粒组成，并悬浮在润滑油或液压油中，并随着油液的流动进入工程装备的各个相应部位。

污染油液将带着污染物到达系统的有关工作部位。当污染物的污染程度超过规定的限值时就会影响机械和油液的正常工作，使装备磨损严重，引起系统振动、发热、卡死、堵塞，导致装备性能下降、寿命缩短，造成机件损伤、动作失灵，进一步引起整个装备故障。显然，油液系统中被污染的油液带有装备运行状态的大量信息。

4.1.1　油样故障的特点

工程装备的各种运动副、摩擦副在运行中因磨损产生的微粒是油液污染的主要形式。摩擦、磨损产生污染，污染又导致机件进一步磨损。磨损过程有各种形式，按摩擦表面破坏机理与特征来分，可将磨损分为磨料磨损、黏着磨损、疲劳磨损、腐蚀磨损等。

4.1.1.1　*磨料磨损*

磨料磨损是最常见、也是危害最严重的一种磨损形式。它是由摩擦表面间存在的磨料而引起的类似金属磨削过程的磨损。磨料是指金属表面间存在的硬质颗粒及油液中的混入物质。由于摩擦表面粗糙不平，在摩擦过程中表面凸出部分逐渐剥落下来，或零件相对运动时，摩擦面局部的微观塑性变形、擦伤使零件表面出现脱落成碎屑，它们与外来的硬质污染微粒一起混入油液中形成糜烂。

4.1.1.2　*黏着磨损*

两个相对运动的接触表面由于接触压力大或接触点温度过高黏结在一起，相对运动中黏结点受到剪切，引起金属部分撕脱，导致接触表面金属耗损的现象称为黏着磨损。

根据产生的条件不同，黏着磨损可分为热黏着和冷黏着两种。在重载荷和高滑动速度条件下，使零件表面因摩擦产生的大量热来不及散发，使摩擦表面温度骤升，油膜破坏，并使表层材料被热处理而发生结构变化，强度降低，塑性增大，并导致两个相互接触的表面部分熔化并焊合在一起，在运动时被撕开的现象称为热黏着磨损。如发动机气缸拉缸故障即属于热黏着磨损。如在低转速下运转时，因重载作用下零件表面实际接触部位的压应力过大引起较大的塑性变形，油膜破坏，导致两个接触表面黏接在一起，运转时被撕开的现象则称为冷黏着磨损。

根据黏着点和摩擦表面的破坏程度，黏着磨损可分为轻微磨损、涂抹、擦伤、胶合和咬合一种情况。

4.1.1.3　疲劳磨损

疲劳磨损是由于循环接触压力周期性作用在摩擦表面上，使表面材料经多次塑性变形趋于疲劳，表层材料首先出现微观裂纹，裂纹吸附的油液在裂纹尖端处形成油楔挤压裂纹，使裂纹进一步扩展，起到发生微粒脱落的现象。在齿轮副、滚动轴承中常发生这类磨损。

4.1.1.4　腐蚀磨损

摩擦过程中，摩擦表面间存在化学腐蚀介质，在腐蚀和磨损的共同作用下导致零件表面物质损失的现象称为腐蚀磨损。腐蚀磨损是一种典型的化学-机械的复合形式的磨损过程。因此，凡是能促进腐蚀的因素都可以加快腐蚀磨损进程。腐蚀磨损分为化学腐蚀和电化学腐蚀。

腐蚀磨损主要受腐蚀介质的影响，腐蚀介质的腐蚀性越强，腐蚀磨损的磨损率越大。

4.1.2　油样诊断技术

4.1.2.1　油样诊断的步骤和原理

油样诊断技术是指通过分析油液中磨损微粒和其他污染物质，了解系统内部的磨损状态，判断机械装备内部故障的一种方法。具体地说，油样诊断技术是通过分析装备中使用过的油液中污染产物——磨损微粒和其他化学元素的形状、大小、数量、粒度分布及元素组成，对机械装备工况进行监测，判断其磨损类型、磨损程度，预测、预报装备磨损过程的发展及剩余寿命，确定维修方针和决策的一门技术。它是在不停机、不解体的情况下对装备进行状态监测和故障诊断的重要手段。特别对于一些机械装备，如低速回转机械和往复机械，利用其他监测方法具有一定的困难，这时油样诊断就是一种较为有效的手段。对于有些工作环境受到限制的地方，或者是背景噪声较大的场合，油样污染收集较为方便，因此油样诊断技术是一种可取的方法。

采用油样诊断技术不仅可以获得装备润滑与磨损状况的信息，及时发现故障或预防故障的发生，而且还可用于研究装备中运动副的磨损机理、润滑机理、磨损失效类型等。通过对使用油液的性能分析及油液的污染程度判定，为确定合理的磨合规范及合理的换油周期提供依据。

目前，常用的油样分析方法有 3 种：光谱分析法、铁谱分析法和磁塞检查法，后面将会详细介绍。

整个油样分析工作分为采样、检测、诊断、预测和维修决策 5 个步骤进行。

从润滑油或液压油中采样，必须采集能反映当前工程装备中各个零部件运行状态的油样，即具有代表性的油样。检测是指对油样进行分析，用适当的方法测定油样中磨损磨粒的各种特征，初步回答装备中零部件的磨损状态是正常磨损还是异常磨损。当装备或零部件属于异常磨损状态时，需要进一步进行诊断，即确定磨损零件和磨损的类型（例如，磨料磨损、疲劳磨损等）。预测是指预测处于异常磨损状态的装备及零部件的剩余寿命和今后的磨损类型。根据所预测的磨损零件、磨损类型和剩余寿命即可对装备进行维修决策（包括确定维修的方式、维修的时间以及确定需要更换的零部件等）。

4.1.2.2 油样的采集

润滑油或液压油样本的制备是油样分析诊断的依据，是装备一切状态信息的来源。如果采样不当，磨粒浓度及其粒度分布会发生明显的变化，也就不会有准确有效的分析结果，所以采样的时机和方法是油样分析的重要环节。

A 取样部位

取样部位是指油液采样点在被监测装备部件或系统中的具体位置。一般选定的原则是设定在装备部件润滑系统的摩擦副之后、机油过滤装置之前的某一方便位置，通常设置在机油箱的中部位置，或通过加油口采样。采样深度一般在润滑油池油面与底面的中部。

B 采样间隔

采样间隔期是指在装备的整个寿命周期内采样时间间隔的分布。间隔期的大小取决于一系列因素：装备的设计特性（与应力水平相关的换油周期等）、装备平均磨损速率及寿命周期内的故障分布等。不同的机械产品，采样间隔期有所不同。一般按规定的间隔期采样，分析结果异常时，应缩短采样时间间隔。

C 采样状态

采样状态是指油样采集时被监测装备所处的状态。为使油样具有典型的装备运转特征，取样前（在不补油的情况下）应将装备以一定的工况运转一段时间，使之达到装备的工作温度，其目的在于使沉积在润滑系统管路及油箱底部的磨损金属颗粒均匀分布在油液中，使采集的油液样品与被监测装备的润滑系统中的油液具有相同的磨损金属颗粒浓度及分布。不同装备，视情况可控制不同的运转时间标准，一般控制在15~30min，且一般要求在油还处于热状态时完成采样。如装甲车辆一般要运动30min以上停车后30min内采样。

D 采样方法

采样的主要工具是抽油泵、油样瓶和抽油软管等。其组成、结构如图4-1所示。采样的方法步骤如下：

（1）将抽油泵圆头螺母松一下，将软管插入，拧紧螺母，使软管固定在抽油泵接头上，软管从泵接头的底部伸出大约10mm，以保证泵接头和泵内部不受油污染。

（2）将油样瓶拧紧在抽油泵头上，连接部位不能漏气。

（3）抽出被检机械产品上的机油尺或打开加油口螺母，将油管插入油面约50mm。油管不宜插入过深，以防止吸入沉淀物。

（4）反复推拉抽油泵手柄，在油样瓶中产生真空，使油液通过软管流入油样瓶中，直至抽够标定油量为止。

（5）取下油样瓶，盖好，并擦净抽油管，放松螺母将抽油管取下。

（6）填写油样检验单（装备型号、编号、采样部位、运转小时等），并将其粘贴在油样瓶上。

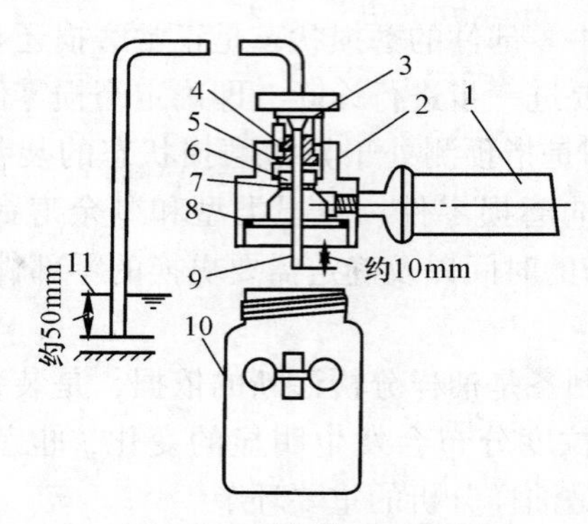

图 4-1　采样装置示意图

1—抽油泵；2—泵接头；3—圆头螺母；4—O 形环；5，6，7—隔圈；8—橡胶垫圈；9—管子；10—油样瓶；11—油面

4.1.3　油样诊断原理

4.1.3.1　油样分析的含义

油样分析技术的内容非常广泛，包括油品理化性能指标化验、以颗粒计数为代表的油样污染度评定，以及油样铁谱和光谱分析技术等。理论上讲，这些有关油样的分析测试都可用作机械设备故障诊断的信息来源，生产实践中也确有这方面的应用。但是，在装备故障诊断这个特定的技术领域中，油样分析技术通常是指油样的铁谱分析技术和油样光谱分析技术，有时也包含磁塞技术。它们的共性是都可用作铁磁性物质颗粒（光谱分析不仅限于铁磁性物质）的收集和分析，但各有不同的尺寸敏感范围，如图 4-2 所示，其中，光谱分析检测磨粒的有效尺寸范围为 0.1μm 到 8~10μm，但对大于 2μm 的微粒，其检测效率就大为降低；磁塞技术能有效地检测出上百微米甚至毫米级的磨粒；铁谱技术能有效地检测从 1μm 到上百微米量级的微粒。

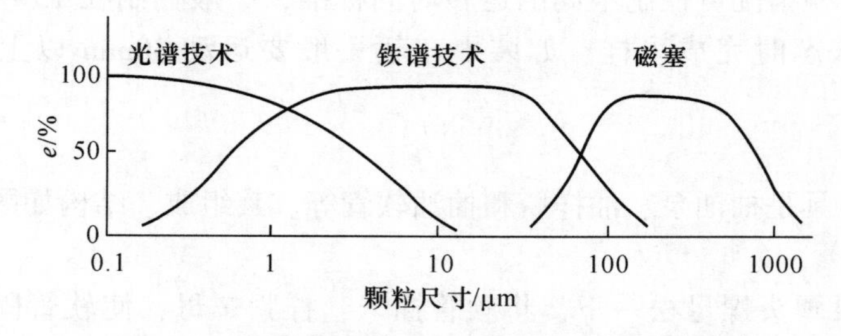

图 4-2　三种油样分析技术的颗粒尺寸敏感范围

油样分析技术的检测效率 e 可定义为

$$e = e_1 e_2 e_3$$

式中　e_1——传输效率，是指传输到采样点处的磨粒数量与磨损零件所产生的磨粒数量之比；

e_2——捕捉效率，是指被收集到的磨粒数量与传输到采样点处的磨粒数量之比；

e_3——指示效率，是指有指示效力的磨粒数量与被捕捉到的磨粒数量之比。

图 4-2 清楚地表明了光谱技术、铁谱技术以及磁塞这 3 种油样分析技术对铁磁性颗粒的敏感尺寸范围分别为：<10μm、1~100μm、100~1000μm，同时，这 3 种油样分析技术所提供的信息也不尽相同，因而各有其应用场合。

4.1.3.2 油样诊断的原理

利用工程装备中使用过的污染油样（液压油、燃油和润滑油等）来诊断装备内部磨损部位和磨损程度的原理是：

工程装备中使用过的油液中含有各种化学元素，它们来源于由相应材料制成的零件。如：发动机主轴瓦、连杆轴瓦的材料通常是钢背网状铅锡合金，其主要成分是铅和锡，因此，发动机润滑油中含有微量的铅和锡元素，若其含量超过一定的阈值，则说明主轴瓦或连杆轴瓦磨损过大。发动机的曲轴由球墨铸铁材料铸成，球墨铸铁中含有镁元素，则发动机润滑油中的微量镁元素的含量大小表明了曲轴轴颈磨损的程度。发动机中使用铝活塞，则润滑油中含有铝元素表明活塞的磨损。连杆小头衬套由锡青铜制成，钢青铜材料主要由铜和锌元素组成，因此，润滑油中铜、锌的存在则表示连杆小头衬套的磨损等。表 4-1 是工程装备润滑油中含有的各种元素与相应来源对照表。

表 4-1 工程装备润滑油中含有的各种元素与相应来源对照表

元素	来 源	元素	来 源
铅、锡	灰尘和空降污物	铅	活塞、轴瓦
硼砂、钾、钠	冷却液、防腐剂残渣	铜	衬套、推力轴承、冷却水渗入
钙、钠	盐水残渣	锌	黄铜零件、含锌添加剂
锌、钡、钙、镁、磷	发动机机油添加剂	硅	尘埃渗入、硅润滑剂
铁	气缸、轴或轴颈、齿轮、滚动轴承、活塞环	铬	镀铬活塞环、滚动轴承

油液中磨损物含量、粒度、形状及其增长速度反映了零件磨损状况。

运行过程中产生的磨粒记录着装备磨合和磨损的历史，磨粒在数量、形态、尺寸、表面形貌、粒度分布及增长速度上反映和代表着不同的磨损类型。这些油样中的磨损颗粒通过前述三种分析技术测出这些参数，即可判断出工程装备机件的磨损部位、磨损类型和磨损程度。

4.1.3.3 零件磨损曲线

图 4-3 所示为一般零件的磨损曲线图，图 4-3（a）的纵轴为磨粒粒度和浓度分布，图 4-3（b）纵轴为累计总磨损量，横轴为装备工作时间。图中区域Ⅰ为磨合过程，Ⅱ为正常磨损过程，Ⅲ为磨损失效过程。磨损曲线的特点如下。

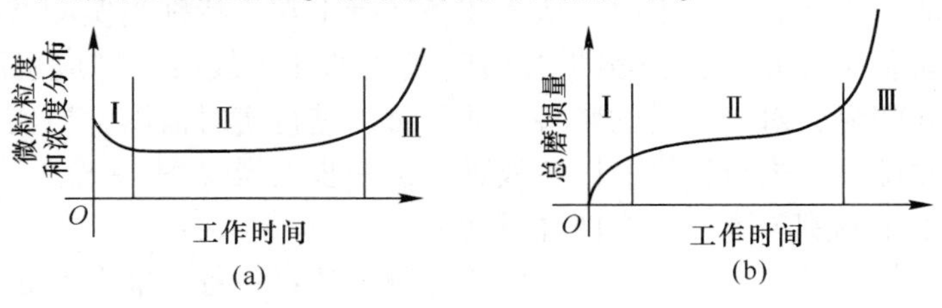

图 4-3 磨损曲线图

Ⅰ—磨合区；Ⅱ—正常磨损区；Ⅲ—磨损失效区

在磨合过程中，零件在制造加工中残留下来的大尺寸微粒及其配合表面初期磨损产生的微粒在运动过程中被碾碎，并由滤油器过滤掉，因此油液中微粒尺寸和深度随时间的增加而减少，但总磨损量随时间的增加而增加。正常情况下，在发动机加满新油后，大约工作 120~150h，润滑油中铁元素深度稳定在某一水平。磨合过程是机械装备早期故障的高发期，因而新装备在出厂前都要求进行磨合试验或试运转以消除早期故障。

在正常磨损过程中，系统中微粒尺寸和数量几乎保持不变。正常状态的磨粒是表面光滑的小薄片状数量较少，一般该状态能维持一个相当长的时间。在正常磨损过程中很少有个别装备因偶然因素而产生故障。

在磨损失效过程中，系统产生的磨粒尺寸和浓度骤然增大。这是由于装备长期使用后，性能下降，各种缺陷导致磨损量增加，因各种缺陷产生的磨粒尺寸较大而使磨粒浓度快速增加。

4.1.4　油样诊断的判断标准

通过油样分析，能取得如下几方面的信息：磨损颗粒的浓度和颗粒大小反映了机器磨损的严重程度；磨粒的大小和形貌反映了磨粒产生的原因，即磨损发生的机理；磨粒的成分反映了磨粒产生的部位，亦即零件磨损的部位磨粒的增长速度。将这几个方面的信息综合起来作以判断，即可对零件摩擦副的工况做出比较合乎实际的判断。

4.1.4.1　判别标准的确定方法

判别标准的确定主要是依据实测磨损曲线中磨粒尺寸和浓度迅速增加为装备零部件失效的判别界限（图 4-4）。当实测磨损曲线变化比较平缓时，则认为装备运行正常；当实测磨损曲线迅速增加时，则认为装备进入了快速磨损的失效期。

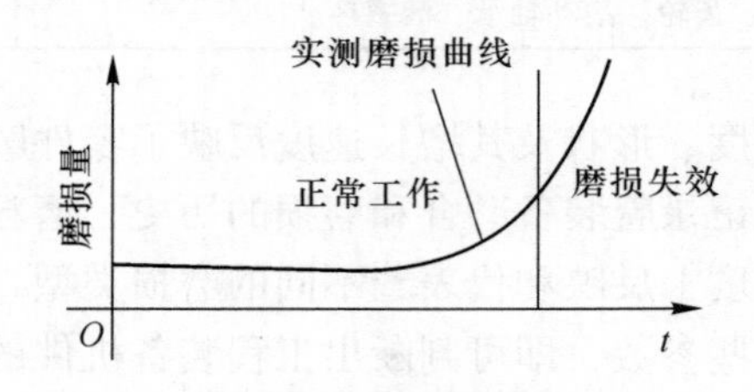

图 4-4　确定判别界限方法之一

这种方法相简单，但每台被测装备必须有工作过程中完整的磨损曲线才能进行判断。因此，实际工作中，常根据同类装备的磨损情况来给出判别界限。在判别曲线中，设置 3 个判别界限：基准（良好）线、注意（监督）线和危险（故障）线。

当实测磨损曲线在注意线以下时，认为装备运行正常；特别当实测磨损曲线在基准线以下时，则认为装备工作良好；当实测磨损曲线达到注意线时，则应引起高度注意和重视，缩短监测时间间隔，对于重要的装备，甚至可以进行实时监测；当实测磨损曲线达到危险线时，则应立即停机进行检修，以免故障的进一步发展（图 4-5）。

实际工作中确定判别界限一般有两种方法。

对于几台相同的装备工作的情况，可以通过测量几台装备在磨合和正常工作过程中磨粒尺寸或磨粒浓度，从而制定标准曲线。选取磨合后进入稳定运行时各装备磨损量的平均值为基准（良好）线，取各台装备磨合过程中磨损最大值为危险（故障）线（图 4-6）。

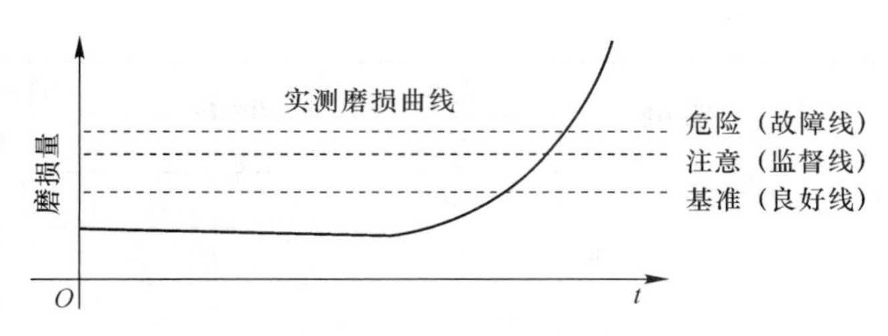

图 4-5 确定判别界限方法之二

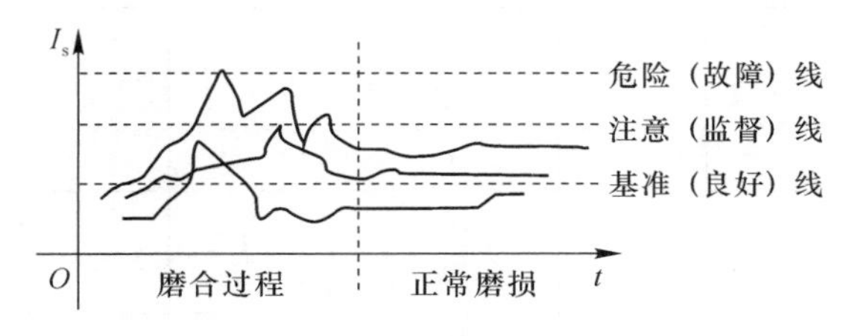

图 4-6 确定判别界限方法之三

对于只有一台装备工作的情况，取装备正常磨损的平均值为基准（良好）线；取基准线以上 2σ 的值为注意（监督）线，取基准线以上 3σ 的值为危险（故障）线（图 4-7）。其中，σ 为信号的均方根值，反映信号离开平均值的波动程度和离散程度。

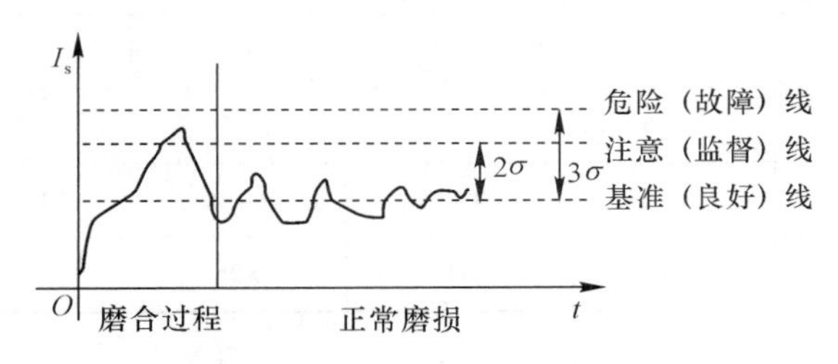

图 4-7 确定判别界限方法之四

4.1.4.2 定量判别标准

定量判别标准又可分为绝对和相对两种。绝对定量判别标准是根据各类装备实际情况制定各类装备油液中所允许的各种元素的最大量作为判别界限。实测时，当同类装备系统中的各种元素达到界限时，则认为该装备将产生故障。表 4-2 列出了国外主要机械装备中主要元素的允许界限。表 4-3 列出了装备润滑油中金属元素含量的判别标准值。

表 4-2 国际机械装备磨损界限

系 统	元 素	允许界限/mg · L^{-1}
发动机	Fe	50
	Al	10
	Si（硅、二氧化硅）	15
	Cu	5
	Cr	可变
	Na	有 Na 表明有水或防冻液漏损

续表 4-2

系 统	元 素	允许界限/mg·L^{-1}
传动轴	Fe	50~200
	Al	10
	Si	20~50
	Cu	100~50
	Mg	可变
后桥传动	Fe	100~200
	Si	20~50
	Cu	50
差动装置	Fe	40~500
	Si	20~50
	Cu	50
液压系统	Si	10~15

表 4-3 工程装备润滑油中金属元素含量的判别标准值

磨损状态	金属元素含量/mg·L^{-1}					
	Fe	Cu	Al	Cr	Si	Pb
正常	~45	~15	~8	~5	~20	~25
注意	46~95	16~45	9~16	6~25	21~40	26~80
异常	>96	>46	>17	>26	>41	>81

除用油液中元素含量大小作标准外，还可以用实测含量与其正常状态时含量的倍数比来进行判断。正常状态的含量是指刚工作时的新油中元素的含量，倍数比是指使用过的油液中元素含量与刚工作的新油中元素含量之比。表 4-4 列出了常见元素按含量倍数比的判别界限。

表 4-4 常见元素按含量倍数比的判别界限

磨损程度	含量正常时的倍数	
	Cr	Al、Cu、Fe、Si
正常	2~3	1.25~1.5
注意	3~5	1.5~2
异常	>5	2~3

若测量值在正常范围内，则认为装备工作性能良好；在注意范围时提醒人们引起注意，这里应缩短测量周期，以防进入失效状态；当进入异常状态，则说明装备磨损严重，即将故障或已经故障，必须立即停机检修，否则有可能导致装备及整个系统产生无法修复的失效。

4.1.4.3 磨损颗粒形貌的判别

大量的理论分析和实验研究表明，不同的磨损发生机理，所产生的磨粒形貌是不同的，磨粒形貌的识别有助于我们针对不同的磨损机理采取不同的维修或预防措施，以下是几种常见磨损机理的磨粒形貌。

(1) 正常滑动磨损的磨粒：对钢而言，通常是厚度小于 1μm 的剪切混合层薄片在剥落后形成的尺寸为 0.5~15μm 的不规则碎片，其典型形貌如图 4-8 所示。

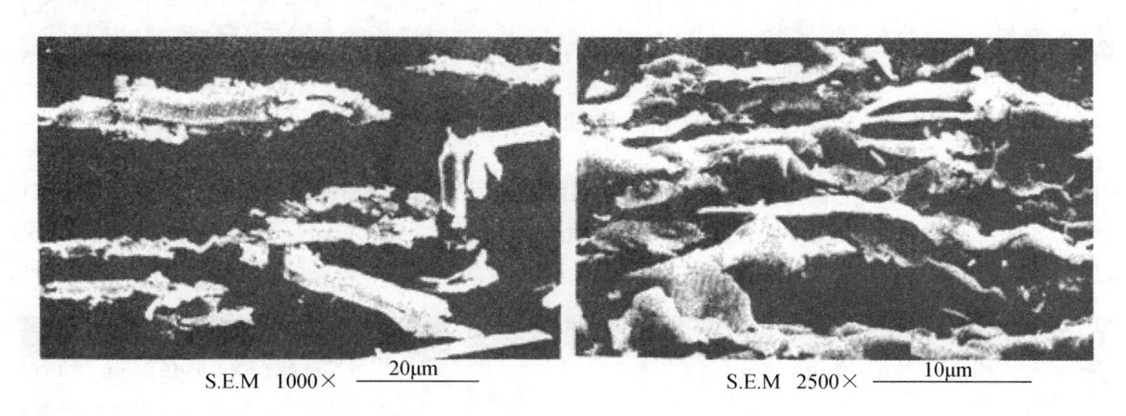

图 4-8 正常滑动磨损的典型磨粒形貌

(2) 磨料磨损的磨粒：是一个摩擦表面切入另一摩擦表面形成（二体磨料磨损），也可能由润滑油中的杂质、砂粒及较硬的磨粒切削较软的摩擦表面形成（三体磨料磨损），磨粒呈带状，通常宽 2~5μm，长约 25~100μm，其典型形貌如图 4-9 所示。

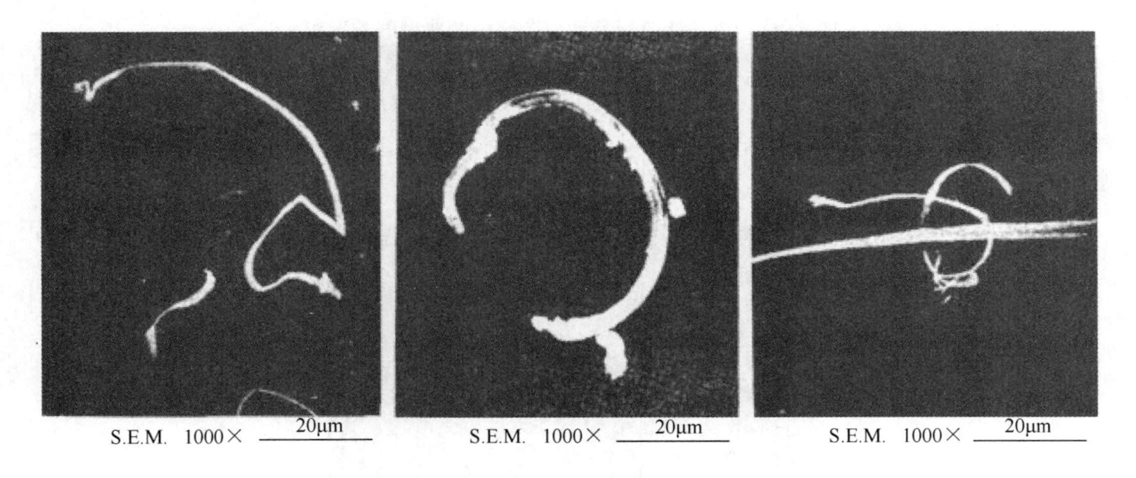

图 4-9 磨料磨损的典型磨粒形貌

(3) 滚动疲劳磨损的磨粒：由滚动疲劳后剥落形成，磨粒通常呈直径为 1~5μm 的球状，有时也有厚 1~2μm、大小为 20~50μm 的片状碎片，其典型形貌如图 4-10 所示。

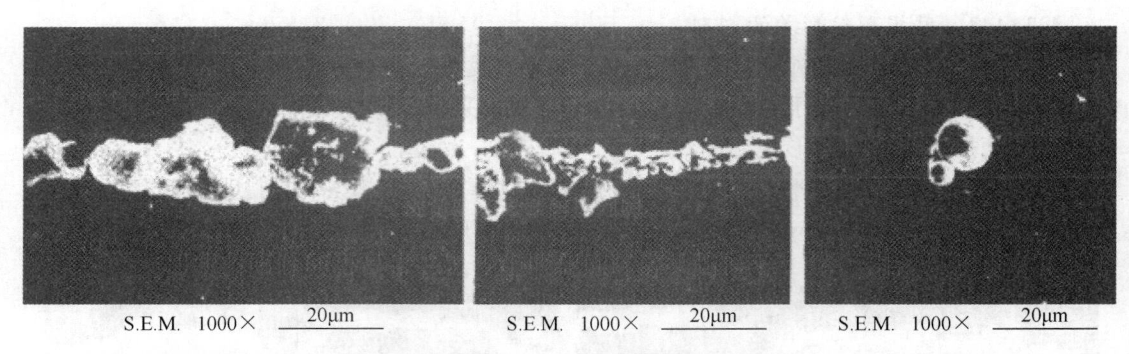

图 4-10　滚动疲劳磨损的典型磨粒形貌

（4）滚动疲劳加滑动疲劳磨损的磨粒：主要是指齿轮节圆上的材料疲劳剥落形成的不规则磨粒，通常宽厚比为 4∶1～10∶1；当齿轮载荷过大、速度过高时，齿面上也会出现凹凸不平的麻点和坑，其典型形貌如图 4-11 所示。

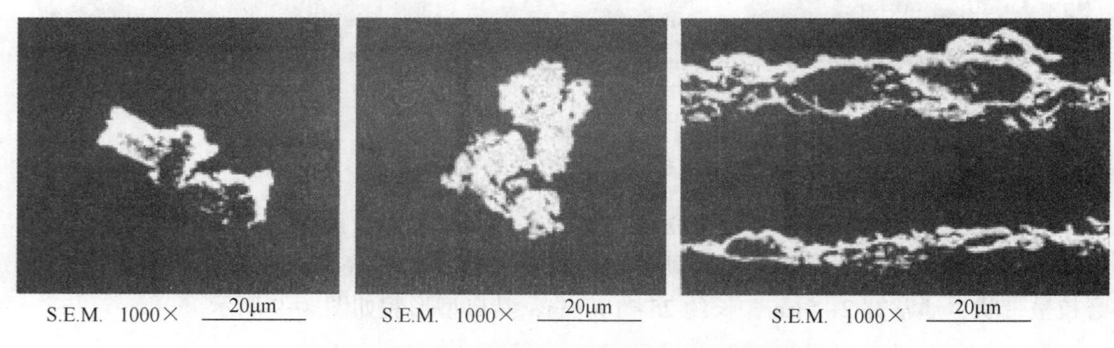

图 4-11　滚动疲劳加滑动疲劳磨损的典型磨粒形貌

（5）严重滑动磨损的磨粒：是在摩擦面的载荷过大或速度过高的情况下，由于剪切混合层不稳定形成的；磨粒尺寸在 20μm 以上，厚度>2μm 以上，经常有锐利的直边，其典型形貌如图 4-12 所示。

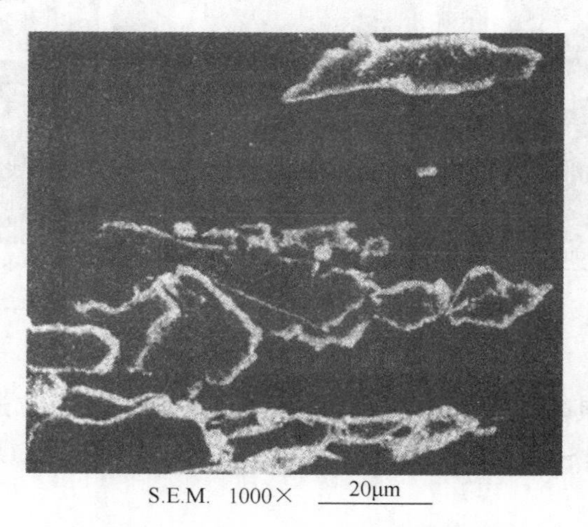

图 4-12　严重滑动磨损的典型磨粒形貌

4.2 磁塞检测技术

磁塞检测法早于油样铁谱分析技术，是在飞机、轮船和其他工业部门中长期采用的一种检测方法，其基本原理是将磁塞安装在润滑系统或液压系统中的管道或油箱内，用以收集悬浮在油液中的铁磁性磨屑，然后用肉眼对所收集到的磨屑大小、数量和形貌进行观测与分析，以此推断装备零部件的磨损状态。磁塞检查法是一种简便易行的方法，适用于磨屑颗粒尺寸大于50μm的情形。

由于装备零部件的磨损后期一般均出现尺寸较大的颗粒，因此，磁塞检测法是一种很重要的手段，图4-2所示是磨损过程中磨屑尺寸随时间 t 的发展趋势图，说明了机器零部件在磨损过程中，磨屑的尺寸分布随时间的增长而增大。

磁塞由一单向阀配以磁性探头组成，通常在磁塞检测系统整个回路中还安装有残渣敏感器。图4-13所示是磁塞的结构示意图，图4-14为残渣敏感器的结构原理图。工作过程中，润滑油以一定的油压夹带磨损残渣由切向进油口进入敏感器上部的储油器。储油器为倒圆锥形，能使回旋的润滑油与它所夹带的残渣分离。后者在底部沉淀并通过底部的小孔进入敏感器内，附着在磁塞的端面上。当磁塞上附着的残渣达到一定数量时，由于磁通量的改变使控制电路动作，依靠磁塞上的凹轮槽的作用，使磁塞从敏感器旋出并报警。敏感器中封油阀的作用是在磁塞从敏感器中旋出的同时，在弹簧的作用下，将储油器底部的小孔封闭，以免润滑油从储油器中泄漏出来。另外，发动机机油箱和液压油箱内设置的磁塞，主要通过静态磁性吸聚油箱中的磁性微料，通过维修检测人员定期拆下进行检测。

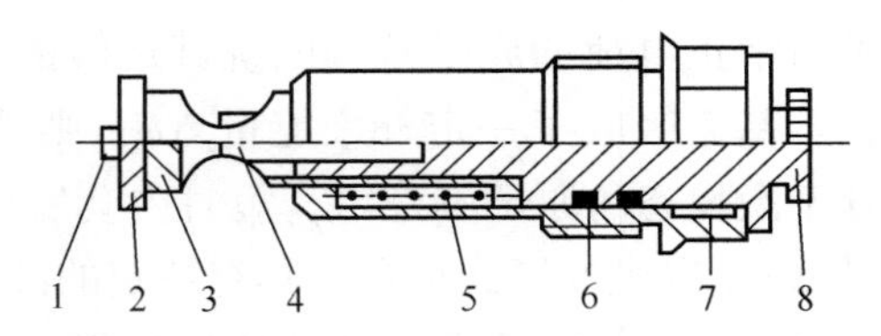

图4-13 磁塞结构示意图

1—螺钉；2—挡圈；3—自闭阀；4—磁钢；5—弹簧；6—密封圈；7—磁塞座；8—磁塞芯

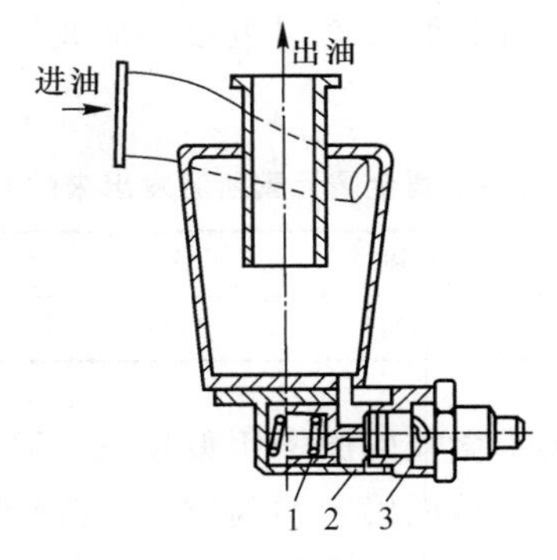

图4-14 残渣敏感器的构造原理

1—封油阀；2—磁塞；3—凹轮槽

磁塞应该安装在润滑系统中能得到最大捕获磨屑机会的地方，尽可能靠近被监测的磨损零件，中间不应有过滤网、油泵或其他液压件的阻隔。较合适的安装部位是管子弯曲部位的外侧，这样磨屑会因离心力而被带到磁铁处。在直管中安装时，应在安装处准备一个扩大部。

磁塞检测结构简单，使用方便，可以得到磨粒含量和磨粒状态两种信息。但磁塞检测也有一些缺点：

（1）磁塞检测仪仅适用于铁磁性物质，对其他非铁磁性物质不起作用；

（2）磁塞检测只能吸附较大颗粒的铁磁性磨粒，小颗粒的磨粒因其磁矩小不易收集，因此磁塞检测只适用于磨粒尺寸大于 50μm 的大颗粒的情况；

（3）当润滑油或液压油中磨粒多或检测间隔取得过长，磁性探头的磁能达到饱和状态时，磁性探头就失去了吸附磨粒的作用，因此会得到不正确的信息；

（4）磁性探头必须经常更换，一般连续使用 25~27h 就需更换测量一次，基本上每天需要测量一次，比较烦琐。

4.3　油样光谱分析

油液光谱分析是利用各种元素的原子在迁跃过程中发射或吸收不同的光谱波长来了解油液中含有的金属元素的种类，从而推导出含有该金属元素的零件，了解零件磨损状况，判断装备异常和预测故障的一种方法。光谱分析法有原子吸收光谱技术、原子发射光谱技术和等离子发射光谱技术等。

4.3.1　光谱分析原理

任何元素的原子，都是由带正电荷的原子核和围绕其运转的电子组成。正常情况下，原子处于稳定状态即基态，若基态吸收了一定外来能量 ΔE，则外层电子跃迁到更高的能量级，原子处于激发态，处于激发态的原子不稳定，短时内会发射出能量 ΔE 而跃迁到基态。原子发射或吸收的能量 ΔE，以光的形式存在，具有特定的波长。由于原子结构不同，每种元素都有其特征谱线。根据元素的特征谱线可以对元素进行定性分析；根据特征谱线强度的变化可对元素进行定量分析表 4-5 列出了各种主要金属元素所激发出来的光谱波长。依靠测定原子从激发态跃迁到基态时发出的特征谱线以确定元素种类的分析为发射光谱分析，依靠测定原子从基态跃迁到激发态时吸收特征波长光的强度以确定元素浓度的分析为吸收光谱分析。

表 4-5　各种主要金属元素所激发出来的光谱波长

元素	铁	铝	铜	铬	锡	铅	钠
光谱波长/Å	3720	3092	3247	3579	2354	2833	5890

因此，用仪器测出油液中磨损微粒的原子所吸收或发射光子的波长，就可知道润滑油或液压油中所含金属元素的种类，从而确定磨损材料，找到磨损源；测出该波长光子的光密度强弱，就可知道油液中含有该元素的数量，进而判断零件磨损的严重程度。当油液中含有的金属元素含量增长过快时，则意味着含有该元素的零件正在急剧磨损。

4.3.2 光谱分析仪器

光谱测量中根据油液中磨损微粒的原子是吸收还是发射光谱波长，油样光谱分析可分为原子吸收光谱和原子发射光谱分析。光谱分析仪器称为光谱仪。

4.3.2.1 原子吸收光谱技术

原子吸收光谱技术是将待测元素的化合物或溶液在高温下进行试样原子化，使其变为原子蒸气。当光源发射出的一束光穿出一定厚度的原子蒸气时光线的一部分将被原子蒸气中待测元素的基态原子吸收，检测系统测量特征辐射线减弱后的光强度，根据光吸收定律求得待测元素的含量。该技术分析灵敏度高，使用范围广，需样品量少，速度快。

原子吸收光谱分析法又称原子吸收分光光度分析法，简称原子吸收分析，其原理如图 4-15 所示。空心阴极灯由所需分析元素制成，点燃时发出该种元素的特征光辐射。分析油样被燃烧器雾化并燃烧，其中各种金属微粒被原子化而处于吸收态。当空心灯光辐射穿过光焰时，就被相应的元素原子所吸收。其吸收量正比于样品中该元素浓度。一般说，一种灯只能分析一种元素，测量另一种元素就要换灯，不过近年来已经出现了多元素灯。该种仪器的读数也是利用光电倍增管将光信号转换为电信号。原子吸收光谱分析法的优点是精度较高，不受周围环境干扰，应用日益广泛。图 4-16 是美国 CBC 公司生产的原子吸收分光光度计，另外还有国产的 WFX 系列原子吸收光谱仪等。

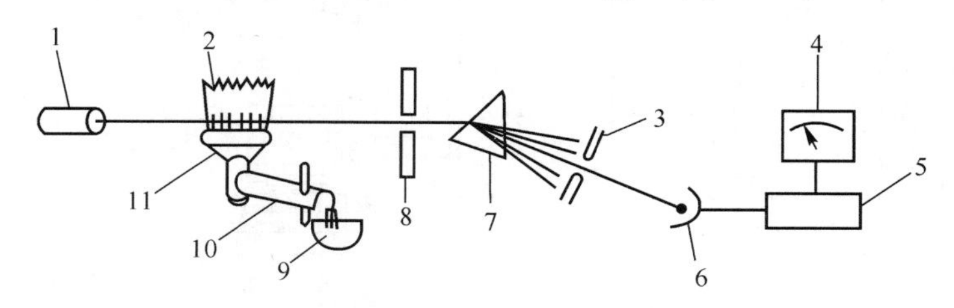

图 4-15 原子吸收光谱仪原理

1—阴极灯；2—火焰；3—出射狭缝；4—表头；5—放大器；6—光电管；7—分光器；8—入射狭缝；9—油样；10—喷雾器；11—燃烧器

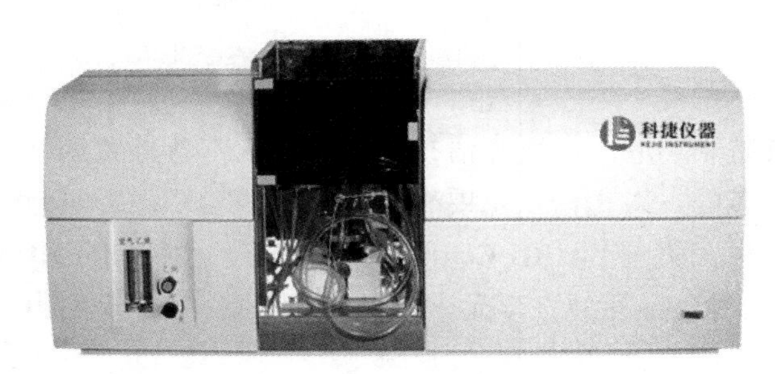

图 4-16 原子吸收分光光度计

4.3.2.2 原子发射光谱技术

物质的原子是由原子核和在一定轨道上绕其旋转的核外电子组成的。当外来能量加到原子上时，核外电子便吸收能量从较低能级跃迁到高能级的轨道上。此时原子的能量状态是不稳定的。电子会自动由高能级跃迁回原始能级，同时以发射光子的形式把它所吸收的能量辐射出去。所辐射的能量 E 与光子的频率 γ 成正比关系：$E=h\gamma$，其中 h 为普朗克常数。由于不同元素原子核外电子轨道所具有的能级不同，因此受激后所放出的光辐射都具有与该元素相对应的特征波长。光谱仪就是利用这个原理，采用各种激发源将被分析物质的原子处于激发态，再经分光系统，将受激后的辐射线按频率分开，通过对特征谱线的考察和对其强度的测定，可以判断某种元素是否存在以及它的浓度。

图 4-17 为直读式发射光谱仪的原理。采用电弧激发，一极是石墨棒，另一极是缓慢旋转的石墨圆盘。该盘下部浸入油样中，旋转时将油带到两极之间，电弧击穿油膜激发其中微量金属元素发出特征辐射线。经过光栅分光，各元素的特征辐射照到相应的位置上，由光电倍增管接收辐射信号，再经电子线路的信号处理，便可直接检出和测定油样中各元素的含量，整个分析过程在计算机控制下进行，结果打印输出。

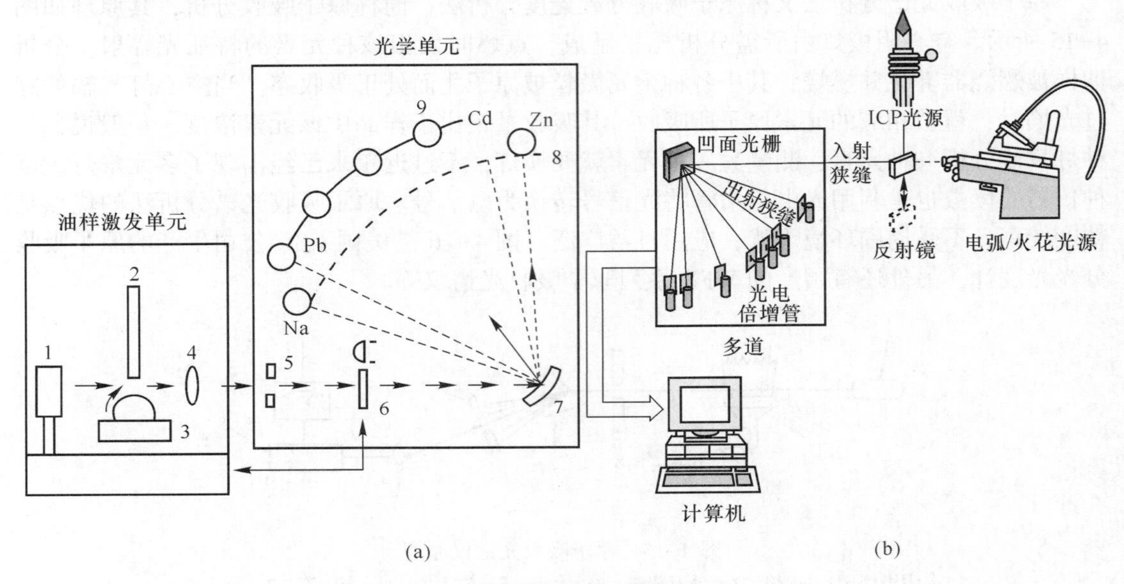

图 4-17　原子发射光谱仪原理

(a) 结构简图；(b) 原理图

1—汞灯；2—电极；3—油样；4—透镜；7—入射狭缝；

7—折射波；7—光栅；8—出射狭缝；9—光电倍增管

原子发射光谱仪是利用原子发射光谱技术测定油液中各种金属元素浓度的仪器。目前在油液检测中用得较多的发射光谱仪主要有美国 SPECTROIN COOPORATED 公司生产的 M 型油液分析直读光谱仪，美国 BAIRD CORPORATION 公司生产的 MOA 型油液分析直读光谱仪。图 4-18 所示为 MOA-Ⅱ型直读光谱仪的外形图。表 4-6 列出了目前市场上常见的油液光谱分析仪器。

表 4-6　常见油液光谱分析仪

名称	型号	用途及适用范围	生产厂商
直读光谱仪	FAS-2C	油液内磨损金属及其他元素含量的测定	美国 BAIRD 公司
发射光谱仪	SPECT-ROI-W	油液内磨损金属及其他元素含量的测定	美国 SPECTROIN 公司

续表 4-6

名称	型号	用途及适用范围	生产厂商
原子吸收分光光度计	WFX-1D WFX-11 WF5 WYX-402 WYX-3200 GFU-201	油液内微量元素含量的分析	北京第二光学仪器厂、北京、沈阳、上海、南京分析仪器厂，贵阳新天精密光学仪器厂
原子吸收光谱仪	PERKIN-FLMER 2280 2380 4000 5000	油液中微量元素含量的分析	美国 PERKIN-ELMER 公司
油料分析直读光谱仪	MOV	油液内金属磨损及其元素含量的分析	美国 BAIRD 公司

图 4-18 直读发射光谱仪的外形图

4.3.2.3 光谱分析结果的初步判断

经大量经验数据的积累，可制定出不同装备润滑油光谱分析的监测标准，而且根据各摩擦副的材料情况预测可能发生的故障，指出需要密切注意和进行检查的零部件。经多年实践，人们认识到除了要制定浓度标准值以外，元素浓度的增加速率比浓度本身的绝对值要重要得多。对于柴油机需要经常确定其浓度值的几种元素是 Fe、Cr、Cu、Al、Sn、Pb、Si。Si 主要反映沙尘量，它的大量存在说明发动机空气滤清器失效，会加剧汽缸套与活塞环之间的磨粒磨损。如果某台发动机在其工作期间，突然发现上述磨损元素浓度值迅速上升，而且大大超过正常标准值时，意味着含有相应元素的零件磨损剧烈。若浓度非常高，就要尽快进行拆检排除故障；如果超过不多，则不一定立即拆检，但要更频繁地抽取油样进行光谱分析，密切监视该元素浓度变化趋势。油样光谱分析法采用标准的光谱分析仪。这种仪器使用比较方便，但其价格比较贵，从采样到取得分析结果有较长的滞后时间。此外，由于方法本身的限制，不能给出磨损磨粒的形貌细节，所分析的磨粒大小一般只能小于 10μm。

4.3.2.4 其他光谱分析技术

除原子吸收光谱分析和原子发射光谱分析外，还有 X 射线荧光光谱分析以及红外光谱分析等光谱分析技术。它们的激发源不是电弧也不是火焰，而是相应的 X 射线或红外光源。

等离子发射是较新颖的样品激发技术。将流经石英管的氩气流置于一高频电场下形成约 8000K 的等离子体。高温等离子体使从石英管中心喷射出的样品离解、原子化、激发。等离子发射法的再现性比较好，准确度很高，但较大的粒子会被遗漏。目前有 ICP 型电厂偶合等离子体发射光谱仪。

X 射线荧光是介质在放射源照射下所释放的特征 X 射线。通过检测油液在放射源照射下释放的 X 射线可以确定磨粒的数量和成分。该方法可直接测定各种特殊形态的试验而不破坏试样，可测量的元素种类多，测量范围宽，而且速度快，分析结果规律性强。

当用不同波长的红外辐射照射油样时，油样会选择性地吸收某些波长的辐射，形成红外吸收光谱。根据某些物质的特征吸收峰位置、数目及相对强度，可以推断出油样中存在的官能团，并确定其分子结构。

利用红外光谱技术分析油样中有机化合物的基团结构，通过比较新旧油的红外吸收峰的峰位与峰高，可定性与定量检测基础油与添加剂组分是否发生了化学变化以及变化的类型与程度；利用红外光谱的油样分析软件可定量测试油样的氧化值、硫化值、硝化值、积炭、水分、乙二醇、燃油稀释度等参数。通过对谱图的分析，结合各参数的数值，可获得油样品质变化的信息。目前有 FT-IR 红外光谱仪。

4.3.3 光谱诊断实例

图 4-19 所示是对某装备润滑油样测量得到的光谱密度图。从图上可见，A、B、C、D 处密度较大，对照表 4-5 可知，油液中含有铅、铜、铬和铁，从而可确定装备的磨损零件；再从光谱密度的大小可以看出元素含量的大小顺序为铁、铜、铅和铬。

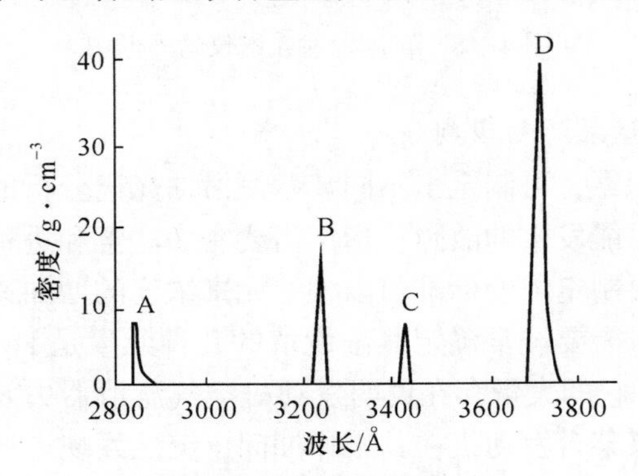

图 4-19 润滑油样光谱密度图

例 1：原子吸收分光光度计监测某工程机械变速箱。

某研究所用美国 PE2380 原子吸收分光光度计对军用工程机械进行监测发现，某大型履带式推土机变速箱在使用到 5600 小时的铁含量达到 525mg/L，大大超过极限值。该单位重新对变速箱润滑油进行二次采样，分析结果为 928mg/L。由于第二次送样延误，当结果返回时，变速箱前进挡离合器已损坏。事实证明光谱分析是有效的。另一台某型履带式综合扫雷车发动机油底壳油样，在用光谱分析时发现铝含量超标，维修人员及时进行拆检，发现主轴承已损坏。由于及时发现故障，了更大的曲轴折断事故发生。

例 2：直读式发射光谱仪在线监测内燃机机车柴油机。

上海铁路局科研所、上海机务段使用美国 BAIRD 公司的 FAS-2C 直读式发射光谱仪，采用在线监测的方法监测 ND2 内燃机机车柴油机。测定 122 号机车在换油后行驶 59.954km 时，润滑油中铁元素含量 84.1mg/L，落在标准警告线上；铜元素含量 91.7mg/L，落在故障区内；铅元素含量 92.6mg/L，落在故障区内。据此发出警报，解体检查，发现了柴油机主轴瓦断裂故障。

例 3：推土机最终传动箱油液趋势分析。

对一台推土机最终传动箱油液进行趋势分析（图 4-20）。当运行到 2000h 进行换油周期内第 4 次（见图 4-20 分别为 1、2、3、4）分析时，发现 Fe、Si、Al 浓度剧增，经拆检发现密封环损坏，砂土侵入，使零件磨损加剧。

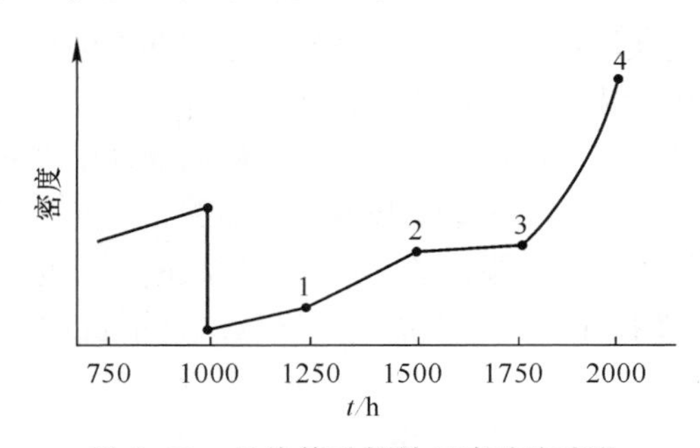

图 4-20 最终传动箱铁元素浓度变化

4.3.4 油样光谱分析的特点

4.3.4.1 原子光谱分析法的优点

原子光谱分析法的优点包括：

（1）检出限低，灵敏度高。火焰原子吸收法的检出限可达 10^{-9}级，石墨炉原子吸收法的检出限可达 10^{-10} ~ 10^{-14}g；

（2）准确度高。火焰原子吸收法测定中等和高含量元素的相对标准差可达 1%，石墨炉原子吸收法的准确度一般约为 3%~5%；

（3）分析速度快。用 P—E5000 型自动原子吸收光谱仪在 35min 内能连续地测定 50 个试样中的 6 种元素；

（4）试样用量小。无火焰原子吸收光谱法分析仅需试样溶液 5~100μL 或 5~100mg；

（5）应用范围广。可测定的元素达 70 多种，不仅可以测定金属元素，也可以用间接原子吸收法测定非金属和有机化合物；

（6）仪器操作较简便。

4.3.4.2 原子光谱分析法的不足

原子光谱分析法的不足包括：

（1）多元素同时测定尚有困难，只有原子发射光谱可同时进行多元素测定；

（2）有相当一些元素的测定灵敏度还不能令人满意；

（3）对复杂试样，干扰还比较严重。

光谱分析用于机械设备的故障诊断与工况监测，还有下列不足之处：

（1）光谱分析只能提供关于元素及其含量的信息，而不能提供关于磨屑形貌的信息。据油样光谱分析的结果直接对摩擦副的状态做出判断有很大的困难；

（2）只能用以分析含量较低且颗粒尺寸很小（$<10\mu m$）磨屑，而异常磨损状态下所产生的磨屑粒度一般较大，故一般只能用于故障的早期监测与预防；

（3）光谱分析的成本高，光谱仪约为分析式铁谱仪的十几倍；

（4）光谱仪对工作环境要求苛刻，只能在专门建造的实验室内工作。

4.4 油样铁谱分析

油样铁谱分析法是目前使用最广泛、最有发展前途的润滑油样分析方法。它的基本原理是将油样按一定的严格操作步骤稀释在玻璃试管和玻璃片上，使之通过一个强磁场。在强磁场的作用下，不同大小的磨粒所能通过的距离不同，根据油样中磨粒沉淀的情况即可判断出机械零件的磨损程度。用光学或电子显微镜观察磨粒形貌，用光学显微镜还可以从磨粒的色泽判断其成分。这样，油样铁谱分析提供了磨损磨粒的数量、粒度、形态和成分四种信息。

用于油样铁谱分析的仪器有分析式铁谱仪、直读式铁谱仪和在线式铁谱仪3大类，分述如下。

4.4.1 分析式铁谱仪

4.4.1.1 分析式铁谱仪组成与工作原理

分析式铁谱仪是最早研制出来的铁谱分析技术仪器，主要由铁谱制谱仪（谱片制备装置）、铁谱显微镜、光密度读数器3部分组成。

图4-21所示是铁谱制谱仪的原理和结构简图，图4-22铁谱片和磨粒尺寸分布情况示意图，图4-23为分析式铁谱仪外形照片。铁谱仪主要由微量泵、玻璃基片、磁场装置、导油管和储油杯等组成。油样通过一个具有稳定速率的微量泵输送到位于磁场上方的玻璃基片上，玻璃基片与水平面成1°~1.2°的小倾角，使得在它表面沿油样流动方向形成一个由弱到强的磁场。当油样沿斜面流动时，使磁化的颗粒在高梯度磁场力、液体黏性阻力和重力共同作用下按尺寸大小依次沉淀在玻璃基片上，油则从玻璃基片下端的导油管排入贮油杯。玻璃基片经清洗、固定和干燥处理而制成谱片。

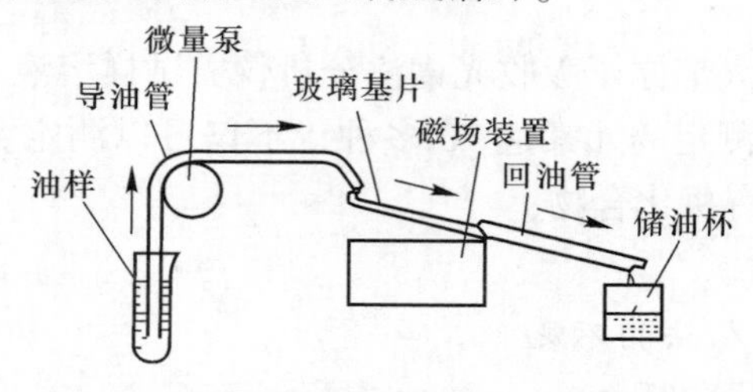

图4-21 分析式铁谱仪原理图

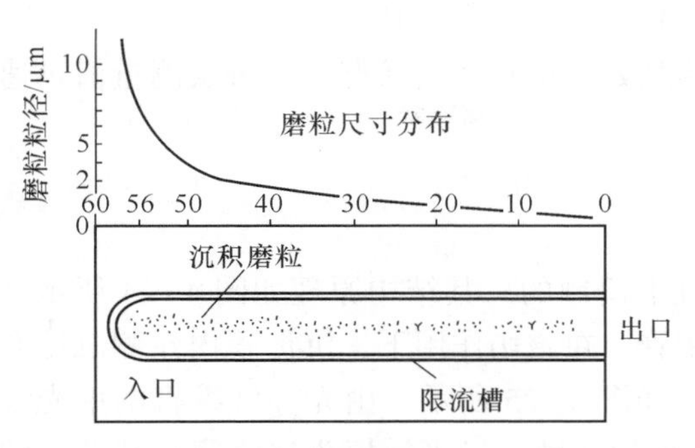

图 4-22 铁谱片和磨粒尺寸的分布

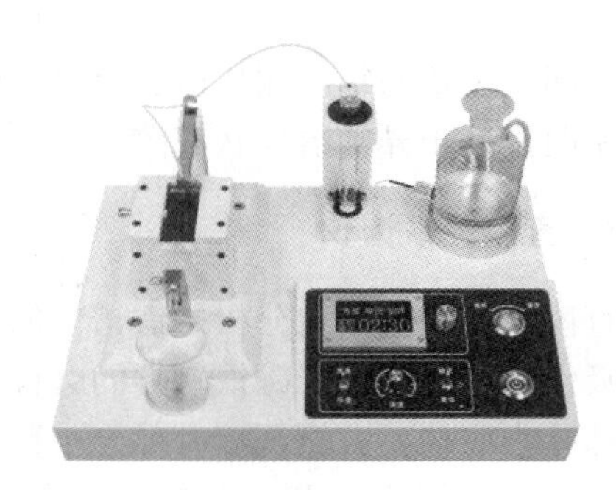
图 4-23 分析式铁谱仪

4.4.1.2 铁谱显微镜

铁谱显微镜是与分析式铁谱仪配套使用的专用分析仪器。它由双色显微镜和铁谱片读数器组成。在双色显微镜下可以观察铁谱片上沉积磨粒的形态，分析磨粒的成分，测量磨粒的尺寸。铁谱片读数器可以分别测出大磨粒（大于 5μm，在铁谱片上 55～56mm 处沉积）和小磨粒（1～2μm，在 50mm 处沉积）的覆盖面积百分比，由此得出油样的磨粒粒度的分布。因此，采用铁谱显微镜就可以完成一般的常规定量分析。

4.4.1.3 图像分析仪

该仪器能够对铁谱片上一矩形区域内的沉积磨粒进行统计分析。它的计算机系统可以对不同粒度的磨粒进行精确计数，最终拟合成威布尔分布规律并给出其各参量值。此外，它还可以自动而高速地测出磨粒长短轴比值、磨粒周长和特征参数等。由于此类仪器能提供准确而丰富的数据和信息，应用日渐广泛。

4.4.1.4 磨粒含量的定量表示法

磨损情况可用数量形式来表示，一般采用一些特征量来表示。

（1）磨损微粒量。磨损微粒量也称总磨损量，用（A_L+A_S）来表示。其中，A_L 为谱片入口处大磨粒的最大覆盖区；A_S 为与 A_L 相距 5mm 处小磨粒的最大覆盖区。当同一装备的每次测量值稳定时，说明装备处于正常磨损状态；当每次测量值迅速增加时，说明装备处于异常磨损状态，应引起重视。

（2）严重磨损度。严重磨损度用（A_L-A_S）来表示，当同一装备的每次测量得到的大颗粒磨粒数 A_L 和小颗粒磨粒数 A_S 的值稳定时，严重磨损度（A_L-A_S）也稳定，则说明装备处于正常磨损状态；当装备磨损严重时，测量得到的大颗粒磨粒数 A_L 和小颗粒磨粒数 A_S 的值会增加，但由于大颗粒 A_L 比小颗粒 A_S 增加得多，所以当严重磨损度（A_L-A_S）值迅速增加时，说明装备处于异常磨损状态。

（3）大小颗粒比。大小颗粒比（A_L/A_S）是指大颗粒与小颗粒的比值。同样，当同一装备每次测量得到的大颗粒磨粒数 A_L 和小颗粒磨粒数 A_S 的值稳定时，大小颗粒比（A_L/A_S）也稳定，说明装备处于正常磨损状态；当装备磨损严重时，测量得到的大颗粒磨粒数 A_L 比小颗粒磨粒数 A_S 增加得多，因此，大小颗粒比（A_L/A_S）的值迅速增加，说明装备处于异常磨损状态。

（4）磨损严重性指数

磨损严重性指数 I_S 是一个综合性指标，它定义为：

$$I_S = (A_L + A_S)(A_L - A_S) = A_L^2 - A_S^2$$

当同一装备的每次测量值稳定时，说明其处于正常磨损状态；当每次测量值迅速增加时，说明其处于异常磨损状态。

4.4.2 直读式铁谱仪

直读式铁谱仪是在分析式铁谱仪的基础上研制的。其结构原理如图4-24所示。油样在虹吸作用下流经位于磁铁上方的磨粒沉积管。在磁场作用下，沉淀管内左侧沉淀有大磨粒和部分小磨粒，右侧沉淀有部分小磨粒，如图4-25所示。由光导纤维将两束光线引至大磨粒（5μm以上）和小磨粒（1~2μm）沉积区域，经光敏探头接收穿过磨粒层的光信号，信号经处理后即得到沉淀在入口处大于5μm的大颗粒磨粒的覆盖区的读数 D_L 和距第一光源5mm处沉淀的小磨损颗粒的覆盖区读数 D_S 。

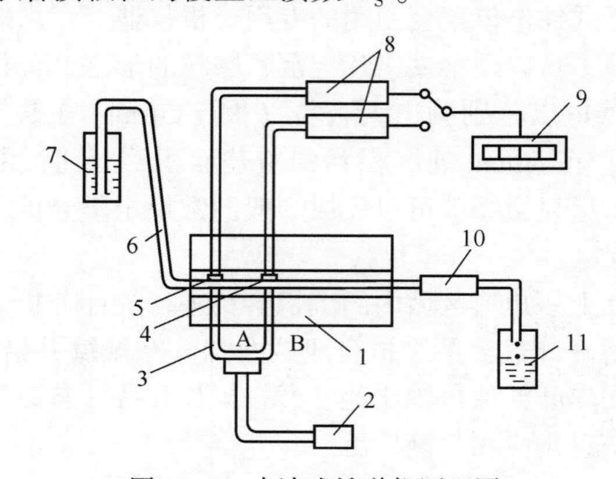

图4-24 直读式铁谱仪原理图

A，B—光束

1—磁场装置；2—光源；3—光通道；4—沉淀管；5—光电传感器；6—毛细管；7—油样；8—信号调理电路；9—数字显示民间；10—虹吸泵；11—废油

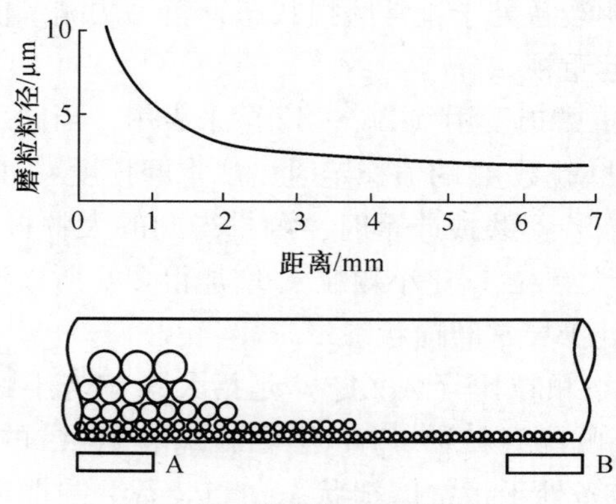

图4-25 沉积管内磨粒分布

A，B—光电探头

测量中随着流过沉淀器管的油样的增加，光传感器所接收的光强度逐渐减弱，当2mL油样流过沉淀器管后光传感器所接收到的两个光密度值才代表大小颗粒的磨粒读数 D_L 和

D_S，从而得到各种特征量：磨损微粒量（D_L+D_S）、磨损严重度（D_L-D_S）、大小颗粒比（D_L/D_S）以及磨损严重性指数 $I_D=(D_L+D_S)(D_L-D_S)=D_L^2-D_S^2$。

直读式铁谱仪分析速度快、重复性好，因此称之为铁谱定量分析手段，很适合工程装备状态监测。由它完成大量日常油样测定工作，建立基准限度，一旦发现磨损急剧发展，可用分析式铁谱仪来观察磨粒形貌、分析化学成分、辨别失效模式、探明磨损机理。因此直读式与分析式铁谱仪配合使用效果最好。图 4-26 为直读式铁谱仪的外形图。

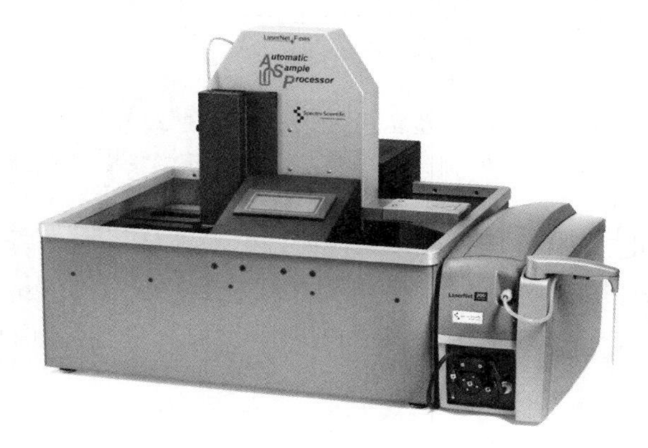

图 4-26　直读式铁谱仪

4.4.3　旋转式铁谱仪

分析式铁谱仪和直读式铁谱仪是应用广泛、成熟的铁谱分析仪器，特别是分析式铁谱仪，既可研究谱片上磨粒的形貌、大小、成分等，又可做定量分析。但这些仪器对污染严重的油样（如野外恶劣环境下工程装备内的润滑油或战争环境下作战装备内的润滑油等）的定量和定性分析效果不好。这是因为分析式铁谱仪在制谱过程中，润滑油中的污染物会滞留在谱片上。如果数量很多，将影响对磨粒的观测。为此，美国斯旺西大学摩擦学中心于 1984 年研制了回转颗粒沉淀器（RPD），随之国内许多单位研制了旋转式铁谱仪，图 4-27 为北京维克森公司生产的旋转式铁谱仪，该铁谱仪采用 LCD128×64 液晶显示作为人机界面，操作简单方便直观；二路步进电机控制信号输出且二路电机独立工作，分别控制；每路电机可以有三种速度和三个工作时间段，每段对应相应的速度运行；双磁头设计，使制谱效率提高一倍。其工作原理图如图 4-28 所示。

图 4-27　旋转式铁谱仪

旋转式铁谱仪中，工作位置的磁力线平等于玻璃基片，当含有铁磁性磨粒的润滑油液或液压油液流过玻璃基片时，铁磁性磨粒在磁场力作用下，滞留于基片，而且沿磁力线方向（径线方向）排列。

制谱时，图 4-28 中油样 2 由定量移液管 1 在定位漏斗的限位下，被滴到固定于磁场 4 上方的玻璃基片 3 上。磁场装置、玻璃基片在电机 5 的带动下旋转，由于离心力的作用，

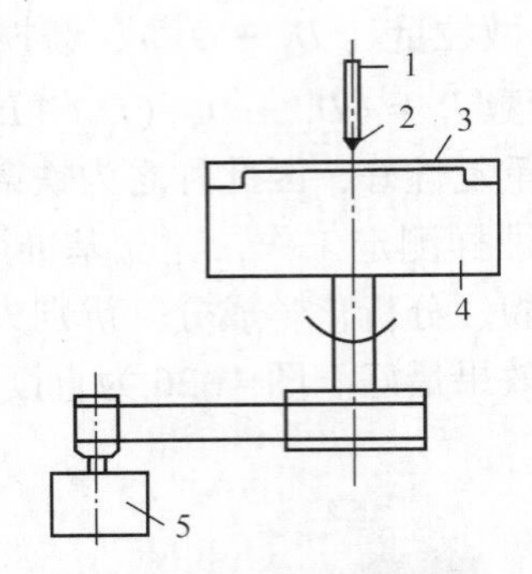

图 4-28 旋转式铁谱仪的工作原理图

1—定量移液管；2—油样；3—玻璃基片；4—磁场装置；5—电机

油样沿基片向四周流动。油样中的铁磁性及顺磁性磨粒在磁场力、离心力、液体黏性、阻力、重力作用下，按磁力线方向（径向）沉积在基片上，残余油液从基片边缘甩出，经收集由导油管排入储油杯，基片经清洗、固定和甩干处理后，便成了谱片。

4.4.4 在线式铁谱仪

在线式铁谱仪实际上就是直读式铁谱仪用于在线测量的一种改进变形，由传感器和显示单元两部分组成。传感器接入机械或装备润滑系统的旁路上，通过电缆将传感器产生的信号传递到远离检测对象的显示单元。传感器按照一定的程序周而复始地工作。它先将油中磨粒沉积在表面电容器上，沉积量的多少会使表面电容器的电容值发生变化，从而产生正比于油样内磨粒浓度的电信号。该信号经放大和模数转换后，在显示板上显示数字表示磨粒浓度测定值。该仪器分为大、小磨粒两个通道。测定后自动冲洗掉沉积的磨粒，然后进入下一测试循环。

由于在线式铁谱仪随检测对象的主机安装，不必经人工采集油样，能自动连续监测油液中的磨粒情况，既保证了监测的及时性，对监测对象的早期磨损及时发出预报，同时又避免了采取油样的麻烦，提高了油液监测的可靠性和工作效率。在线式铁谱仪应安装在被监测润滑或液压系统最能收集到主要磨损零部件信息的部位，这样就可以比较可靠地对设备的磨损故障给出早期预报。目前，在线式铁谱仪可由嵌入式微电脑或工控机自动对油样标定、校准与操作，使用更为方便，十分适合大型装备的状态监测，图 4-29 为在线式铁谱仪的结构安装示意图。

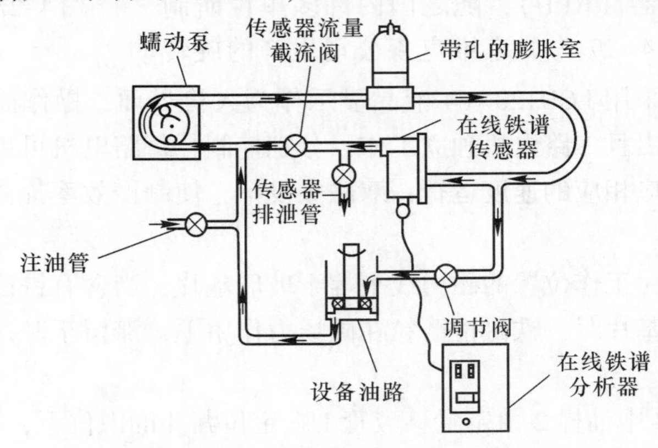

图 4-29 在线式铁谱仪的结构安装示意图

油样铁谱分析法使用的仪器比较低廉，提供的信息比较丰富，但对于非铁磁材料不够敏感，而且需要熟练的操作人员严格遵守操作步骤，才能使分析的结果具有可比性。这种方法适合于检测粒度介于5~100μm的磨损磨粒。

表4-7列出了目前国内外几种常用的铁谱仪。

表4-7 国内外常用的铁谱仪

名称	型号	用途及适用范围
分析式铁谱仪	YTF-8	大型装备和零部件的工况监测和故障诊断，润滑剂品质评定
直读式铁谱仪	YTZ-56	大型装备和零部件的工况监测和故障诊断，润滑剂品质评定
在线式铁谱仪	KLD-O-S	润滑系统油液磨损颗粒浓度在线监测
旋转式铁谱仪	VIC-XT	润滑油液内磨粒分离和分析

4.4.5 铁谱加热技术

铁谱分析中有时还采用其他技术辅助铁谱分析，如铁谱加热技术、湿化学分析等。铁谱加热技术是根据不同材料在各种温度下回火颜色不同来鉴别各种金属成分的。表4-8列出了铁系材料试样经加热后的回火颜色与温度的关系。其中应用比较成熟的是铁谱片加热法，这种方法是由铁谱技术发展起来的判断磨粒成分的简易实用方法。其原理是：厚度不同的氧化层其颜色不同。具体操作是把铁谱片加热到330℃，保持90s，冷却后放在铁谱显微镜下进行观察。此时不同合金成分的游离金属磨粒就会呈现出不同的回火色。例如，铸铁变为草黄色、低碳钢变为烧蓝色、铝屑仍为白色。采用铁谱片加热法，仅利用铁谱显微镜便可大致区分磨粒成分，免于购置大型昂贵设备，适用于要求精度不高的监测，其应用相当广泛。

表4-8 铁系材料试样经加热后的回火颜色与温度的关系

温度/℃	表面颜色变化				
	碳素工具钢	轴承钢	铸铁	镍钢	不锈钢
204	蓝色	部分蓝色	青铜色	不变化	不变化
232	蓝色	蓝色	青铜色	不变化	不变化
260	蓝色	蓝色	蓝色	不变化	不变化
287	蓝灰色	蓝灰色	蓝色	不变化	不变化
315	灰色	灰色	灰色	不变化	不变化
398	灰色	灰色	灰色	青蓝色	不变化
420	灰色	灰色	灰色	蓝色	青铜色
471	灰色	灰色	灰色	蓝色	蓝色（呈杂色）
510	灰色	灰色	灰色	蓝色	蓝色（呈杂色）

另外，可用温化学处理和铁谱加热技术处理方法区别如铝、银、铬、镉、钼、钛、锌等白色金属。表4-9列出了白色有色金属磨粒的鉴别。

表4-9 白色有色金属磨粒的鉴别

金属	0.1N HCl	0.1N NaOH	330℃	400℃	480℃	540℃
铝	可溶	可溶	不变化	不变化	不变化	不变化
银	不溶	不溶	不变化	不变化	不变化	不变化
铬	不溶	不溶	不变化	不变化	不变化	不变化
镉	不溶	不溶	黄褐色	—	—	—
镁	不溶	不溶	不变化	不变化	不变化	不变化
钼	不溶	不溶	不变化	微带黄褐色到深紫色		
钛	不溶	不溶	不变化	淡褐色	褐色	深褐色
锌	可溶	不溶	不变化	不变化	褐色	蓝褐色

例4：铁谱加热技术应用。

图4-30所示为一台Ford Tornado柴油机进行磨合后投入负载运行的铁谱直读数据，每小时从柴油机取一次油样，采用直读式铁谱仪进行分析，得到数D_L和D_S，直读数据和磨损严重性指数I_D如图。为了鉴别其磨合情况，在运行0.25小时的时候取油样作铁谱分析，得到的直读数据与磨合试验15h的情况相同，并且利用铁谱加热技术发现谱片上的一些白色微粒在加热到330℃保温90h后，部分白色微粒变为棕色，这表明磨粒来自铸铁件——汽缸活塞环，这也与磨合试验时相似，说明磨合过程尚未结束，并可能继续下去。负载运行开始的直读数据处于中等状况，并有所起伏。当运行到40~60h时，因为更换了机油过滤器，直读数据下降。当运行87h时油样铁谱分析发现铁谱上有大量磨粒，许多大磨粒重叠沉淀在铁谱片的进口端，加热处理后发现有大量的氧化亚铁存在，表明柴油机运行中有过热现象，这时I_D增加，表明严重磨损开始。因此，判断柴油机将产生故障。继续运行到110h，柴油机出现了故障。

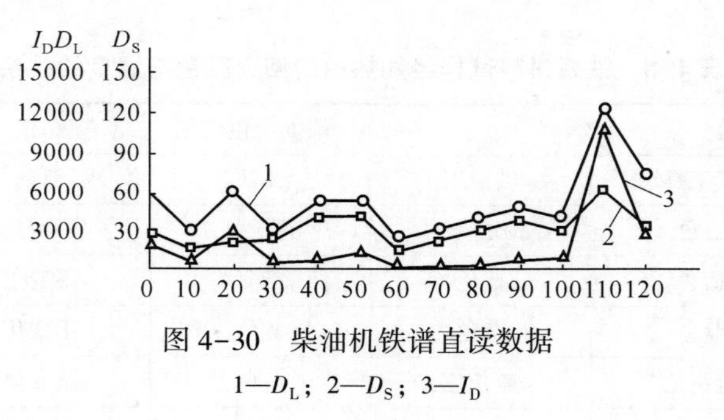

图4-30 柴油机铁谱直读数据

1—D_L；2—D_S；3—I_D

4.4.6 铁谱分析的取样方法

由于油液中磨粒的浓度会达到动态平衡，因而在大致动态平衡后的一段时间内，用相同的方法取出的同一油样将含有相同的磨粒。如果取样方法不当，磨粒浓度及其粒度分布也会发生显著变化，这就有可能对装备状态做出错误的判断。因此油液的取样方法相当重要。

4.4.6.1 取样方法

（1）如果在系统（装备）运转时取样，最理想的取样是在已知工作状态下进行。

（2）取样必须考虑换油的影响。

（3）任一系统在不同部位将具有不同的磨粒浓度，因此，每次取样必须从系统的某一固定部位取样。

4.4.6.2 取样位置

经验表明，得到最富代表性的油样取样方法是从润滑油流过的回油管内，并在油液滤清器之前取出油样。但这种取样方法必须是在装备运转时进行。若系统中油管粗、流速低，应避免从管子底部取样。

一般装备处于运转状态取样最为合适；若无法在装备运转时取样，则应在停机后尽快取出油样。由于磨粒的沉降，随着停机后时间的延长，取样管插入油面的深度应适当增加。通常，应在停机后 2h 内取样，以免遗失大颗粒。

4.4.6.3 取样间隔

取样间隔应根据装备零件摩擦副的特性和装备的使用情况，并考虑实验研究的目的和对故障早期预报准确度等要求而定，对装备的不同运行期或实验研究的不同阶段可有不同的取样间隔，通常对新的或刚大修后的装备应提高取样频率，以判断磨合是否结束。而对处于正常磨损期内的装备，其常见系统取样间隔推荐如表 4-10 所示。

表 4-10 装备（系统）取样间隔

装备（系统）名称	取样间隔/h
飞机燃气轮机	50
航空液压系统	50
柴油机	200
大型传动齿轮	200
工程装备液压系统	200
重型燃气轮机	250~500
大型发动机	250~500

4.4.7 铁谱分析的特点

油样铁谱分析具有如下特点：

（1）铁谱分析的操作步骤复杂，操作要求严格。

（2）铁谱分析可获得的信息有磨粒数量、大小、形态、成分及粒度分布。

（3）铁谱分析适用的磨粒尺寸较宽，一般在 1~1000μm 量级时，分析效率可达 100%。

（4）铁谱分析对非铁系颗粒的检测能力较低，这对像柴油机这样含有由多种材料组成的摩擦副的装备部件进行故障诊断时，往往感到能力不足。

（5）铁谱分析的规范化不够，特别对分析式铁谱仪，分析结果对操作人员的经验有较多的依赖性。

4.5　其他油样分析方法

4.5.1　油样常规分析方法

油样分析技术可以分为两类：一类是分析油液中的不溶物质，即机械磨损微粒的检测；另一类是油样本身的物理化学性质分析，即润滑油或液压油的常规分析及监测。

油液的常规分析是指采用油品化验的物理方法对油液的各种理化指标进行测定。在针对装备故障诊断这一特定目标时，需要分析的项目一般可选为油液的黏度、水分、酸值、水溶性酸或碱的机械杂志等。种类油液在这些项目上都有各自的正常控制标准。表 4-11 是某单位根据理化指标推荐的换油标准。

表 4-11　根据理化指标推荐的换油标准

项目	压缩机油	汽轮机油	石油基液压油		油包水液压油	液力传动油	齿轮油	轴承油
			一般机械用	精密机械用				
外观		不透明有杂质			有菌，发臭		有杂质	
黏度/%	±20	±15(±10)	±15	±15 ±5	+10 −25	−20	±15	±10
酸值（KOH 大于)/mg · g^{-1}	1	1(0.5)	2	2	3.0		腐蚀 不及格	1(0.3)
机械杂质（大于）/%	1.5	0.1	0.1	0.05		0.1	0.5	0.27
水分/%		>0.2	0.1	0.1	<30 >50	0.2	0.5	0.2
凝点（大于）/℃	−20	−8					−15	
清净度（大于）/10^{-2}mg · mL^{-1}			40	10				
Pb 值大于/kg			20	20			20	
残炭/%	>3							
腐蚀性	对铜处、钢片有腐蚀							
添加剂元素含量	硫、磷、铅等元素含量降低一定量							

（1）黏度。黏度是评定油液使用性能的重要指标。黏度的作用在于机械运转时，在相对运动部件的表面上形成油膜，使部件间的相互摩擦变为油膜内油液油层之间的内摩擦。一般称相对运动油层间具有内摩擦力的性质为黏性，用黏度来衡量。实际中一般使用动力黏度、运动黏度和恩氏黏度等，工业上采用的是运动黏度。只有正常的黏度才能保证摩擦副工作在良好的润滑状态下。黏度过大会增加摩擦阻力；过小又会降低油膜的支撑能力，建立不起油膜来，自然会导致磨损状态的恶化。如果油液变质（如氧化），其黏度值必须

有所变化。因此必须及时检测油液黏度，以保证工程装备处于良好的润滑状态，减少装备的磨损故障。

（2）水分。油液水分是指油液中含水量的重要百分数，是表征油液质量的另一个重要指标。润滑油等油液的含水能造成油液乳化和破坏油膜，从而降低润滑效果，增加磨损。同时水分还会促进机件的腐蚀，加速油液变质和劣化。特别是对加有添加剂的油品，含水会使添加剂乳化、沉淀或水分分解而失去效用。

（3）酸值。酸值是指中和1g润滑油中的酸所需要的氧化钾毫克数。它表明了油品含有酸性物质的数量。在润滑油的贮存和使用过程中，润滑油与空气中的氧发生化学反应，生成一定量的有机酸，这些有机酸会引起连锁反应，使油品中的酸值越来越大，引起油液变质，造成装备零部件的腐蚀，影响使用。因此，酸值是鉴别油品是否变质的主要方法之一，也是评价润滑油防锈性能的标志。

（4）水溶性酸或碱。如果油液中含有可溶于水的无机酸、碱过多，特别容易引起氧化、胶化和分解化学反应，以致使油品腐蚀装备零部件。尤其是与水或汽接触的油品更是如此。例如，工程装备液压系统中的液压油，由于水溶性酸碱的存在，不仅会引起腐蚀，而且还会引起其他的严重事故。

（5）机械杂质。机械杂质是指存在于润滑油中所有不溶于溶剂（如汽油、苯）的沉淀或悬浮状物质（多数为砂子、黏土、灰渣、金属磨料等）的重要百分比。它是反映油品纯洁性的质量指标。如果油液中机械杂质含量过高，会增加摩擦副的磨损及堵塞滤油器。

以上这些指标是衡量润滑油使用性能最简单的常用尺度。通过对这些指标的测定，一方面监测润滑系统，另一方面预测、预防机械润滑不良而可能出现的故障。表4-12列出了部分现场快速简易化验仪器。

表4-12 现场快速简易化验仪器

名称	型号	功能特点	应用领域
快速油质分析仪	THY-21C	1. 在5min内检测出润滑油的污染程度； 2. 能检测出60μm以上的金属磨粒； 3. 能判断新购油品是否合格； 4. 能判断润滑油中是否含有轻质油； 5. 能在3min内检测油中微量水分含量	航空航天、油田、港口、运输、矿山、电力、冶金、化工、工程装备等领域
中红外润滑油分析仪	ERASPEC OIL	可以监测降级产物（氧化物，硫化物，硝化物），添加剂损耗（胺类和酚类抗氧剂，抗磨剂）和污染物（水，煤烟，汽油，脂肪酸甲酯，冷却液）。通过用户可扩展的数据库以及化学计量数学模型可计算得到一些复杂的润滑油参数，如总酸值TAN、总碱值TBN、黏度等	航空航天、运输、矿山、电力、冶金、化工、工程装备等领域

续表 4-12

名称	型号	功能特点	应用领域
在线式油液污染度检测仪	KLD-Z-X	1. 采用激光传感器，检测精准度高； 2. 检测速度快：6s 即可给出检测结果； 3. 能以数字、图表方式同时彩显 ISO、NAS 等级标准； 4. 固件坚硬，不易损坏，可低压、高压下在线检测污染等级； 5. 体积小、重量轻，携带、安装、拆卸、加装均很方便； 6. 通过仪器的油流量很小，对整个液压系统的正常工作不构成影响	航空航天、工程机械、液压气动、石油化工、冶金冶炼、电厂电力、科研院所等
便携式油液污染度检测仪	KLD-B	1. 采用激光传感器，检测精准度高； 2. 有在线、取样二种检测方式，在实验室和现场均可使用； 3. 内置 PC 机，不需再另接电脑即可方便进行数据综合查询； 4. 数据 USB 传输、系统升级等； 5. 能以数字、图表等方式彩显 NAS、ISO、GJB 污染度等级数； 6. 并能通过污染度变化曲线图看出油液污染的变化趋势	航空航天、电力、石油、化工、交通、港口、冶金、机械、汽车制造等领域
便携式油液质量检测仪	ZL-B	1. 可检测油液编号的任何一种润滑油； 2. 可检测油品中的水分含量； 3. 检测结果除显示数据外，能自动将润滑油液质量分为：报废、堪用、良好三种不同污染类型，并有显示； 4. 具有监视、警示误操作功能	航空航天、工程机械、液压气动、石油化工、冶金冶炼、电厂电力、科研院所等

4.5.2　颗粒计数方法

颗粒计数是评定油液内固体颗粒（包括机械磨损颗粒）污染程度的一项重要技术。它是对油样中含有的颗粒进行粒度测量，并按粒度范围进行读数，从而得到有关颗粒粒度分布的重要信号。早期颗粒读数是靠光学显微镜和肉眼对颗粒进行测量和读数，后来采用图像分析仪进行二维的自动扫描和测量，但它们都需要先将颗粒从油液中分离出来。随着颗粒计数技术的发展，出现了各种类型的行进的自动颗粒读数装置，这些颗粒计数装置不需要从油样中分离出固体颗粒便能自动地对油样中的颗粒大小进行测量和计数，因而在判断油液的污染程度方面非常高效。

颗粒计数方法主要有以下两种方法。

（1）显微镜颗粒计数技术

将油样经滤网过滤，然后将滤膜烘干，放在普通显微镜下统计不同尺寸范围的污染颗粒数目和尺寸。由于能直接观察磨损微粒的形状、尺寸和分布情况，可定性了解磨损类型和磨损颗粒来源。该技术装备简单，但操作费时，人工计数误差较大，再现性也较差。

（2）自动颗粒计数技术

自动颗粒计数器是利用传感器技术，当颗粒经过时将反映其大小的信号输出并同时计数。它不需要从油样中分离出固体微粒，而是自动地对油样中的颗粒尺寸进行测定和计数。

目前成为商品的自动颗粒计数器都属于线流扫描型，按工作原理又可分为遮光型、散光型和电阻变化型。它一般由传感器、放大器、电路和计数装置组成。它们的共同点都是使油样流经具有狭窄通道的传感器，而当颗粒经过时便有反映其大小的信号输出并同时计数。

表4-13是目前市场上几种典型的油液污染监测用颗粒计数装置的主要技术参数、特点与应用领域。

表4-13 典型油污染监测用颗粒计数装置技术参数

名称型号	主要指标参数	特点	应用领域
KLD－T台式颗粒计数器	1. 检测通道：16个任意设定的粒径尺寸可显示通道； 2. 颗粒尺寸范围：1~400μm； 3. 黏度范围：0~400cSt； 4. 测量范围：1~100μm（ISO 4402），4~70μm（c）（ISO 11171）； 5. 灵敏度：1μm（ISO 4402），4μm（c）（ISO 11171）； 6. 粒径分辨率：≤10%	采用光阻法（遮光法）原理研制的颗粒计数系统，使用专门定制的传感区通油池，并选用精密的光学元件，保证检测的高分辨率和准确性。颗粒计数器是用于检测液体中固体颗粒的大小和数量	可广泛应用于航空航天、电力、石油、化工、交通、港口、冶金、机械和汽车制造等领域，可对液压油、润滑油、变压器油（绝缘油）、汽轮机油（透平油）、齿轮油、发动机油、航空煤油等油液进行固体颗粒污染度检测
KT－2A台式颗粒计数器	1. 粒径范围：0.8~600μm（取决于选用的传感器）； 2. 灵敏度：0.8μm（ISO 4402）或3μm（c）（GB/T 18854，ISO 11171）； 3. 取样体积：0.2~100mL，间隔0.1mL； 4. 分辨力：优于10%（GB/T 18854—2002，ISO 11171）	采用光阻法（遮光法）原理研制，用于检测液体中固体颗粒的大小和数量；高精密传感器保证高分辨率力和准确性；可设置9900个粒径，便于进行颗粒度分析	可广泛应用于航空、航天、航发、重工机械、电力、石油、化工、交通、港口、冶金、机械、汽车制造等领域，对液压油、润滑油、岩页油、变压器油（绝缘油）、汽轮机油（透平油）、齿轮油、发动机油、航空煤油、水基液压油等油液进行固体颗粒污染度检测
LIGHT-HOUSE LS-20液体微粒计数器	1. 粒径范围：1.0~400.0μm； 2. 通道大小：1.0，2.0，3.0，5.0，10.0，15.0，25.0，50.0μm； 3. 流速：20mL/min； 4. 注射器型：10mL，25mL； 5. 样本：1L	集成颗粒计数软件设计符合21CFR Part 11，国际规则不锈钢外壳，内置磁搅拌棒，自动的大容量样本采集	可广泛应用于航空航天、电力、石油、化工、交通、港口、冶金、机械和汽车制造等领域，对油液污染进行检测

续表 4-13

名称型号	主要指标参数	特点	应用领域
YJS-170 颗粒计数器	1. 粒径范围：1~400μm； 2. 检测通道：16个1μm或4μm（c）至100μm范围内任意设定的粒径尺寸通道； 3. 取样方式：瓶式； 4. 取样体积：0.2~100mL，间隔0.1mL； 5. 取样速度：5~80mL/min	采用光阻法（遮光法）原理，具有检测速度快、抗干扰性强、精度高、重复性好等优点；正/负压取样舱装置，实现样品脱气和高黏度样品检测	可广泛应用于航空航天、电力、石油、化工、交通、港口、冶金、机械、汽车制造等领域，对液压油、润滑油、变压器油（绝缘油）、汽轮机油（透平油）、齿轮油、发动机油、航空煤油、水基液压油等油液进行固体颗粒污染度检测，及对有机液体、聚合物溶液进行不溶性微粒的检测
KB-5便携式颗粒计数器	1. 粒径范围：1~600μm（取决于选用的传感器）； 2. 灵敏度：1μm（ISO 4402）或4μm（c）（GB/T 18854，ISO 11171）； 3. 检测通道：32个，可间隔0.1μm任意设定粒径尺寸； 4. 取样方式：离线或在线； 5. 取样体积：10ml； 6. 取样体积相对误差：优于±3%； 7. 检测速度：5~35mL/min	用光阻法（遮光法）原理，具有检测速度快、抗干扰性强、精度高、重复性好等优点； 高精密传感器保证高分辨率力和准确性； 精密计量取样系统，实现取样速度恒定和取样体积精确控制	可在实验室或现场对容器中的油液进行取样检测； 可安装在各种液压传动、润滑、滤油机、清洗机、检测试验台等系统上，实现对系统油液清洁度的在线检测； 配置了与进液端和排液端连接的软管组件，可方便地并联在系统油液管路上，实现在线检测

复习思考题

4-1 油样光谱分析的原理是什么？

4-2 试述原子发射光谱仪的组成及其工作原理。

4-3 油样光谱分析有哪些特点？

4-4 在装备故障诊断中，光谱分析可提供哪些信息？

4-5 常用铁谱分析仪器有哪些，其原理是什么？

4-6 直读式铁谱仪与分析式铁谱仪在分析磨粒信息方面和性能上有什么区别？

4-7 油样铁谱分析的诊断指标有哪些，各自的含义是什么？

4-8 磁塞分析法有什么特点？

第5章　工程装备失效机理分析

工程装备是由机械、液压、电气、仪表等系统有机组合而成的统一体，工程装备的失效机理分析也是由多个方面因素综合影响的复杂问题。从系统的观点来看，装备的失效（故障）包括两层含义：一是系统偏离正常功能，这主要是系统或元件的工作条件不正常而产生的，通过参数调节或元件的修复又可恢复到正常功能；二是功能失效，这是指系统连续偏离正常功能，且其程度不断加剧，使系统的基本功能不能保证。也就是说，如果工程装备的各个系统及零部件在实际工作中，降低或丧失了规定的功能，出现了不能满足其技术性能和运转品质要求的情况，就可认为装备出现了故障。因此，通过工程装备液压、电气和机械等装置的失效分析，研究工程装备液压、电气等系统的工作原理、结构特点，根据工程装备的使用特点与失效（故障）表现形式，确定系统或零部件的失效（故障）原因、失效机理，进行装备及系统的故障诊断与排除，可有效地提高装备可靠性、使用寿命和维修效率。

5.1　失效与失效分析

所谓失效（故障）是指产品丧失规定的功能，对不可修复的产品而言称之为失效，对可修复产品而言称之为故障。失效分析是判断产品的失效模式和现象，通过分析和验证，模拟重现失效的现象，查找产品失效机理和原因，提出预防再失效的对策的技术活动和管理活动。因此，失效分析的主要内容包括明确分析对象、确定失效模式、研究失效机理、判定失效原因、提出预防措施（包括设计改进）。

失效分析的理想目标是“模式准确、原因明确、机理清楚、措施得力、模拟再现、举一反三”。

5.1.1　失效的分类

5.1.1.1　按功能分类

由失效的定义可知，失效的判据是看规定的功能是否丧失。因此，失效的分类可以按功能进行分类。例如，按不同材料的规定功能可以用各种材料缺陷（包括成分、性能、组织、表面完整性、品种、规格等方面）来划分材料失效的类型。对机械产品要按照其相应规定功能来分类。

5.1.1.2　按材料损伤机理分类

根据机械失效过程中材料发生变化的物理、化学的本质机理不同和过程特征差异分类。

5.1.1.3　按装备失效的时间特征分类

（1）早期失效：可分为偶然早期失效和耗损期失效。

（2）突发失效：可分为渐进（渐变）失效和间歇失效。

5.1.1.4　按装备失效的后果分类

包括部分失效、完全失效、轻度失效、危险性（严重）失效、灾难性（致命）失效。

5.1.1.5　按分析目的分类

按分析目的不同可分为如下 6 类。

（1）狭义的失效分析：主要目的在于找出引起产品失效的直接原因。

（2）广义的失效分析：不仅要找出引起产品失效的直接原因，而且要找出技术管理方面的薄弱环节。

（3）新品研制阶段的失效分析：对失效的研制品进行失效分析。

（4）产品试用阶段的失效分析：对失效的试用品进行失效分析。

（5）定型产品使用阶段的失效分析：对失效的定型产品进行失效分析。

（6）修理品使用阶段的失效分析：对失效的修理品进行失效分析。

5.1.2　失效模式

所谓失效模式是指失效的外在宏观表现形式和过程规律，一般可以理解为失效的性质和类型，例如工程装备电气与电控系统中的导线断裂、短路、折损、退化，油路系统的泄漏增大，机械系统的磨损加大、摩擦副的温度升高等类型，如同人类生病时的病症。即使失效机理不明，产品的失效模式也是可以观察到的。失效模式可以概括为以下几种类型：变形：失去原有形状，可以是局部变形，也可以是弹性的、塑性的或蠕变的；磨损：如磨粒磨损、疲劳磨损和振动磨损；腐蚀：包括局部、均匀及缝隙腐蚀、点腐蚀，也有化学腐蚀和电化学腐蚀、应力腐蚀、晶间腐蚀；断裂：有超载断裂、裂纹引起的低应力脆断、低温脆断、应力腐蚀断裂、蠕变断裂、氢损断裂等；疲劳：如出现疲劳裂纹、泄漏或断裂。

失效模式的判断应首先从对事故或失效现场痕迹及残骸的分析入手，并对结构的受力特点、工作和使用环境、制造工艺、材料组织与性能等进行分析。如某两栖工程装备排水泵电机工作不良，出现间歇性停机故障且转速不均匀，经拆机检查，发现其碳刷与换向器结合面磨损烧蚀剧烈，导致接触不良，仔细观察换向器的云母绝缘垫片，发现有损坏现象，这是由于受起动-运行-停机和负荷变动等所造成的热循环影响，绝缘材料（云母片）与导电体（铜片等）发生反复变形，使换向器组件的绝缘性能下降，引起机械老化，这些因素的综合影响导致电机故障，因此其失效模式为电机换向组件的机械老化和过度磨损。

5.1.3　失效机理

所谓失效机理是导致零件、元器件和材料失效的物理或化学过程。失效机理从微观上可追溯到原子、分子尺度和结构的变化，但与之对应的是它迟早要表现出一系列宏观（外在的）性能、性质变化。失效机理是对失效的内存本质、必然性和规律性的研究，它是对失效内存本质认识的理论提高和升华。失效机理依产品种类和使用环境的不同而不同，但往往都以磨损、疲劳、断裂、腐蚀、氧化、老化、冲击断裂等简单的形式表现出来，失效机理相当于生病时的病理。

失效过程的诱发因素有内部的和外部的两种。在研究失效机制时，通常从外部诱发因素和失效表现形式入手，进而再研究较隐蔽的内存因素。在研究批量性失效规律时，常用数量统计方法，构成表示失效机制、失效方式或失效部位与失效频度、失效百分比或失效经济损失之间的排列图或帕雷托图，以找出必须首先解决的主要失效机制、方位和部位。任一产品或系统的构成都是有层次的，失效原因也具有层次性，如系统-单机-部件（组件）-零件（元件）-材料。上一层次的失效原因即是下一层次的失效对象，就越是本质的失效原因。通过失效机理分析，可以找出改进措施，以提高产品的可靠性。

5.1.4 失效分析在工程中的应用

随着电子光学、端口学、痕迹学、表面科学、电子金相学等有关微电子技术的异军突起，装备、系统及其零部件失效的物理、化学过程已能从微观方面阐明失效的本质、规律和原因。

（1）失效分析是装备质量管理中必不可少的重要环节，任何一次失效都可以看成是装备在服役条件下所做的一次最真实、最可靠的科学试验。通过失效分析可以判断失效的模式，找出失效的原因和影响因素，也可以找出薄弱环节，从而改进设计和工艺，提高装备质量。同理，失效也是检验、评定装备安全度的最佳依据，是不断反映装备所固有的及质量控制中的薄弱环节。

（2）失效分析是可靠性工程的技术基础之一。可靠性是装备的关键性质量指标。从宏观统计入手的可靠性分析虽然可以得到装备的可靠性参数和宏观规律，但不能回答装备是怎样失效及为什么失效。而失效分析则从处理故障和寿命问题入手，是在开发、设计阶段防止缺陷、进行可靠性设计和预测的基础。可靠性分析的前提之一就是确认装备零部件是否失效，分析其失效类型、失效模式和机理。可靠性分析要求把握失效分析通道中心环节，做好“3F”工作（FRACAS 失效报告、分析及纠正系统；FTA 故障树的分析；FMEA 失效模式、影响及分析）。

（3）失效分析是安全性的重要保证。安全性工作的环节很多，失效分析是其中的一项关键工作。例如机械原因引起的严重飞行事故后，失效分析的作用尤为突出。2012 年 9 月一出口轮式综合扫雷车在野外驻训过程中出现装备两侧中部钢甲板拱裂及车架变形事故发生后，通过失效分析及时准确地判明失效模式和失效原因，采取了无损检测、扩修、加固和表面强化等一系列预防措施，从而杜绝此类事故的再次发生，保证了扫雷车作业过程的安全性与可靠性。

（4）失效分析是维修工程的基础。维修是保持装备就有的功能，而修理是排除零部件或系统失效（故障），恢复装备所具备的功能。人们在长期与失效作斗争的基础上形成了科学的维修规程和维修方法。

统计表明，在产品（装备）的不同发展阶段由于质量缺陷带来的经济损失和军事损失呈数量级速度增大，所以无论是设计人员还是维修人员都应牢记各种惨痛的失效事故，通过各种设计禁忌、防错设计、规范使用与保养等手段将潜在故障消灭在设计和使用维护中。

5.2 工程装备的失效模型与失效机理

工程装备的失效是由某种特定的原因导致，主要源自制造商对用户需求和期望的忽视和/或理解不透、设计不当或物料组合不当、制造或组装工艺不当、缺乏适当的技术、用户使用不当和产品质量失控等。失效是一个复杂的概念，其规律与所受的环境应力、工作应力及选取的材料等因素有关，一般是用模型去描述失效的进程，常用的简化模型有：应力-强度、损伤-韧性、激励-响应和容限-规格模型等。特定的失效机理取决于材料或结构缺陷、制造或损伤特性，还有制造参数和应用环境。影响事物状态的条件称为应力（载荷），例如机械应力和应变、电流与电压、温度、湿度、化学环境和大气压等。影响应力作用的因素有材料的几何尺寸、构成和损伤特性，还有制造参数和应用环境。

5.2.1　常用的失效模型

一般认为失效是一种二元状态，即某装备（产品）正常或损坏，然而实际情况下失效过程要比二元状态复杂得多，失效是作用在产品上的应力与产品材料、组件交互作用的结果。一般产品所承受的应力与产品材料的变化是随机的，因此要想正确理解产品的失效进程，需要充分分析产品材料、组件与应力的响应。常用的 4 个失效简化模型如下。

5.2.1.1　应力—强度模型

当产品承受的应力仅超过所允许的强度时，产品都会失效。一个未失效的产品就像新的一样，如果应力没有超过所允许的强度，应力无论如何都不会对产品造成永久性影响。这种失效模式更多地取决于环境中关键事件的发生，而不是时间或循环历程。强度被视为随机变量，可用这一模型的有钢棒受拉应力、晶体管发射极-集电极间施加的电压等。

假设 δ 表示材料的强度，s 表示受到外界的应力，二者都是随机变量，其密度函数分别为 $f(s)$，$g(\delta)$，则产品的故障累积概率可以表示为：

$$F = 1 - \int_{-\infty}^{\infty} f(s)\left[\int_{s}^{\infty} g(\delta)\,\mathrm{d}\delta\right]\mathrm{d}s = \int_{s}^{\infty} G_{\delta}(s) f(s)\,\mathrm{d}s \tag{5-1}$$

或

$$F = 1 - \int_{-\infty}^{\infty} g(\delta)\left[\int_{-\infty}^{\delta} f(s)\,\mathrm{d}s\right]\mathrm{d}\delta = \int_{-\infty}^{\infty} 1 - F_{s}(\delta)\,\mathrm{l}g(\delta)\,\mathrm{d}\delta \tag{5-2}$$

式中，$G_{\delta}(s) = \int_{-\infty}^{s} g(\delta)\,\mathrm{d}\delta$；$F_{s}(\delta) = \int_{-\infty}^{\delta} f(s)\,\mathrm{d}s$。

5.2.1.2　损伤-韧性模型

应力可以造成不可恢复的累积损伤，如腐蚀、磨损、疲劳、介质击穿等。累积损伤不会使产品使用性能下降。当损伤超过所允许的韧性时，也就是损伤累积到物体的韧性极限时，物体都会失效。当应力消除时，累积损伤不会消失，韧性经常被看作是随机变量。有许多机械零件如轴承、齿轮、密封圈、活塞环、离合器以及过盈连接等，它们构成不同形式的摩擦副，在外力作用下，有的还受热力、化学和环境因素的影响，经过一定时间的磨损而出现故障。

假设磨损量 ω 是随着时间的增加而增大的，并且材料的磨损量和一定磨损量下的耐磨寿命服从随机的统计分布。试验和统计资料表明机械产品的磨损量和耐磨寿命服从正态分布、对数正态分布以及威布尔分布。设磨损量的概率密度函数为 $f_{t}(\omega)$，耐磨寿命密度函数为 $f_{\omega}(t)$，各函数的下脚标分别表示给定的寿命或给定的磨损量。

假设磨损量的变化具有稳定性磨损过程，即磨损量与时间呈线性关系：

$$\omega = \omega_{0} t \tag{5-3}$$

式中，ω_{0} 为单位时间的磨损量。

磨损量的单位可以是磨损尺寸或磨损体积，当零件的累积工作时间达到 t 时，零件的可靠度为：

$$R(t)=P\{t(\omega)>t\}=\int_t^{\infty}f_{\omega}(t)\mathrm{d}t \tag{5-4}$$

式中，$t(\omega)$ 为零件磨损量为 ω 条件下的耐磨寿命。

假设 $f_{\omega}(t)$ 服从正态分布，即

$$f_{\omega}(t)=\frac{1}{\sqrt{2\pi}\sigma_t}\mathrm{e}^{-\frac{1}{2}\left(\frac{t-\mu_t}{\sigma_t}\right)^2} \tag{5-5}$$

用 $Z=\dfrac{t-\mu_t}{\sigma_t}$ 置换成标准正态分布：

$$R(t)=\int_Z^{\infty}\frac{1}{\sqrt{2\pi}}\mathrm{e}^{-\frac{\mu^2}{2}}\mathrm{d}\mu=1-\varphi(Z) \tag{5-6}$$

式中，μ_t、σ_t 分别为平均耐磨寿命和耐磨寿命标准差。

同时，如果给定规定时间 t，按照磨损量分布密度预计零件的可靠度，那么在规定允许的磨损量 ω 时：

$$R(t)=P\{\omega(t)<\omega\} \tag{5-7}$$

式中，$\omega(t)$ 是磨损时间达到 t 时零件的累积磨损量。

假定给定磨损时间 t 的磨损量密度函数 $f_t(\omega)$ 服从正态分布，即

$$f_t(\omega)=\frac{1}{\sqrt{2\pi}\sigma_{\omega}}\mathrm{e}^{-\frac{1}{2}\left(\frac{\omega-\mu_{\omega}}{\sigma_{\omega}}\right)^2} \tag{5-8}$$

用 $Z=\dfrac{\omega-\mu_{\omega}}{\sigma_{\omega}}$ 置换成标准正态分布：

$$R(t)=\int_0^{Z}\frac{1}{\sqrt{2\pi}}\mathrm{e}^{-\frac{\mu^2}{2}}\mathrm{d}\mu=\varphi(Z) \tag{5-9}$$

式中，μ_{ω}、σ_{ω} 分别为平均磨损量和磨损量标准差。

以上分析为理想情况，通常零件磨损量按照要求给定时间有一个允许的磨损分布 $f_t(\omega^*)$，然而在实际的试验结果中，这种实测到 t 时间的磨损分布是服务另外参数的正态分布 $f_t(\omega)$。这两种正态分布的均值和标准差分别为 μ_{ω}^*、σ_{ω}^* 和 μ_{ω}、σ_{ω}，要求在任何情况下在 t 时间内满足 $\omega(t)<\omega^*(t)$，这种情况类似于强度可靠性的干涉情况，随机变量 $y=\omega-\omega^*>0$ 的概率，即可靠度在 t 时间为：

$$R(t)=P\{\omega-\omega^*>0\}=1-\varphi(z) \tag{5-10}$$

式中，$z=\dfrac{\mu_{\omega^*}-\mu_{\omega}}{\sqrt{\sigma_{\omega^*}^2+\sigma_{\omega}^2}}$。

5.2.1.3 激励—响应模型

如果系统的一个组件坏了，只有该组件被激励时才发生响应失效，并导致系统失效。如车辆的紧急制动装置、大多数计算机程序或电话交换系统均属于这种情况。这种失效模式更多取决于关键事件何时发生，而不是时间或循环历程。

5.2.1.4 容差—规格模型

该模型用于仅当局限在规格范围内，系统的性能特征才能符合要求的情况下。任何性能质量渐进退化的部件和系统都属于这种模型。

设产品的设计参数为 p_1、p_2、…、p_n，其性能特征值 V_i 可以用如下关系式表示：

$$V_i = f(p_1, p_2, \cdots, p_n) \quad (i = 1, 2, \cdots, m) \tag{5-11}$$

将式（5-11）在其名义值处按泰勒级数展开，取其第一项，略去高阶项可以得到性能特征值 V_i 的变化 ΔV_i 与设计参数 Δp_j 之间的线性表达式：

$$\Delta V_i = \sum_{j=1}^{n} \frac{\partial V_i}{\partial p_j}\Big|_0 \Delta p_j \tag{5-12}$$

式中，$\frac{\partial V_i}{\partial p_j}$ 为性能特征值 V_i 对设计参数 p_j 的偏导数；下标 0 表示名义值；Δp_j 为设计参数 p_j 的偏差。

利用式（5-12）可以求出 ΔV_i 的正负极限值。

为了确定系统性能特征对部件参数偏差的灵敏度 S_{ij} 的影响，引入如下关系式：

$$S_{ij} = \frac{\Delta V_i / V_{i_0}}{\Delta p_j / p_{j_0}} \tag{5-13}$$

从而得到灵敏度对应的性能特征值偏差 ΔV_i 为

$$\Delta V_i / V_{i_0} = \sum_{j=1}^{n} S_{ij} \Delta p_j / p_{j_0} \tag{5-14}$$

5.2.2　系统失效机理

失效机理是导致失效的物理、化学、势力学或其他过程。该过程是应力作用在部件上造成损伤，最终导致系统失效。本质上，它是上面介绍的模型中的一种或多种组合。分析和试验表明，失效不仅与所施加的应力大小有关，也与其自身的各种先天缺陷有关。因此，需要了解应力施加过程中材料失效发展过程，即其失效机理。通常，产品的失效机理可以分为疲劳、磨损、老化等不同类型。

5.2.2.1　*疲劳失效机理分析*

当对材料施加循环应力时，由于损伤的积累，材料失效发生时所承受应力远低于材料的最大拉伸强度。疲劳失效开始时，会出现很小的、只能用显微镜才能观察到的微裂纹，其位置通常在材料的不连续点或材料的缺陷处，这些地方会导致局部应力或塑性应变集中，这种现象称作疲劳裂纹萌生。一旦裂纹开始萌生，在循环应力作用下，裂纹会稳定地扩展，直至在所施加应力振幅作用下变得不稳定引起断裂。一般而言，由于应变振幅较大而在 $10 \sim 10^4$ 个循环内就发生的疲劳失效，称作低周期疲劳。高周期疲劳是指较低应变或应力振幅在 $10^3 \sim 10^4$ 个循环后才发生的疲劳失效。材料的疲劳特性可以用应力-寿命（S-N）曲线或应变-寿命曲线来描述，同时用概率因子来补充，这些曲线绘制了应力或应变振幅与失效时应力反向的平均数量的关系，或者应力或应变振幅与物体具体失效比例的关系。

一般认为一个部（组）件在交变应力作用下，材料的损伤是线性累积的。一旦材料的累积能量达到一定值（所做的功为 W）应会引起元件故障。设在某一交变应力 S_i 作用下，机械材料的循环寿命次数为 N_i，所做和功为 W_i，元件施加的交变载荷为：交变应力 S_1 作用下循环 n_1 次，交变应力 S_2 作用下循环 n_2 次，……，如此不断改变应力等级直至元件故障，其所做的功为 $W = \sum W_i$，那么存在 $(W_i/W) = (n_i/N_i)$ 成线性比例关系。假定每个交

变应力作用下元件发生的故障是随机的，在时间上服从指数分布，那么这些故障事件同时发生的概率为

$$\prod e^{-\frac{n_i}{N_i}} = e^{-\sum \frac{n_i}{N_i}} \tag{5-15}$$

当上述概率值为 e^{-1} 时所经历的时间就是平均寿命，即

$$\sum \frac{n_i}{N_i} = 1 \tag{5-16}$$

解式（5-16）可以求得循环寿命次数的期望值 $\sum n_i$。

5.2.2.2 磨损失效机理分析

磨损是在接触力作用下，两个相互接触的表面经历相对滑移运动而产生的材料侵蚀。磨损可以是黏附、研磨、或在液体冷却部件上由于气穴现象而导致冷管的液体侵蚀。磨损率通常是一种材料特性，同时它与材料硬度直接相关。对材料表面进行处理可以提高硬度，并提高耐磨损性。磨损腐蚀可以导致材料的均匀脱落，如往复式内燃机中活塞的磨损、喷沙或喷丸处理的除锈等。另一方面磨损侵蚀也可能是不均匀的，如齿轮表面的凹坑等。

根据摩擦学理论，可以得到如下关系：

$$r = kp^m q^n \tag{5-17}$$

式中，r 为磨损速度；k 为一定工况下的耐磨系数；p 为摩擦表面的压力；q 为摩擦表面的相对速度；m、n 为取值在 1~3 的系数。

显然，当产品的配对摩擦副工作时，其磨损的速度与摩擦表面压力、相对速度成幂律关系，增大摩擦表面压力和相对速度均可以达到回事产品故障的目的，且其磨损量是累积的。

5.2.2.3 老化失效机理分析

老化是温度变化引起装备零部件材料特性变化的不可逆的过程，老化包括脆性、韧性破坏、变形、材料性能变化、腐蚀、黏附、表面性能变化（如硬度、粗糙度等）和磨损等，老化的过程就是零部件出故障前的物理化学过程。常发生的液压产品老化是密封圈老化，其老化的产生和发展与其所受环境和工作温度变化有关。通常的密封圈采用橡胶材料，当温度发生变化并超出规定状态时则会引发橡胶圈老化、性能下降，导致密封、减振性能下降，引起装备、系统性能的不可靠。

造成密封圈老化的原因有氧化作用造成的橡胶老化、臭氧造成的氧化膜龟裂、热作用下的活化作用、光作用下的“光外层裂”、机械应力反复作用下的分子链断裂等。橡胶密封圈老化的体积变化可用式（5-18）表示：

$$1 - \varepsilon = Be^{-K\tau\alpha} \tag{5-18}$$

式中，ε 为橡胶密封圈的老化率；B 为试验常数，随温度变化；K 为密封圈和老化速度系数；τ 为老化时间；α 为经验常数。

ε 可采用式（5-19）计算获得。

$$\varepsilon = \frac{H_0 - H}{H_0 - H_1} \times 100\% \tag{5-19}$$

式中，H_0 为试样原始截面直径；H 为试样压缩老化后的截面直径；H_1 为限制器高度。

虽然式（5-19）给出的橡胶老化率经验公式考虑了温度变化效应对橡胶材料老化的影响，但其中橡胶密封圈式样的几何尺寸变化参数的获取非常困难，且没有考虑压缩力及其时间对压缩老化的影响，因此从密封圈材料结构入手分析其老化模型。

5.2.2.4　腐蚀失效机理分析

腐蚀是材料化学或电化学降解的过程。腐蚀的常见形式是均匀腐蚀、原电池腐蚀和坑蚀。腐蚀反应速度取决于材料、离子污染物的电解液、几何形状因素和局部电偏压。

均匀腐蚀是均匀地发生在整个金属-电解液的化学或电化学的反应，腐蚀过程的连续性和腐蚀速度取决于腐蚀材料的特性。如果腐蚀材料形成一层不溶于水、无孔性的附着层，它就可以控制腐蚀速度并最终命名腐蚀停止。原电池腐蚀发生在两个或两个以上不同金属相互接触时，每种金属都有唯一的电化学势，所以当两种金属接触时，电化学势高的金属就成为阴极（该处发生还原反应），另一种金属也成为阳极（该处发生氧化反应或称腐蚀），此时形成原电池效应。原电池腐蚀速度取决于阳极的电离速度（即阳极材料溶入溶液的速度，同时也取决于两种接触金属材料间的电化学势差），势能差越大，原电池腐蚀的速度就越高。由于电荷是守恒的，因此原电池腐蚀速度也取决于阴极反应的速度。此外，阴极与阳极的面积比也对原电池腐蚀有很大影响。

坑蚀在局部区域发生，并形成凹坑。这种在坑内的腐蚀情况回事了腐蚀过程，随着阳极的阳离子进入到溶液中，它们进行水解并形成氢蚀，这就提高了坑内的酸度，从而破坏了附着的腐蚀材料，进而暴露出更多的新的金属受到腐蚀。由于坑内氧气含量较低，阴极还原反应只会在坑口发生，这样就限制了坑的横向扩展。

表面氧化是另一种在金属材料中常见的腐蚀类型，它取决于氧化物形成的自由能。例如，铝和镁氧化的驱动力很大，但铜、铬和镍的氧化驱动力就要小得多。氧化层的特性通常决定了继续腐蚀的速度，因为表面上稠密的氧化层可以充当内部材料的保护层的作用，而不像多孔性、低密度的氧化层，这些氧化层提供的保护特性有着明显的区别。

腐蚀在所有工程结构中都是一个非常普遍的问题，尤其是在恶劣化学环境下的工程结构，如化学工程处理设备，在盐雾环境下的海军设备、两栖工程装备，海上石油钻塔和桥梁等。

5.3　液压系统的故障模式和故障机理

电液比例控制系统是以电液比例阀或电液比例泵为主要控制元件的电液控制系统，具有推力大、结构简单、抗污染能力强、价格低廉、工作可靠、易于推广使用等特点。在工程装备中得到了广泛的应用。电液比例控制系统以液压泵输出的大功率液压动力为能源、以电信号为控制指令，由液压控制元件（电液比例阀）将电信号转换为液压信号，利用液压执行机构（液压缸、马达等）来驱动，其工作原理如图 5-1 所示。

由图 5-1 可以看出，液压系统是一个集电-液-机械于一体的复杂每户，主要由液压能源和电液控制系统两大部分组成。

（1）液压能源系统：主要由液压泵、发动机（电动机）、空气滤清器、油液滤清器、油箱等组成。

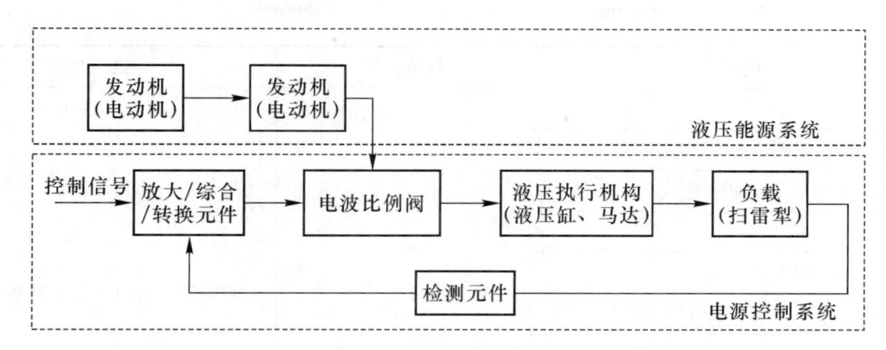

图 5-1 电液比例控制系统工作原理

(2) 电液控制系统：主要由信号放大器、电液比例阀、液压执行机构（液压缸、马达等）、检测元件（传感器及相关电路）和控制计算机等组成。

液压系统在工作过程中，动力元件如液压泵等由于设计参数、制造工艺、维护保养和工作环境的影响，往往会引起磨损、疲劳、汽蚀和老化等多种形式的失效。工程装备液压系统常用的液压泵包括齿轮泵、柱塞泵等。液压柱塞泵常见的故障模式、故障特点及检测方法见表 5-1。

表 5-1 液压柱塞泵常见的故障模式、故障特征及检测方法

<table>
<tr><th>故障模式</th><th>故障特征</th><th>检测方法</th></tr>
<tr><td>吸油管及过滤器堵塞或阻力大</td><td rowspan="6">排量不足，执行机构动作迟缓</td><td rowspan="6">用流量计测量泵出口流量；测量入口的油压、油温，观察油箱内油面的调度</td></tr>
<tr><td>油箱油面过低</td></tr>
<tr><td>泵体内没有充满油</td></tr>
<tr><td>柱塞回程不够</td></tr>
<tr><td>变量机构失灵，达不到工作要求</td></tr>
<tr><td>油温不当，吸气，造成内泄或困油</td></tr>
<tr><td>吸油口堵塞或通道较小</td><td rowspan="11">压力不足或压力脉动较大</td><td rowspan="11">测量泵出口处的压力；入口处的油温、油压，出口处的油温、油压，泵的转速</td></tr>
<tr><td>油温较高，黏度下降，泄漏增加</td></tr>
<tr><td>变量机构不协调</td></tr>
<tr><td>中心弹簧疲劳，内泄增加</td></tr>
<tr><td>缸体和配流盘之间磨损，柱塞和缸体磨损，内泄增大</td></tr>
<tr><td>变量机构偏角太小，流量过小</td></tr>
<tr><td>系统溢流阀压力上限设定不标准</td></tr>
<tr><td>油从旁路泄回油箱</td></tr>
<tr><td>压力油经溢流阀卸荷</td></tr>
<tr><td>泵运转太慢</td></tr>
<tr><td>压力表损坏，指示值不正确</td></tr>
</table>

续表 5-1

故障模式	故障特征	检测方法
泵内有空气	噪声过大	测量泵体振动（人工判断）
轴承装配不当，或单边磨损		
过滤器滤芯被堵塞，吸油困难		
油液不干净		
油液黏度过大，吸油阻力大		
油箱的油面过低或液压泵吸气导致噪声		
泵与发动机（电机）安装不同心使泵吸气导致噪声		
管路振动		
柱塞与滑靴连接严重松动或脱落		
缸体与配流盘磨损	内部泄漏	测量出口处的流量
中心弹簧损坏，使缸体与配流盘间失去密封性		
轴向间隙过大		
柱塞与缸体磨损		
油液黏度过低，导致内泄		
传动轴上密封损坏	外部泄漏	
连接松动，密封不严		
泵壳受压		
联轴器与泵轴同轴度太差		
内漏较大	液压泵发热	测量入口处和出口处的油温；测量出口处的压力、流量；轴的转速
冷却不充分		
泵动力传递消耗太大		
溢流阀处于卸荷状态		
系统压力偏高		
吸气严重		
相对运动面磨损严重		
油液黏度过大，转速过大		
控制油路出现阻塞	变量机构失灵	
变量头变量体出现磨损		
伺服活塞、变量活塞及弹簧折断		
柱塞和缸孔卡死、油液污染严重或油温变化、黏度过大	泵不能转动或转速过低	测量轴的转速
滑靴脱落，柱塞卡死		
过载或振动，有外来物混入轴承	轴承故障	测量泵输入轴的振动

电液比例液压系统主要由液压控制元件（电液比例阀等各种阀类）、液压执行元件（液压缸或马达）及检测元件（位移、压力传感器等）组成。电液比例控制系统常见的故障有因电控部分短路、断路、参数漂移、信号采集与输出电路信号不稳定等电路方面的故障，也有因液压元件磨损、卡死、内外泄漏等机械故障。常见的故障现象和原因如表 5-2 所示。

表 5-2 电液比例控制系统的常见故障和故障原因

故障现象	故 障 原 因
执行元件动作不到位或超过极限	控制量检测传感器损坏
执行元件运行动作或速度不平稳	信号采集与处理系统损坏
执行元件运行误差过大	电液比例阀故障
液压缸压力过高	电液比例阀故障，如卡死等；液压缸卡死，对应溢流阀调压过高
液压缸压力过低	溢流阀调压过低，电液比例阀、液压缸泄漏
系统压力无法建立	电液比例阀卡死，泄漏，电气断线
电液比例阀零偏电液逐渐增大	比例阀寿命故障，如阀泄漏、磨损，液压缸泄漏、磨损、卡死，比例阀堵塞

另外，液压系统中油液的污染也是导致系统失效的重要原因，根据资料统计，由污染导致的系统失效占液压系统故障的 70%以上，因元件磨损造成的系统失效占 20%。由于污染失效难以实时检测，并且油液污染常常直接造成控制阀或执行元件卡死故障，因此在故障检测时定期检测油液污染度之外，还可通过检测比例阀和执行机构的状态以实现油液污染的诊断，而液压系统的磨损可通过检测泄漏实现故障诊断。

5.3.1 液压泵（马达）故障机理分析

液压泵和液压马达是液压系统中的能量转换元件，从工作原理上讲，液压马达同液压泵一样，都是容积式的，都是靠密封工作容腔的交替变化来实现能量转换的，同时都有配油机构。所以说液压泵可以作为液压马达使用，反之也一样。但是，由于液压泵和液压马达的使用目的和性能要求不同，同类型的液压泵和液压马达在结构上还会存在一定差异，在实际使用中，大多并不能互换。鉴于液压泵与液压马达结构相似且工作原理基本可逆，本书仅介绍液压泵的故障机理，对于马达的故障机理分析可参照泵进行。液压泵的种类很多，按其结构形式分类如图 5-2 所示。

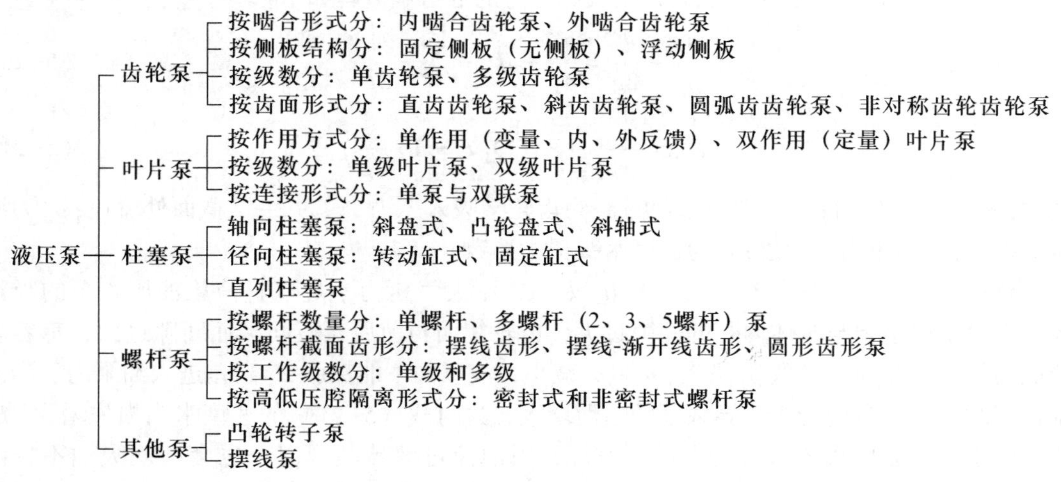

图 5-2 液压泵的分类

不同形式的液压泵在性能上各有特点。液压泵由发动机或电动机等原动机驱动，其主要的性能指标为：压力、排量、流量、功率、效率、输出特性的平稳性等。

5.3.1.1　齿轮泵的故障机理分析

如图 5-3 所示为外啮合式齿轮泵的结构原理图，一对相互啮合的齿轮，把泵体和泵盖围成的空间分成不连通的吸油腔和排油腔。当主动齿轮 O 按箭头方向顺时针旋转时，被动齿轮 O'逆时针旋转，处于吸油腔一侧的轮齿连续退出啮合，使该腔容积增大，形成一定的真空度，油箱的油在大气压作用下，进入吸油腔；吸油腔的油充满齿槽，并随着齿轮的旋转被带到排油腔一侧；而处于排油腔一侧的轮齿则连续进入啮合，使排油腔容积变小，油液受挤压，经排油口排出。齿轮连续旋转，泵就连续不断地吸、排油。

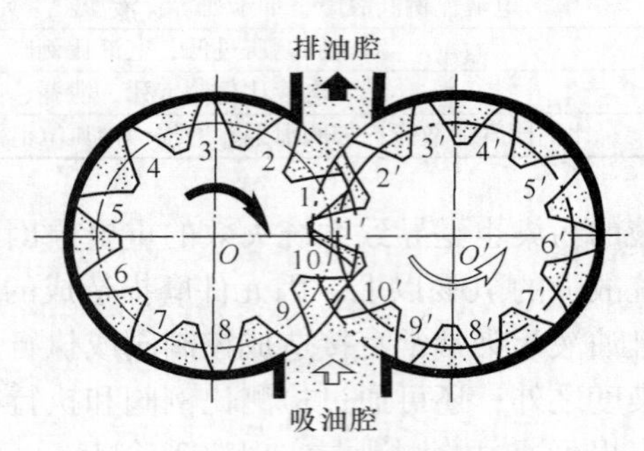

图 5-3　外啮合齿轮泵结构原理

齿轮泵常见的故障有输出流量不足、噪声大、压力不足、压力波动大、振动大、油液泄漏、过热等。

A　齿轮泵输出流量不足

齿轮泵输出流量不足，或者根本吸不上油。此故障是指齿轮泵在原动机（发动机、电动机等）的带动下工作，但泵排出的流量很小，不能达到额定流量。具体表现在液压系统中为油油缸的快进速度慢了下来或者液压马达的转速变慢，蓄能器的充液速度下降，需要很长时间才能使蓄能器的充填压力上升，控制阀响应迟钝等故障。产生的原因如下。

如图 5-4 所示，取 2—2 截面列出流体运行的伯努利方程如下：

$$\frac{p_s}{\rho_g}+\frac{v_s^2}{2g}=\frac{p_a}{\rho_g}-H_s-\sum\xi\frac{v_s^2}{2g} \tag{5-20}$$

则

$$H_s=\frac{p_a-p_s}{\rho_g}-(\sum\xi-1)\frac{v_s^2}{2g} \tag{5-21}$$

式中，p_a 为大气压力；H_s 为吸入高度；p_s 为齿轮泵吸入压力；v_s 为 2—2 截面处流速；ρ_g 为液压油密度；g 为重力加速度；ξ 为速度水头损失系数。

分析上述公式可知，若吸入高度 H_s 太高，则大气压力不足以将液压油压入泵的吸油腔。齿轮泵齿顶圆与泵体内孔的间隙过大，齿轮侧面与前后盖板间端面间隙过大，都容易造成高低压腔相通，导致 p_s 增大，p_a-p_s 减小，液压油不能克服 H_s 高差进入油泵内。当油温过高时，油液黏度变小，导致泵的内泄增大，这时式（5-21）的速度水头损失增大，H_s 相应减小，也会导致泵的流量不足。另外，当油液过滤器堵塞时，也会出现吸油不畅的问题。

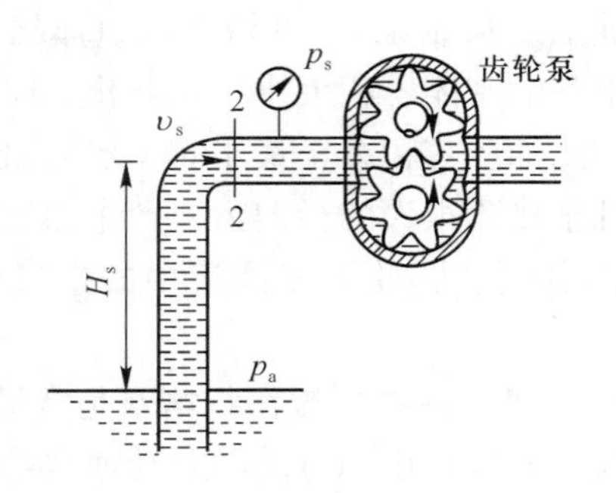

图 5-4 齿轮泵工作原理示意图

B 油泵噪声大

齿轮泵的噪声主要来源有：流量脉动的噪声、困油产生的噪声、齿形精度差产生的噪声、空气进入产生的噪声、轴承旋转不均匀产生的噪声等。具体原因如下。

(1) 因密封不来吸进空气产生的噪声。齿轮泵的压盖和泵盖之间的配合不好、泵体与前后盖接合面密封不严、泵后盖进油口连接处接头松动或密封不严、泵轴油封损坏等都会产生噪声。另外，如图 5-5 所示，因油箱内油量不足、滤油器或细油管未插入油面以下，油箱内回油管露出油面导致偶然性的因系统内瞬间负压使空气反灌进入系统，油泵的安装位置距液面太高，吸油滤油器被污物堵塞或设计选用滤油器的容量过滤导致吸油阻力增大而吸进空气，等等这些原因都会引起油泵噪声过大。

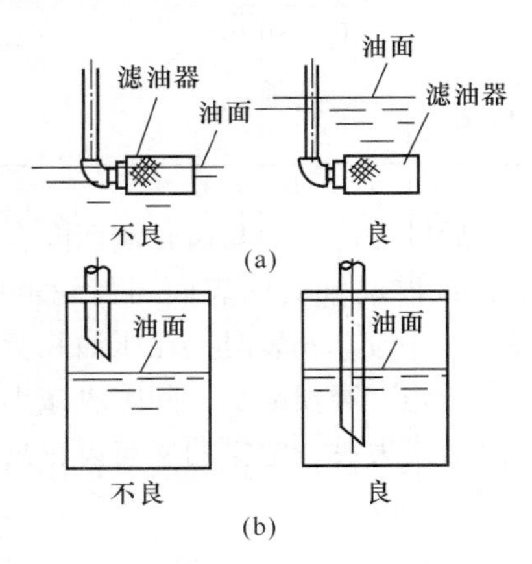

图 5-5 齿轮泵油箱
(a) 油箱内的测量 (b) 油箱内的回油管

(2) 因机械原因产生的噪声。主要原因有：因液压油中的污物进入泵内导致齿轮等磨损拉伤产生噪声，在泵与电机连接的联轴器安装不同心、有磁擦现象而产生噪声，齿轮加工质量问题引起噪声，齿轮内孔与端面不垂直或前后盖上两轴承孔轴心线不平行，造成齿轮转动不灵活，运转时会产生周期性的振动和噪声，泵内零件损坏或磨损产生噪声。

(3) 困油现象产生的噪声。液压传动使用中的齿轮泵、叶片泵、柱塞泵等，均为容积式泵。它们都是利用两个或两个以上密封容积变化来实现吸油和压油的，吸油腔和压油腔必须隔开一段距离和区间，油液从吸油区到压油区必须经过此过渡区间（叶片泵）或者以此过渡区间隔开吸油区和压油区（齿轮泵）。油液在此过渡区间（封闭的）既不与压油腔相通，也不与吸油腔通，而本身的密闭容积大小又在变化，又由于油液不可压缩，导致密闭容积内压力变化很大。当密闭油腔容积减至最小时，压力最高，被困的油从齿轮的啮合缝隙中强行挤出，使齿轮和轴承受到很大的径向力，产生振动和噪声。反之，当封闭油腔容积增至最大时，就会产生部分真空，使溶于油液中的空气分离出来，油液产生蒸发汽化，也产生振动和噪声。

（4）其他原因产生的噪声。进油滤油器被污物堵塞是常见的噪声大的原因之一，油液黏度过高也会产生噪声，过大的海拔高度和过高的泵转速也会导致噪声，进、出油口通径太大，齿轮泵轴轴向装配间隙过小、齿形上有毛刺等也会导致噪声。

C 压力不足

齿轮泵的压力取决于外界负荷，在外负荷很小的情况下压力很低，如果负荷较大，不能有相应的压力输出，就会出现压力不足问题。造成的压力不足的原因主要是径向间隙与轴向间隙过大等。当间隙过大时，压油腔高压油流回吸油腔，容积效率降低，压力下降。一般而言，齿轮端面泄漏占总泄漏的 80%，因此端面间隙的影响至关重要，不同流量其间隙大小不同，齿轮泵流量间隙见表 5-3。

表 5-3 齿轮泵流量间隙

流量/L · min^{-1}	端面间隙/mm	径向间隙/mm
2. 5~10	0. 015~0. 04	0. 10~0. 16
16~32	0. 02~0. 045	0. 13~0. 16
40~63	0. 02~0. 055	0. 14~0. 18
80 及以上		0. 15~0. 20

对于低压齿轮泵，由于其前后端盖内表面与齿轮端面配合，端盖内表面易磨损；而对于中高压齿轮泵，由于弹性侧板或浮动轴套内表面与齿轮端面配合，因此齿轮的耐磨性好，弹性侧板或浮动轴套易磨损。一般在安装时，在压油腔所对应的浮动轴套背面装一个密封圈，可以使得浮动轴套受力均匀、磨损减少、间隙也减小，从而保证输出压力。

另外，溢流阀压力调定值过低或失灵、电机功率与齿轮泵不匹配等也能造成输出压力不足。

D 油液泄漏

齿轮泵工作时由于油温升高会使泄漏量增加，造成泵的容积效率下降。齿轮泵的内泄漏主要出现在三个部位：齿轮的端面泄漏、齿轮的径向泄漏和齿轮的啮合区泄漏。内泄漏可以通过控制齿轮泵的配合间隙、保证齿轮和轴承的制造与装配精度以防止过大的间隙和偏载，以及采用齿轮端面间隙自动补偿方法，利用压力油或者弹簧力来减小或消除两齿轮的端面间隙。齿轮泵外泄漏的主要原因是泵盖与密封圈配合过松、密封圈老化或轴的密封面划伤，使高压油沿密封环周边挤出，导致泄漏。

E 轴承磨损

轴承磨损是影响齿轮泵寿命的重要因素，由于齿轮泵存在径向不平衡力，作用在齿轮上的径向推力总是把齿轮压向吸油腔。另外，由于齿轮传动力矩存在，使得主动轮与从动轮均受到径向不平衡力，从动轮轴承受到径向合力增加，主动轮受到径向合力减少，因此从动轮轴承容易损坏。当齿轮泵存在困油现象，也会产生径向不平衡力，造成轴承损坏。

F 齿轮泵发热

齿轮泵轴向间隙过小、杂质污物吸入泵内被轮齿毛刺卡住、齿轮泵装配缺陷、泵与驱动轴连接的联轴器同轴度差等原因都会引起齿轮泵过度发热。另外，油液黏度过高或过低，侧板和轴套与齿轮端面严重摩擦，环境温度高，油箱的容积过小，散热不良等也会造成油泵温度过高。

5.3.1.2 叶片泵的故障机理分析

叶片泵在机床液压系统中应用最为广泛。它具有结构紧凑、体积小、运转平稳、噪声小、使用寿命长等优点。但也存在着结构复杂、吸油性能较差、对油液污染比较敏感等缺点。叶片泵可分为单作用叶片泵（变量叶片泵）和双作用叶片泵（定量叶片泵）两大类。

图5-6为双作用叶片泵的结构示意图，它主要由定子、转子、叶片、配流盘、泵体、端盖和其他附件等组成。这种泵具有相对转子中心对称分布的两个吸油腔和压油腔，因而在转子每转一周的过程中，由相邻叶片、定子的内表面、转子的外表面和两侧的配油盘所组成的每个密闭空间要完成两次吸油和压油，所以称为双作用叶片泵。双作用叶片泵采用了两侧对称的吸油腔和压油腔结构，所以作用在转子上的径向压力是相互平衡的，不会给高速转动的转子造成径向的偏载，因此双作用叶片泵又称为卸荷式叶片泵。单作用叶片泵与双作用叶片泵类似，也是由转子、定子、叶片和端盖等组成，但其只有一对吸油槽和排油槽，转子每旋转一周，叶片之间的各个密封腔吸油、排油各一次。由于转子受排油槽压力的作用不平衡，偏心负荷较大，因此称为非卸荷式叶片泵。

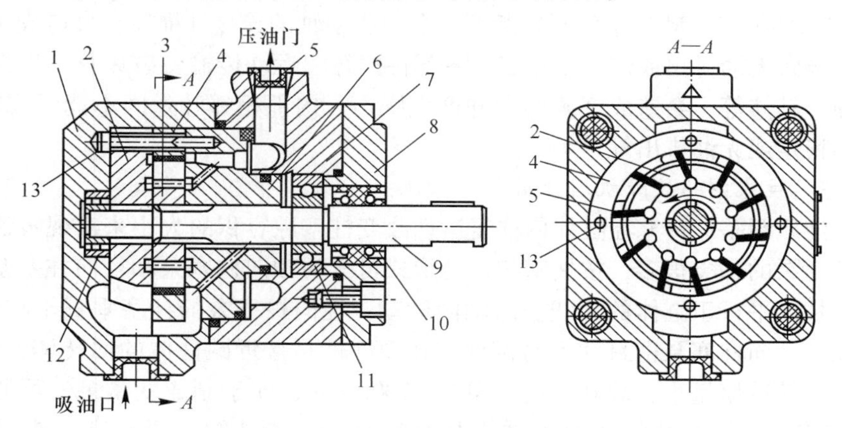

图5-6 双作用叶片泵的结构

1—后泵体；2、6—左右配流盘；3—转子；4—定子；5—叶片；7—前泵体；
8—前端盖；9—传动轴；10—密封圈；11、12—滚动轴承；13—螺钉

叶片泵常见故障模式如下：

（1）泵不出油。由于驱动电机损坏、泵与驱动轴连接件损坏、泵轴断裂、叶片烧蚀、油路堵塞等因素，会造成泵不出油。检测电机或传动箱、连接件、泵轴状态和油路情况可以有效了解叶片泵的故障特征，从而做出正确的诊断。

（2）噪声及振动过大。滤油器堵塞、吸油管路气密不够、油液黏度过高或过低、油液

污染、油箱油面过低、叶片损坏、轴承损坏、凸轮环磨损、联轴器损坏均会导致振动和噪声加大。

(3) 流量不稳定。叶片泵转速未达到额定转速、系统中有泄漏、油液变质、油液污染加剧、油路气密不够、滤油器堵塞及转子、分流板磨损等均会造成流量不稳定。

(4) 供油压力不足。叶片泵的叶片损坏或者调压阀弹簧过软及折断、系统中有泄漏、泵长期运转使泵盖螺钉松动、吸入管漏气等因素会导致供油压力不足。

(5) 油液泄漏。叶片泵密封损坏、进出油口连接部件松动、密封面磕碰、外壳体有砂眼等会造成叶片泵出现外泄漏。

(6) 过度发热。油温过高、油液黏度过低、内泄漏过大、工作压力过高、回油直接到泵出口等因此会造成泵体温度过高。

叶片泵的故障机理分析如下：

(1) 油液污染。若油液被污染，油液里的杂质会造成过滤器滤芯堵塞、叶片卡死，同时油液中的污染物还会在高速碰撞时形成局部液压冲击，造成叶片及其定子内部冲击磨损，产生振动和噪声。

(2) 液压油黏度变化。液压油作为叶片泵的工作介质，其黏性对于工作正常与否至关重要。油液黏度过大，油液流动困难，吸油的真空度大，易产生气穴现象，导致冲击振动。同时，油液的阻力大、泵的吸油困难也会造成供油流量不足等。而油液黏度过小，吸油真空度不够，吸油不充分；流动性好又会造成泄漏增大（主要是内泄漏）。压力油泄漏后压力又会转化为热，造成油温升高，导致泵的容积效率下降，压力提不高、流量不稳定等。

(3) 零部件损坏。叶片泵的泵轴断裂或泵与驱动轴的连接件损坏，会造成无法传动或传动不稳，导致无油排出或流量不稳定、零部件损坏、运动传输受破坏及产生噪声。叶片损坏如烧蚀、粘连等，会造成摩擦增大并产生噪声，内部相邻叶片间不能形成密闭容积，导致流量不稳定或无油排出等。

5.3.1.3　柱塞泵的故障机理分析

柱塞式液压泵是靠柱塞在缸体内往复运动改变柱塞腔容积的大小来实现吸油和压油的液压泵。柱塞泵的种类很多，按柱塞的运动形式可分为轴向柱塞泵和径向柱塞泵，其中轴向柱塞泵的柱塞平行于缸体的轴线，沿轴向运动；径向柱塞泵的柱塞垂直于缸体的轴线，沿径向运动。轴向柱塞泵密封性容易保证，转动部件是接近圆柱体的回转体，结构紧凑，径向尺寸小，转动惯量小，故转速高，可达 1200r/min，便于制成变量泵，可通过多种方式自动调节流量。柱塞式液压泵的缺点是结构复杂，零件精度要求高，使用条件要求苛刻。

轴向柱塞泵根据其倾斜结构的不同分为斜盘式和斜轴式两类。

A　斜盘式柱塞泵

斜盘式柱塞泵的结构如图 5-7 所示，主要由滑靴、柱塞、缸体、配流盘、传动轴、斜盘、回程盘、变量活塞等组成。柱塞球头与滑靴球窝组成万向副，柱塞底部的高压油液通过滑靴中间的节流孔及滑靴与斜盘之间的环形缝隙泄漏，在滑靴与斜盘之间形成一层起润滑作用的薄油膜，最后流到液压泵壳体腔中。圆柱形缸体通过花键与传动轴相连，其上沿圆周方向均匀分布有容纳柱塞的腔孔。斜盘是一个平面圆盘，其轴线相对缸体轴倾斜一个角度。配流盘上开有两个腰形槽口，分别与吸油口和压油口相通。为提高容积效率，配流盘工作表面应与缸体底面紧密贴合。配流盘和壳体之间一般用定位销定位，不能相对转动。回程盘的作用是拖住柱塞，使滑靴与斜盘表面贴合。

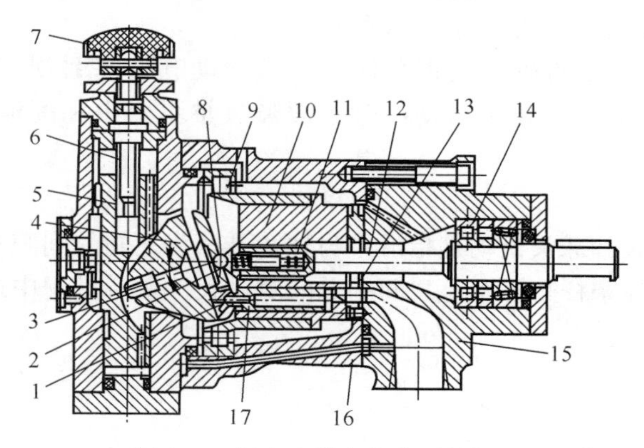

图 5-7 斜盘式轴向柱塞泵结构图

1—滑靴；2—回程盘；3—销轴；4—斜盘；5—变量活塞；6—螺杆；7—手轮；8—钢球；9—大轴承；10—缸体；11—中心弹簧；12—传动轴；13—配流盘；14—前轴承；15—前泵体；16—中间泵体；17—柱塞

缸体与传动轴一起做旋转运动，与斜盘相对的倾斜角相配合，迫使柱塞在柱塞腔内作往复直线运动。传动轴每转动一周，各柱塞在缸体内做一次往复运动，经历半周吸油、半周排油。当柱塞由柱塞腔往外伸出时，柱塞腔容积不断增大，此时柱塞腔与配流盘的吸油槽相通进行吸油；当柱塞缩入柱塞腔时，柱塞腔容积变小，油液通过配流盘压油槽输出。改变斜盘倾角的大小即可改变柱塞行程，进而改变泵的排量。

B 斜轴式柱塞泵

斜轴式柱塞泵的结构如图 5-8 所示。斜轴式柱塞泵的传动轴与缸体轴线相交成一个角度，传动轴通过双万向铰带动缸体旋转。传动轴与斜盘成一体设计，斜盘通过球头连杆与柱塞连接。由于传动轴与斜盘的位置是不变的，当传动轴带动缸体旋转时，球头连杆迫使柱塞在缸体内作往复运动，完成吸油和压油。改变缸体与斜盘之间的夹角，即可改变泵的排量。

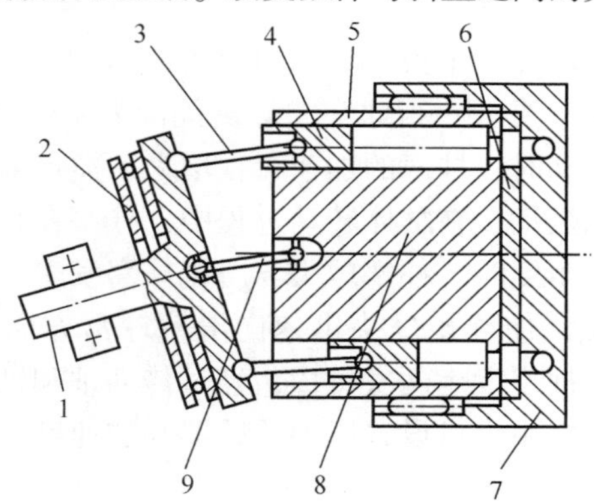

图 5-8 斜轴式柱塞泵结构图

1—传动轴；2—推力轴承；3—球头连杆；4—柱塞；5—缸体；6-配流盘；7—缸体摆动架；8—摆动架支撑中心；9—双万向铰

由于球头连杆是二力杆，改善了柱塞与缸体的摩擦磨损及缸体与配流盘之间的摩擦磨损，因此该泵的机械效率和容积效率均较高，泵的寿命长，但结构复杂，加工工艺复杂。

C 柱塞式液压泵的故障模式与故障机理

柱塞式液压泵最常见的故障模式有柱塞球头松动、柱塞磨损、轴承故障、轴不对中和配流盘偏磨等。下面对球头松动、轴承故障、轴不对中和配流盘偏磨进行故障机理分析。

a 球头松动故障

对于斜盘式柱塞泵，球头松动是指滑靴与柱塞泵球头之间的间隙过大；对于斜轴式柱塞泵，球头松动是指柱塞杆与柱塞座之间的总间隙过大，运行过程中球头相对于球窝的位置如图 5-9 所示。

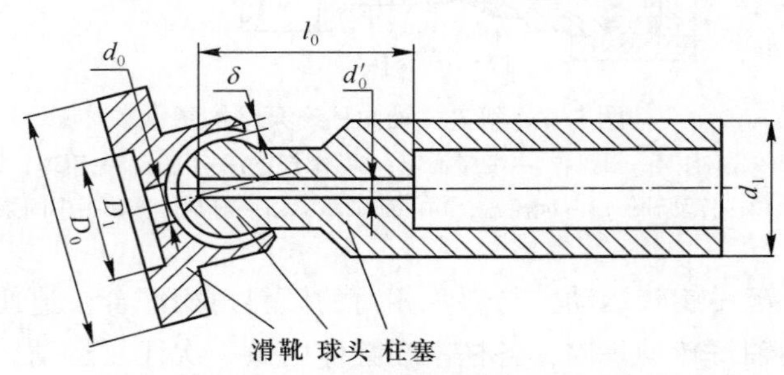

图 5-9 运行过程中球头相对于球窝的位置

D_0 —滑靴外径；D_1 —滑靴内径；d_0 —滑靴节流孔直径；δ —滑靴与球头间的游隙；d_0' —柱塞内部节流孔直径；d_1 —柱塞直径；l_0 —柱塞节流孔长度

液压泵工作时，缸体在绕自身轴线转动的同时，柱塞和柱塞泵之间也产生相对运动。为了保证柱塞的灵活转动，在柱塞球头与滑靴球窝之间留有一定的间隙 δ。柱塞在运动过程中同时受到球窝的作用力、柱塞腔中油液的液压力以及与柱塞内壁之间的摩擦力，此三力平衡使柱塞沿其轴向的加速行程缩短，所以撞击前的相对速度不大，冲击较弱。

当某一柱塞球头与滑靴球窝发生松动时，间隙增大到一定程度，即出现故障。例如某型号的斜盘式液压泵按照设计要求，当球头与球窝间隙 $\delta \geq 0.06$mm 则认为出现球头松动故障，当液压泵出现球头松动时，柱塞的加速行程增大，撞击前的相对速度较大，冲击的能量加大，产生明显的附加振动。在缸体转动过程中，柱塞在缸体内往复运动。柱塞进入吸油区后，当缸体转过一定角度时，柱塞球头与滑靴球窝发生一次碰撞；当柱塞进入压油区时，高压油作用在柱塞上，使柱塞球头迅速向滑靴球窝方向运动，从而又一次产生冲击。缸体转动一周，球头与柱塞发生两次碰撞，经过传动轴和轴承将能量传递到壳体上。

由以上分析可知，通过在泵出口设置压力传感器和加速度传感器，可以获取液压泵球头松动故障诊断的信息。

b 轴承故障

滚动轴承是旋转机械中最常采用的部件之一，也是最容易产生故障的部件，其基本结构如图 5-10 所示。

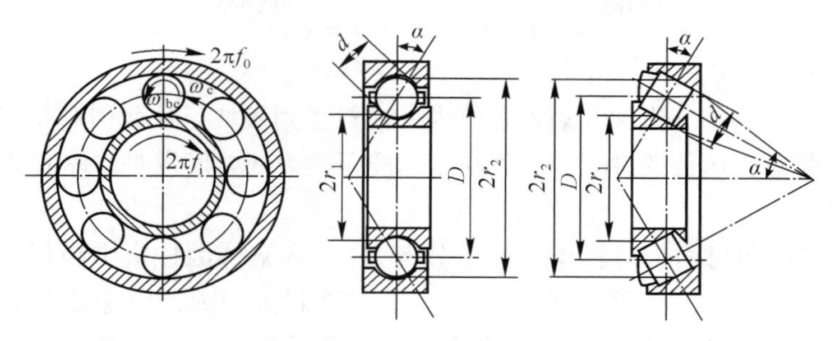

图 5-10 滚动轴承的基本结构

d—滚动体的直径；D—轴承的节圆直径；α—接触角；r_1—内圆滚道平均直径；r_2—外圆滚道平均直径；f_0—轴承外环转动频率；f_1—轴承内环转动频率；ω_c—轴承节圆转动角速度；ω_{bc}—滚动体自转角速度

故障成因：由于异物的落入、润滑不良、安装不良或受到过大的冲击荷载作用，会使滚动轴承出现磨损、压痕、开裂、胶合、表面剥落及点蚀等故障。故障机理：当滚动轴承的某一零件表面存在故障时，在轴承的旋转过程中，故障表面会周期性地撞击滚动轴承上的其他零件表面而产生间隔均匀的脉冲力，脉冲力的幅值受轴承荷载分布的调制。这些脉冲力会激起轴承座或其他机械部件的固有频率产生共振。当内外圈轴承故障产生时，可能有内外滚道滚动体或保持架的缺陷。滚动体通过缺陷部位时，发出冲击而产生周期性故障冲击脉冲。冲击的周期由产生缺陷的部位决定，因此可以通过缺陷引起的频率识别缺陷产生的部位。

当内圈有一处损伤时，其故障振动脉冲特征频率为

$$f_n = \frac{1}{2} f_r Z \left(1 + \frac{d}{D} \cos\alpha\right) \tag{5-22}$$

式中，f_r 为滚动体自转频率；Z 为滚动体的个数。

当外圈有一处损伤时，外环故障的特征频率为

$$f_w = \frac{1}{2} f_r Z \left(1 - \frac{d}{D} \cos\alpha\right) \tag{5-23}$$

当滚动体上有一处损伤时，其故障特征频率为

$$f_E = \frac{f_r D}{d} \left(1 - \frac{d^2}{D^2} \cos\alpha\right) \tag{5-24}$$

由以上分析可知，通过在泵壳体设置加速唐弋舒三器可以获取轴承磨损故障诊断的信息。

c 轴不对中故障

轴套在安装或使用不当年情况下会产生轴不对中故障，此时轴在旋转过程中承受径向交变力为

$$F_L = (k_i e/4)(1 + \cos 2\pi f_s t) \tag{5-25}$$

式中，e 为偏心距；k_i 为联轴器的刚度；f_s 为轴的转动频率。

由式（5-25）可知，轴每转一周，其所承受的径向力交变两次。在径向力作用下，轴会产生振动，其振动频率为轴转动频率的两倍。因此，轴不对中故障的振动信号 $V(t)$ 为

$$V(t) = V\cos(4\pi f_s t + \varphi_0) \tag{5-26}$$

d　配流盘偏磨故障

疲劳裂纹、表面磨损和汽蚀等现象会使内外油封受到破坏，从而引起干摩擦。正分分析其故障机理。配流盘在运行的过程中受到高压油的压紧力的封面带对缸体的油压分离力为：

$$p_f = (1 - \varphi)p_y \tag{5-27}$$

式中，p_f 为配流窗口和封面带对缸体的油压分离力；p_y 为缸体因柱塞中高压油液作用而产生的压紧力；φ 为压紧系数，一般取 0.05～0.1，兼顾密封和间隙，以保证润滑作用。

当封油带受到破坏时，将使油压分离力上、剩余压紧力 $p_y - p_t$ 增大，缸体与配流盘的力矩系数增大；此时缸体向配流盘高压区倾斜，使缸体与配流盘高压区间的油膜变薄，接触应力增大，该应力的反复作用将使配流盘表面发生疲劳磨损或脱落，甚至于出现干摩擦现象，使泵的运动间隙增大、容积效率下降。若接触面出现干摩擦，必须会在配流盘高压区对应的壳体处产生附加的振动信号。

5.3.2　液压控制阀故障机理分析

液压控制阀主要用于对液压系统中油液的压力、流量和液流方向进行调节和控制。控制阀按其在工程装备液压系统中所起的作用，可以按图 5-11 的品种进行分类。

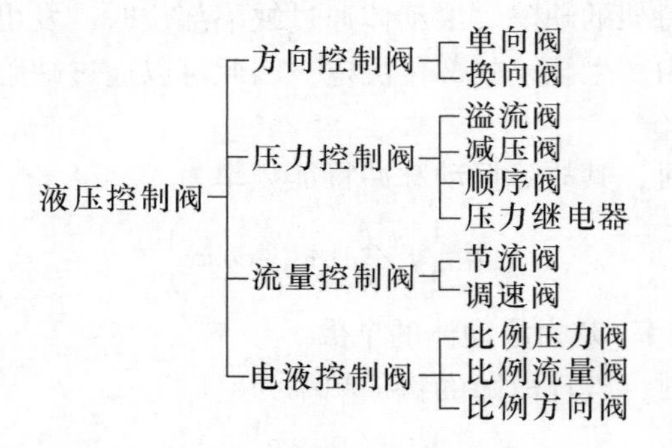

图 5-11　液压控制阀的分类

所有的液压阀都是由阀体、阀芯和驱动阀芯动作的元件组成。阀体上除有与阀芯配合的阀体孔和阀座孔外，还有外接油管的进出油口。阀芯的主要形式有滑阀、锥阀和球阀。驱动装备可以是手调机构，也可以是弹簧、电磁或液压力。液压阀是利用阀芯在阀体内的相对运动来控制阀口的通断及开口大小，来实现压力、流量的方向控制的。液压阀的开口大小、进出口间的压力差以及通过阀的流量之间的关系都符合孔口流量公式，只是各种阀控制的参数各不相同。表 5-4～表 5-6 列出了几种液压阀的常见故障模式和故障原因。

表 5-4　液控单向阀的常见故障模式与故障原因

故障现象	故障模式	故障原因
反方向不密封有泄漏	单向阀不密封	单向阀在全开位置卡死；阀芯与阀孔配合过紧；弹簧变形成侧弯；单向阀锥面和锥座接触不均匀；阀芯与阀座不同轴；油液污染严重
反向打不开	单向阀打不开	控制压力过低；控制管路接头漏油或管路供油不通畅；控制阀芯卡死；控制阀端盖处漏油；单向阀卡死

表 5-5 溢流阀的常见故障模式与故障原因

故障现象	故障模式	故障原因
调不上压力	主阀故障	主阀芯阻尼孔堵塞；主阀芯在开启位置卡死；主阀芯复位弹簧折断或弯曲，主阀芯不能复位
	先导阀故障	调压弹簧折断；锥阀损坏
	远控口电磁阀故障	电磁阀未通电；滑阀卡死；电磁铁线圈烧毁或铁芯卡死；电气线路故障
压力调不高	主阀故障	主阀芯锥面密封性差；主阀芯锥面磨损；阀座磨损；主阀芯锥面与阀座不同心；主阀压盖处有泄漏
	先导阀故障	调压弹簧折断；锥阀与阀座结合处密封性差
压力突然升高	主阀故障	主阀芯工作不灵敏，在关闭状态突然卡死
	先导阀故障	先导阀阀芯与结合面突然粘住；调压弹簧卡滞
压力突然下降	主阀故障	主阀芯阻尼孔突然被堵死；主阀芯工作不灵敏；在关闭状态突然卡死；主阀盖处密封垫突然破损
	先导阀故障	先导阀阀芯突然断裂；调压弹簧突然折断
	远控口电磁阀故障	电磁铁突然断电，使溢流阀卸荷
压力波动	主阀故障	主阀芯动作不灵活，有时有卡住现象；主阀芯阻尼孔时堵时通；主阀芯锥面与阀座锥面接触不良，磨损不均匀；阻尼孔径太大，造成阻尼作用差
	先导阀故障	调压弹簧弯曲；锥阀与阀座接触不良，磨损不均匀；调节压力的螺钉由于螺母松动而使压力变化
振动与噪声	主阀故障	主阀芯工作时径向力不平衡，导致性能不稳定；阀体与主阀芯几何精度差，棱边有飞边；阀体内有污染物，使配合间隙不均匀
	先导阀故障	锥阀与阀座接触不良，磨损不均匀，造成调压弹簧受力不平衡，使得锥阀振荡加剧；调压弹簧与锥面不垂直，造成接触不均匀；调压弹簧侧向弯曲
	系统存在空气	泵吸入空气
	回油不畅	通过流量超过允许值
	远控口管径选择不当	溢流阀远控口至电磁阀间的管子通径过大，引起振动

表 5-6 流量阀的常见故障模式与故障原因

故障现象	故障模式	故障原因
调节节流阀手轮不出油	压力补偿阀不动作	由于阀芯和阀套几何精度差或弹簧弯曲变形造成压力补偿阀在关闭位置卡死
	节流阀故障	油液污染造成节流口堵塞；手轮与节流阀装配位置不合适；节流阀阀芯配合间隙过小；控制轴螺纹被污染物堵住
	系统未供油	换向阀阀芯未换向

续表 5-6

故障现象	故障模式	故障原因
执行机构速度不稳定	压力补偿阀故障	由于阀芯卡死或弹簧弯曲变形造成压力补偿阀工作不灵敏
		补偿阀阻尼小孔堵死或阀芯阀套配合间隙过小造成压力补偿阀在全开位置卡死
	节流阀故障	节流口有污染物造成时堵时通；节流阀外载荷变化引起流量变化
	油液品质劣化	温度过高造成通过节流口流量变化；带温度补偿高速阀的补偿杆敏感性差，已损坏
	单向阀故障	单向阀密封性不好

5.3.2.1　电液比例控制阀

电液比例控制阀由直流比例电磁铁与液压阀两部分组成。其液压阀部分与一般液压阀判别不大，而直流比例电磁铁和一般电磁阀所用电磁铁不同，采用比例电磁铁可得到与给定电液成正比例的位移输出和吸力输出。输入信号在通入比例电磁铁前，要先经电路放大器处理和放大。放大器多制成插接式装置与比例阀配套使用。比例阀按控制的参量可分为：比例压力阀、比例流量阀和比例方向阀三大类。工程装备中电液比例换向及速度控制应用比较广泛，下面简要介绍一下电液比例换向阀和电液比例调速阀。

直动式电液比例换向阀如图 5-12 所示，其构成是通过将电磁换向阀中的普通电磁铁换成比例电磁铁实现。由于使用了比例电磁铁，阀芯不仅可以换位，而且换位的行程可以连续地或按比例变化，因而连通油口的通流面积也可以连续地或按比例变化，所以比例换向阀不仅能控制执行元件的运行方向，而且能控制其速度。电液比例调速阀也是用比例电磁铁取代节流阀或调速阀的手调装置，以输入电信号控制节流口开度，便可连续地或按比例地远程控制其输出流量，实现执行部件的速度调节。图 5-13 所示为电液比例调速阀的结构原理及符号。图中的节流阀芯由比例电磁铁的推杆操纵，输入的电信号不同，则电磁力不同，推杆受力不同，与阀芯左端弹簧力平衡后，便有不同的节流口开度。由于定差减压阀已保证了节流口前后压差为定值，所以一定的输入电液就对应一定的输出流量，不同的输入信号变化，就对应着不同的输出流量的变化。实际应用过程中，通常会组合使用不同的比例阀的结构。

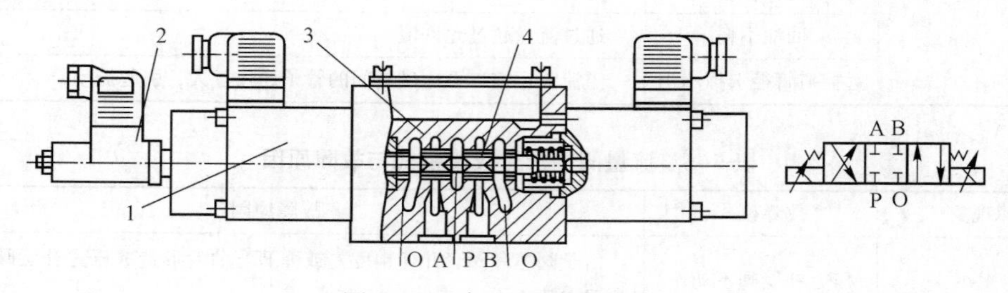

图 5-12　直动式比例换向阀

1—比例电磁铁；2—位移传感器；3—阀体；4—阀芯

电液比例阀的常见故障模式与故障原因如表 5-7 所示。需要说明的是，表中分别列出各种阀的现象模式与原因，但许多故障模式及原因是共有的，比如比例压力阀的比例电磁

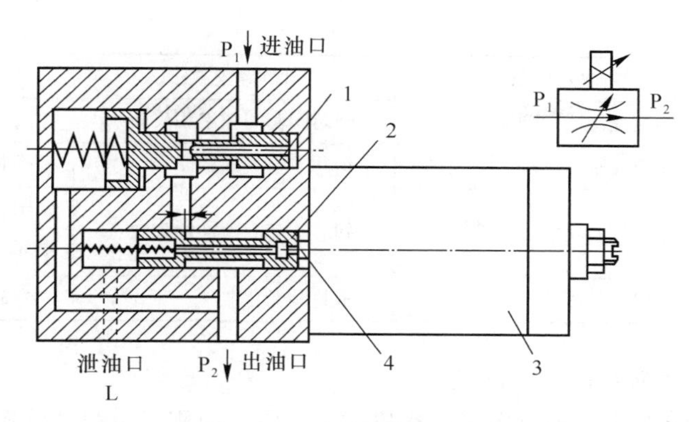

图 5-13 电液比例调速阀
1—定差减压阀；2—节流阀阀芯；3—比例电磁铁推杆操纵装置；4—推杆

铁无电液通过、使调压失灵等故障，完全可以参照第 1 种比例电磁铁故障进行，未在表中说明。另外，比例压力阀和普通压力阀所共同存在的故障，也应参照普通压力阀的故障分析进行，其他几类阀的分析也类似，请读者注意。

表 5-7 电液比例阀的常见故障模式与故障原因

部件	故障现象	故障模式	故障原因
比例电磁铁	电磁铁不能工作（不能通入电流）	电磁铁驱动回路断路	接线插座（基座）老化、接触不良、电磁铁引线脱焊
	电磁铁不能工作	线圈断线	老化
	电磁铁输出力不足	线圈温升过高	通入电流过大、阀芯被污物卡死、漆包线绝缘不良
	阀的力滞环增加	衔铁与导磁套摩擦副磨损	磨损，推杆导杆与衔铁不同心
	比例放大器失效	电路故障	放大器电路元件损坏
比例压力阀	调压失灵	比例电磁无电流	比例电磁铁故障、控制电流故障、压力阀故障
	压力不正常（电流为额定电流）	先导式溢流阀故障	溢流阀调定压力不足
	压力不正常（电流过大）	电磁铁线圈回路断路	线圈内部断路，比例放大器连线短路
	设定压力不稳定	铁芯运动异常	铁芯和导套之间污物堵塞，铁芯和导套磨损导致间隙增大
	压力响应迟滞，改变缓慢	铁芯、主阀芯运动受阻	比例电磁铁内空气未放干净，电磁铁铁芯固定节流孔（旁路节流孔）堵塞
比例流量阀	流量不能调节，节流调节作用失效	比例电磁铁无电流	比例电磁铁故障、控制电流故障、压力阀故障
	流量不稳定	力滞环增加	径向不平衡力及机械摩擦，导磁套衔铁磨损

续表 5-7

部件	故障现象	故障模式	故障原因
比例方向阀	响应变慢或无响应	阀芯阀套间隙淤积失效	阀芯与阀套间污染物堵塞
	响应异常	阀芯卡阻失效	阀芯与阀套间不均匀磨损
	方向控制功能丧失	阀芯阀套间隙冲蚀失效	阀芯或阀套节流棱边磨损损坏
其他	阀内、外渗油	密封圈老化	寿命已到或油液不合适

5.3.2.2 负载敏感式比例多路阀

目前我军工程装备以及一些地方的工程机械上，广泛应用了负载敏感多路比例换向阀。这种阀可实现无级控制，与负载变化无关，可实现多缸组合动作，满足多个执行元件同时工作要求，并具有高集成性，节约安装空间，适合于在工程装备上使用，图 5-14 为其控制回路与外形示意图。其常见故障与原因分析如表 5-8 所示（以 PSL/PSV 负载敏感型比例多路阀为例）。

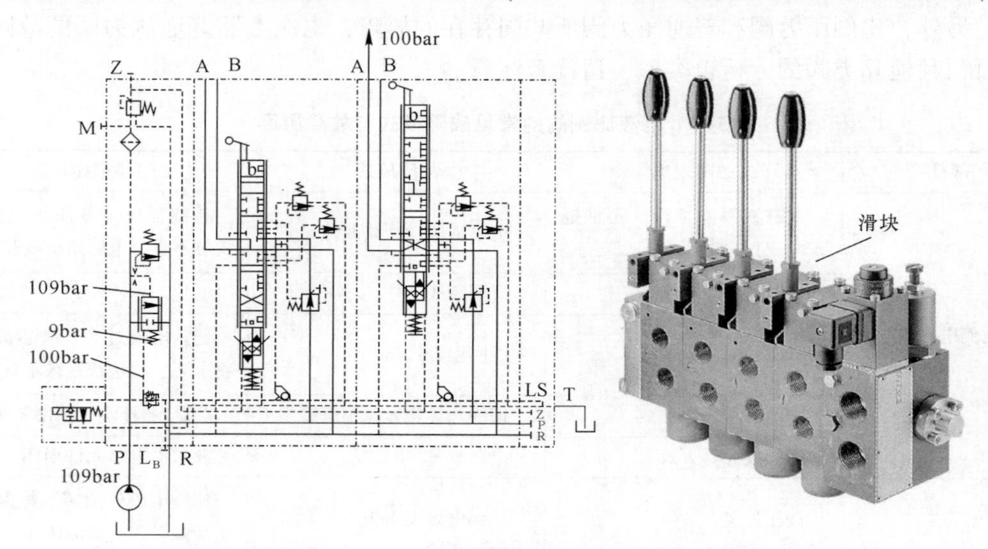

图 5-14 PSL/PSV 比例多路阀控制回路以及阀外形图

表 5-8 PSV/PSL 负载敏感式比例多路阀常见故障模式与故障原因

故障现象	故障模式	故障原因
卸荷压力始终保持 20bar 以上	压力控制失效	LS 回油背压高；卸荷口被堵（LS 回油箱口堵住）；三通流量阀未全部打开；三通流量调节阀的泄漏太大
执行元件达不到最大压力		连接块中的限压阀开启了或是阀座漏油；WNIF (D) 开启了或是漏油；负载信号没有或是太低；连接块中的减压阀或螺堵（仅手动操纵的）往回油路漏油
某一油路上的执行元件不能达到最高压力		梭阀（装在阀的螺堵中）泄漏；阀体中的梭阀（阀座）在连接块方向漏油；次级限压阀开启泄漏

续表 5-8

故障现象	故障模式	故障原因
流量太小（执行元件的动作太慢）（单个阀的功能动作）	流量控制失效	阀芯的额定流量太小；手柄座处或限制挡块处的限位太大了；泵的流量太小；二通流量调节阀没有完全开启；连接块中的三通流量调节阀动作不正确
当第二个功能（执行元件侧具有较低的压力）动作时，执行元件（第一个功能）迅速减速		对于两个功能一起动作，泵的流量太小；流量调节器失效导致三通流量调节阀不能正确地调节；二通流量调节阀压力补偿失效
当阀芯朝一个或两个方向移动时没有响应		LS 采集处堵塞
所有阀片的电液控制都没有动作		终端块处的回油（外泄或内泄）可能堵住了；连接块中大过滤器被脏物堵住了；连接块中的减压阀卡住了；电气控制的供电有问题
某一片阀的电液控制没有动作		电气控制失灵；阀体中的比例减压阀卡住了
阀芯保持在换向中间位置，通往执行元件的液流未停止		双联电磁铁的控制失灵；比例减压阀卡住了；P 油口与 R 油口接反
流量的控制不平稳不连续（功能跳跃）		比例放大板调整不正确
手柄不能活动	机械性能失效	手柄座或弹簧组件卡住；阀芯卡住
阀片间漏油	漏油	安装时片间产生扭力；连接阀杆拉伸，无弹力；片间密封圈损坏
阀体和弹簧罩之间泄漏		回油管路中的压力过高，致使弹簧罩变形
双联电磁铁的插头处泄漏		电磁铁损坏
手柄座处漏油		运输过程中的磕碰

5.3.3 液压执行元件故障机理分析

液压执行元件包括液压缸和液压马达等。液压马达的工作原理和故障模式与液压泵类似，不再赘述。这里仅针对液压缸故障机理进行分析。液压缸的结构如图 5-15 所示。液压缸的主要故障模式和故障原因见表 5-9 所示。

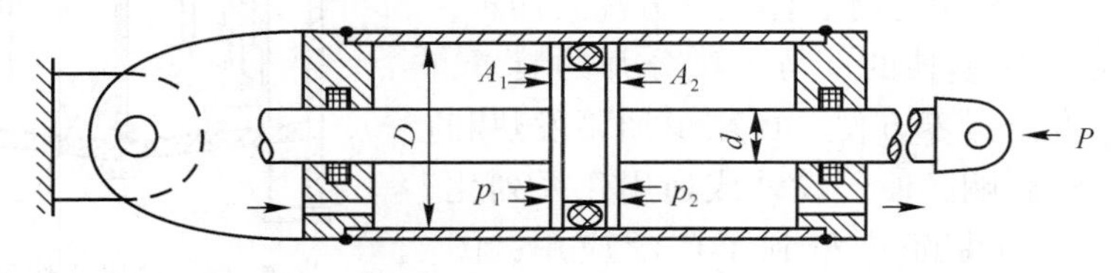

图 5-15 液压缸的结构

D—缸筒直径；d—活塞杆直径

图 5-15 为直线式液压缸，其输出力 P 可以表示为：

$$P = p_1A_1 - p_2A_2 \tag{5-28}$$

式中，p_1 为左腔压力；A_1 为活塞左侧受力面积；p_2 为右腔压力；A_2 为活塞右侧受力面积；调整 D 和 d 可以改变 A_1 和 A_2。

表 5-9　液压缸的主要故障模式与故障原因

故障现象	故障模式	故障原因
活塞杆不能动作	系统压力不足	液压泵提供压力不足
	液压缸卡死	污染物造成活塞与缸筒卡死
推力不足或工作速度下降	内泄漏	缸体和活塞的配合间隙过大；密封件损坏造成内泄漏
	液压缸故障	缸体和活塞的配合间隙过小，密封过紧，运动阻力大；运动零件不同心或单面剧烈摩擦；活塞杆弯曲造成剧烈摩擦；油液污染使得活塞或活塞杆卡死；油温过高加剧泄漏
液压缸产生爬行	液压缸内进入空气	液压泵吸油压力低
	液压缸故障	液压缸轻微卡涩；运动密封件装配过紧；活塞杆与活塞不同轴；导向套与缸筒不同轴；活塞杆弯曲；液压缸运动件之间间隙过大；导轨润滑不良
	控制阀信号不稳	电液比例阀驱动信号不稳定
外泄漏	液压缸密封圈老化	温度变化使得密封圈老化变形
	油温过高	温度过高使用黏度变差
	油液黏度过低	油液长期使用变质
冲击	缓冲装置损坏	缓冲间隙过大；缓冲装置中的单向阀失灵

5.3.4　油箱故障模式和机理

油箱在液压系统中的主要功用是储存液压系统所需的足够油液，散发油液中的热量，分离油液中气体及沉淀污物。另外，对中小型液压系统，往往把泵装置和一些元件安装在油箱顶板上使液压系统结构紧凑。油箱从结构上分有总体式和分离式两种，其中分离式油箱采用单独的、与主机分开的装置，具有布置灵活、维修保养方便、可减少油箱发热和液压振动对黏度的影响、便于设计成通用化系列化产品等优点，在工程装备中得到了广泛应用，图5-16所示为分离式液压油箱的结构示意图。该油箱主要由箱体、顶盖、隔板、油液过滤器、空气滤清器、放油塞、油面指示器和进出油管等组成。油箱中的隔板用于将、吸回油区分开使得油液循环流动，以方便散热和沉淀杂质。油箱的主要故障模式与故障原因如表 5-10 所示。

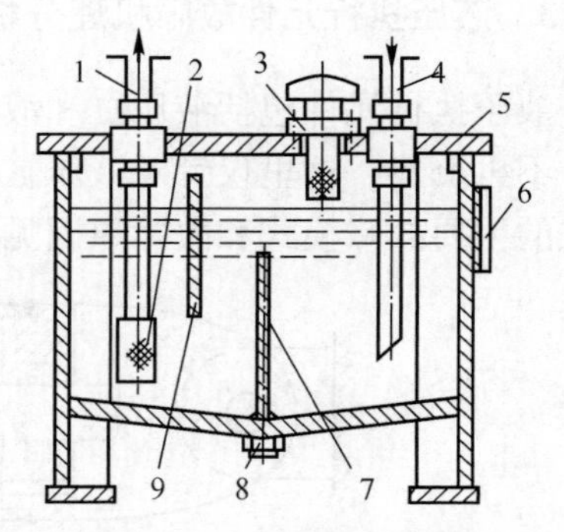

图 5-16　分离式油箱的结构

1—吸油管；2—网式过滤器；3—空气滤清器；4—回油管；5—顶盖；6—油面指示器；7，9—隔板；8—放油塞

表 5-10 油箱的主要故障模式与故障原因

故障现象	故障模式	故障原因
油温剧烈升高	温升	环境温度高；液压系统的各种损失（溢流、减压等）产生的能量转换大；油液黏度选择不当（过高或过低）
油箱内油液污染	油液污染	油箱内有油漆剥落片、焊渣剥离片等；油箱防尘措施不好，由外界空气进入了尘埃及腐蚀性气体；由于温差，凝结在油箱顶盖的水珠进入油箱或油冷却器破损而漏水
油箱内油液空气难以分离	油中含有气泡	箱盖上的空气滤清器堵塞
油箱振动和噪声	振动噪声	回油管端与箱壁距离太小；液压泵进油阻力过大；油箱内部油温高且不稳定；油箱防振结构被破坏

5.3.5 滤油器的故障模式和机理

为了提高液压系统的可靠性和元件的使用寿命，对液压系统的清洁度要求也随之提高。液压油优良的物理性质和化学性质及油液的洁净是保证系统正常工作、不发生故障的先决条件。为此液压系统中南非按要求安培各种油液及空气滤清器，以清除各种杂质。

油液滤清器被安装在传输管路的关键位置，用来过滤有可能损坏损伤部件的油液杂质。滤油器一般通过过滤介质，即金属丝编成方格的网状织物或其他形式的滤芯，来滤除所有大于其孔尺寸的污物。当污物在过滤介质上积聚造成堵塞时，油液就无法通过滤油器，从而造成过滤压差陡增，实时监测滤油器压差信号可以确保滤油器的滤芯得到适时的清洗和更换。

5.4 电气系统的故障模式和故障机理

对工程装备电子电气系统及时有效的故障诊断和维护是保证工程装备安全、可靠运行的关键。由于工程装备内部不仅同一系统的不同部分之间互相关联，紧密结合，而且不同系统或总成之间也存在着紧密的联系，在运行过程中形成一个整体。在工程装备中，导致故障的各种因素相互交杂，时刻影响着装备的安全运行。有时一个传感器、一个 ASIC 芯片或系统本身的微小故障，甚至一些偶然因素影响就会导致整个装备性能恶化，造成比较严重的后果。对工程装备电气电子设备的故障模式进行分析是实现工程装备电气系统故障检测和诊断的前提。

工程装备常用电子元器件的失效模式大致可分为 6 类，即开路、短路、丧失功能、特性劣化、重测合格率低和结构不良等。常见的有烧毁、管壳漏气、管脚腐蚀或折断、芯片表面内涂树脂裂缝、芯片黏接不良、键合点不牢或腐蚀芯片表面铝腐蚀、铝膜伤痕、光刻/氧化层缺陷、漏电流大、阈值电压漂移等。按照导致的原因可将失效机理分为 6 类。

（1）设计问题引起的劣化，指设计图、电路和结构等方面的设计缺陷。

（2）体内劣化机理，指二次击穿、CMOS 闭锁效应、中子辐射损伤、重金属玷污和材料缺陷引起的结构性能退化、瞬间功率过载等。

（3）表面劣化机理，指钠离子玷污引起沟道漏电、γ 辐射损伤、表面击穿（蠕变）、表面复合引起小电流增益减小等。

（4）金属化系统劣化机理，指铝电迁移、铝腐蚀、铝化伤、铝缺口、台阶断铝、过电应力烧毁等。

（5）封装劣化机理，指管脚腐蚀、漏气、壳内有外来物引起漏电或短路等。

（6）使用问题引起的损坏，指静电损伤、电浪涌损伤、机械损伤、过高温度引起的破坏、干扰信号引起的故障、焊剂腐蚀管脚等。

5.4.1 电阻器类器件的失效模式分析

电阻器类元件包括电阻元件和可变电阻元件，固定电阻通常称为电阻，可变电阻通常称为电位器。电阻器类元件在电子设备中使用的数量很大，并且是一种发热消耗功率的元件，由电阻器失效导致电子设备故障的比率比较高，据统计约占15%。电阻器的失效模式和原因与产品的结构、工艺特点、使用条件等有密切关系。电阻器失效可分为两大类，即致命失效和参数漂移失效。现场使用统计表明，电阻器失效的85%~90%属于致命失效，如断路、机械损伤、接触损坏、短路、绝缘、击穿等，只有10%左右的是由阻值漂移导致失效。

电阻按其构造形式可分为：线绕电阻和非线绕电阻；按其阻值是否可调可分为固定电阻器和可变电阻器（电位器）。从使用的统计结果来看，它们的失效机理是不同的。非线性电阻器和电位器主要失效模式为引线开裂、膜层不均匀、膜材料与引线接触不良、开路、阻值漂移、引线机械损伤和接触损坏；而线绕电阻器和电位器主要失效模式为开路、引线机械损伤和接触损坏。电阻器的失效机理视电阻器的类型不同而不同，主要有以下几类。

（1）碳膜电阻器。引线断裂、基体缺陷、膜层均匀性差、膜层刻槽缺陷、膜材料与引线端接触不良、膜与基体污染等。

（2）金属膜电阻器。电阻膜不均匀、电阻金属膜破裂、基体破裂、引线不牢或者断裂、电阻膜分解、银迁移、电阻膜氧化物还原、静电荷作用、引线断裂和电晕放电等。

（3）线绕电阻器。接触不良、电流腐蚀、引线不牢、线材绝缘不好和焊点熔解等。

（4）可变电阻器。接触不良、焊接不良、引线脱落、接触簧片破裂或引线脱落、杂质污染、环氧胶质量差和轴倾斜等。可变电阻器或电位器主要有线绕和非线绕两种。它们的共同失效模式有：参数漂移、开路、短路、接触不良、动噪声大，机械损伤等。但是，实际数据表明：实验室试验与现场使用之间主要的失效模式差异较大，实验室故障以参数漂移居多，而现场以接触不良、开路居多。

因为电位器接触不良的故障，在现场使用中普遍存在，如在电信设备中达90%，电视机中约占87%，所以接触不良对电位器是致命的薄弱环节。

造成接触不良的主要原因如下：

（1）接触压力太大、簧片应力松弛、滑动接点偏离轨道，或导电层、机械装配不当，或很大机械负荷（如碰撞、跌落）导致接触簧片变形等；

（2）导电层或接触轨道因氧化、污染，而在接触处形成各种不良导电的膜层；

（3）导电层或电阻合金线磨损或烧毁，致使滑动点接触不良。

电位器开路失效主要是由局部过热或机械损伤造成的。例如，电位器的导电层电阻合金线氧化、腐蚀、污染或者由于工艺不当（如绕线不均匀，导电膜层厚薄不均匀等）

所引起电的过负荷，产生局部过热，使电位器烧坏而开路；滑动触点表面不光滑，接触压力又过大，将使绕线严重磨损而断开，导致开路；电位器选择与使用不当，或电子设备的故障危及电位器，使其处于过负荷或在较大负荷下工作等，这些都将加速电位器的损伤。

电阻容易产生变质和开路故障。电阻变质后往往是阻值变大的漂移。电阻一般不进行修理，而直接更换新电阻。线绕电阻当电阻丝烧断时，某些情况下可将烧断处理重新焊接后使用。电阻变质多是由于散热不良，过分潮湿或制造时产生缺陷等原因造成的，而烧坏则是因电路不正常，如短路、过载等原因所引起。电阻烧坏常见有 2 种现象，一种是电流过大使电阻发热引起电阻烧坏，此时电阻表面可见焦糊状，很易发现；另一种情况是由于瞬间高压加到电阻上引起电阻开路或阻值变大，这种情况，电阻表面一般没有明显改变，在高压电路中经常可发现这种故障现象的电阻。

5.4.2 电容器类器件的失效模式分析

电容器常见的失效模式主要有：击穿、开路、参数退化、电解液泄漏及机械损伤等。导致这些失效的主要原因有以下 3 个方面。

（1）击穿。介质中存在疵点、缺陷、杂质或导电离子；介质材料的老化；电介质的电化学击穿；在高湿度或低气压环境下极间边缘飞弧；在机械应力作用下电介质瞬时短路；金属离子迁移形成导电沟道或边缘飞弧放电；介质材料内部气隙击穿或介质电击穿；介质在制造过程中机械损伤；介质材料分子结构的改变以及外加电压高于额定值等。

（2）开路。击穿引起电极和引线绝缘；电解电容器阳极引出金属箔因为腐蚀（或机械折断）而导致开路；引出线与电极接触不良或绝缘；引出线与电极接触点氧化而造成低电平开路；工作电解质的干涸或冻结；在机械应力作用下工作电解质和电介质之间的瞬时开路等。

（3）电参数退化。潮湿与电介质老化遇热分解；电极材料的金属离子迁移；残余应力存在和变化；表面污染；材料的金属化电极的自愈效应；工作电介质的挥发和变稠；电极的电解腐蚀或化学腐蚀；引线和电极接触电阻增加；杂质和有害离子的影响。

由于实际电容器是在工作应力和环境应力的综合作用下工作的，因而会产生一种或几种失效模式和失效机理，还会有一种失效模式导致另外失效模式或失效机理的发生。例如，温度应力既可以促使表面氧化、加快老化的影响程度、加速电参数退化，又会促使电场强度下降，加速介质击穿，而且这些应力的影响程度还是时间的函数。各失效模式有时是互相影响的。因此，电容器的失效机理与产品的类型、材料的种类、结构的差异、制造工艺及环境条件、工作应力等许多因素等有密切关系。

5.4.3 电感和变压器类器件的失效模式分析

此类元件包括电感、变压器、振荡线圈和滤波线圈等。其故障多由于外界原因所引起的，例如，当负载短路时，由于流过线圈的电流超过额定值，变压器温度升高，造成线圈短路、断路或绝缘击穿。当通风不良、温度过高或受潮时，亦会产生漏电或绝缘击穿的现象。

对于变压器的故障现象及原因，常见的有以下几种：当变压器接通电源后，若铁心发出嗡嗡的响声，则故障原因可能是铁心未夹紧，或变压器负载过重；发热高、冒烟、有焦味或逼保险丝烧断，则可能是线圈短路或负载过重。

5.4.4　集成电路类器件的失效模式分析

集成块类的常见故障及原因有以下几种。

（1）电极开路或时通时断：主要原因是电极间金属迁移、电腐蚀和工艺问题。

（2）电极短路：主要原因是电极间金属迁移电扩散、金属化工艺缺陷或外来异物等。

（3）引线折断：主要原因有线径不均匀、引线强度不够、热点应力和机械应力过大和电腐蚀等。

（4）机械磨损和封装裂缝：主要原因是原材料缺陷、可移动离子引起的反应等。

（5）可焊接性差：主要是由引线材料缺陷、引线金属镀层不良、引线表面污垢、腐蚀和氧化造成。

（6）无法工作：一般是由工作环境等因素造成的。

5.4.5　接触器件的失效模式与失效机理

所谓接触元件，就是用机械的压力使导体与导体之间的彼此接触，并具有导通功能元件的总称。主要可分为开关、连接器（包括接插件）、继电器和起动器等。接触元件的可靠性较差，往往是电子设备或系统可靠性不高的关键所在，应引起人们的高度重视。根据现场使用中故障的统计，整机故障原因中 81%是由于接触元件故障所引起的。

一般来说，开关和接插件以机械故障为主，电气失效为次，主要由于磨损、疲劳和腐蚀所致。而接点故障、机械失效等则是继电器等接触器件的常见故障模式。

5.4.5.1　继电器常见的失效机理

（1）接触不良：触点表面嵌藏尘埃污染物或介质绝缘物、有机吸附膜或碳化膜、摩擦聚合物、有害气体污染膜、电腐蚀、插件未压紧到位、接触弹簧片应力不足和焊剂污染等。

（2）触点黏结：火花和电弧等引起接触点熔焊、电腐蚀严重引起接点咬合缩紧等。

（3）短路（包含线圈短路）：线圈两端的引出线焊接头接触不良、电磁线漆层有缺陷、绝缘击穿引起短路、导电异物引起短路。

（4）线圈断线：潮湿条件下的电解腐蚀、潮湿条件下的有害气体腐蚀等。

（5）线圈烧毁：线圈绝缘的热老化、引出线焊头绝缘不良引起短路而烧毁等。

（6）接触弹簧片断裂：弹簧片有微裂纹、材料疲劳损坏或脆裂、有害气体在温度和湿度条件下产生的应力腐蚀、弯曲应力在温度作用下产生的应力松弛等。

（7）接点误动作：结构部件在应力作用下发生谐振。

（8）灵敏度恶化：水蒸气在低温时冻结、衔铁运动失灵或受阻、剩磁增大影响释放灵敏度。

5.4.5.2　接插件及开关常见失效机理

（1）接触不良：接触表面尘埃沉积、有害气体吸附膜、摩擦粉末堆积、焊剂污染、接点腐蚀、接触簧片应力松弛和火花及电弧的烧损。

(2) 绝缘不良（漏电、电阻低、击穿）：表面有尘埃和焊剂等污染、受潮、有机材料检出物及有害气体吸附膜与表面水膜融合形成离子性导电通道、吸潮长霉和绝缘材料老化及电晕和电弧烧烁碳化等。

(3) 接触瞬断：弹簧结构及构件谐振。

(4) 弹簧断裂：弹簧材料的疲劳、损坏或脆裂等。

(5) 机械失效：主要是弹簧失效、零件变形、底座裂缝和推杆断裂等引起的。

(6) 绝缘材料破损：主要原因是绝缘体存在残余应力、绝缘老化和焊接热应力等。

(7) 动触头断刀（对于加压型波段开关）：机械磨损、火花和电弧烧损等。

(8) 跳步不清晰（对于开关）：凸轮弹簧或钢珠压簧应力松弛、凸轮弹簧或钢珠压簧疲劳断裂等。

(9) 吊克力下降（对于连接器）：接触簧片应力松弛、错插和反插及斜插使弹簧过度变形。

5.4.6 电子电路故障模式分析

电子电路故障主要是由于高温、潮湿盐雾、振动冲击、电磁脉冲等引起。

(1) 高温环境。在高温作用下，潜在的缺陷如体缺陷、扩散不良或杂质分布不均匀、氧化物缺陷、裂纹、导线焊接缺陷、污染物（包括湿气）和最后密封缺陷等将加速失效。接触处的膨胀系数差异形成热与机械应力，将加速潜在的制造缺陷。

(2) 潮湿盐雾。在潮湿环境里，包装内的湿气会直接引入腐蚀过程并激化一些污染物如剩余气离子，它可能是影响长期工作可靠性的最重要的单项因素，导致器件内的材料退化所需的湿气量可以少到一层水分子。沙尘会造成湿气积聚并引入污染物从而加速腐蚀影响。而盐雾会加速湿气影响，如果气密不良则会造成严重的腐蚀污染问题，可能造成线头腐蚀。

(3) 振动冲击。冲击会加速潜在缺陷造成的失效，这些缺陷包括本体材料裂纹、定位偏离和叠装错误、电阻率梯度、极板和模片之间产生气隙和裂纹、接点缺陷、气密部位缺陷等。振动与冲击的破坏主要是器件永久变形、扩大裂缝、破坏插座之间的密封，使性能不稳定和调零困难、元件松弛、读数不准、内部线路断开、导线损坏、电器损坏等。

(4) 电磁脉冲。在强电磁脉冲环境里，靠近设备表面敷设的电线（电缆、天线、数据传输线等）可能会受到电磁脉冲的作用而产生浪涌电流，造成烧蚀、击穿、工作不稳或无法工作等不良影响。

5.4.7 电机故障分析

无论是起动机还是发电机，都是电机，都可看成动、静两组电感器件（线圈）借助于电磁场的相互作用而构成的统一体。同时还有碳刷等接触器件、整流与机械器件等组成。电机的故障机理主要取决于电感器件和接触器件的故障机理，即线圈老化与内部短路、线头断路，接触表面腐蚀、烧蚀与接触阻抗等。

(1) 电机故障统计分析如表 5-11 所示。

表 5-11　电机故障部位分布百分比

故障现象	所占比例/%
线圈短路、烧坏	18
绝缘下降	17
碳刷、整流部分接触不良	25
滚动轴承故障	25
转子不平衡	6
轴套磨损	2
其他	7

（2）电机的老化分析。电机主要受 4 个方面因素的作用而逐渐老化，造成绝缘下降，内部短路。

1）电气老化。当绝缘材料承受高压时，绝缘表面或内部空隙发生放电，侵蚀绝缘材料使其绝缘性能下降。

2）热老化。绕线外层合成树脂系列绝缘材料在温度升高时分子间的一系列分解、挥发、氧化等过程，结果是绝缘性能下降、材料变脆。

3）机械老化。受起动-运行-停机和负荷变动所造成的热循环影响，绝缘材料与导电体发生反复变形，使电机的绝缘性能下降。此外，受电磁力、振动和重力作用，绝缘劣化也会加速，这方面尤以转子绕组更明显。

4）环境因素引起的变化。电机周围环境中有灰尘、腐蚀性气体、水分、附着的油类、放射性等不利因素的存在，加剧了老化过程。

（3）电机接触器件的故障。碳刷、滑环等接触器件在工作中，接触面之间的循环造成最明显的故障是接触元件损坏和这些元件接触不良。由于反复循环工作，使接触件持续暴露于可能的腐蚀性污染物之中。这些循环除了会产生接触面上的物理磨损外，还会使界面电阻加大，工作期间接触温度升高和电气连接恶化。

复习思考题

5-1　工程装备失效有哪几种分类方法？

5-2　什么是失效模式？

5-3　什么是失效机理？

5-4　工程装备常用的失效模型有哪些？

5-5　什么是失效机理，可以从哪几个方面进行失效机理分析？

5-6　齿轮泵的常见故障有哪些，其原因是什么？

5-7　试列出电液比例阀的常见故障及其原因。

5-8　工程装备电气系统中接触器件的失效模式有哪些？

第6章　工程装备液压系统故障诊断

液压系统的故障诊断即对工程装备液压系统的运行状态进行判断，看是否发生了液压故障，当确定发生了故障之后，要判断具体的故障部位。所以，液压系统故障诊断的内容应包括：对装备液压系统的运行状态及故障的识别、预测和监视3个方面。具体来说，液压系统通常是根据计量仪表，如：压力表、温度表、流量表等，对系统进行状态监测；并通过对系统噪声、振动、液压油的污染程度等的监测，判断系统的工作状态是否超过正常范围；通过对工程装备的日常维修、定期维修和综合检查，特别是从每天的日常维护来了解工程装备的状态，及时发现工程装备的异常现象。

6.1　工程装备液压系统故障与分类

工程装备的液压系统正在朝着高性能、高精度、高集成和复杂化的方向发展，液压系统的可靠性成了一个十分突出的问题。除液压系统的可靠性设计外，液压系统的故障检测和诊断技术也越来越受到重视，成为液压技术的一个发展方向。由于液压系统工作元件及工作介质的封闭特性，给液压系统的状态监测及在线故障诊断带来很大的困难，因而对液压系统的故障诊断很多时候还是采用人工巡回检测和定期维修的方式。近年来，由于计算机技术、检测技术、信息技术和智能技术的发展，大大地促进了液压系统故障检测与诊断技术的发展，出现了多种故障诊断技术，为液压系统的故障诊断与排除奠定了基础。

6.1.1　液压系统和液压元件的故障分类

液压系统和液压元件在运转状态下，出现丧失其规定性能的状态，称之为故障。所有的故障一般可分为随机故障和规律性故障两种类型。随机性故障不可预测，其间隔期无法估计，有发展过程的随机故障可用状态监测方法测定，无发展过程的随机故障则无法观察确定，只能根据记录及故障数据的分析，通过改进设计减少故障的发生。规律性故障可以预测，故其间隔期可以估计，有发展过程的规律性故障可用状态监测方法确定，无发展过程的规律性故障可有计划地进行部件更换或检修。

一般对故障可从工程复杂性、经济性、安全性、故障发生的快慢、故障起因等不同角度进行分类，大体上可分为间断性故障和永久性故障。其中间歇性故障是指在很短的时间内发生，故障使装备局部丧失某些功能，而在发生后又立刻恢复到正常状态的故障。永久性故障则指使状态丧失某些功能，直至出现故障的零部件修复或更换，功能才恢复的故障。永久性故障可进一步做如下分类。

（1）按故障造成的功能丧失程度分类：

1）完全性故障：完全丧失功能；

2）部分性故障：某些局部功能丧失。

（2）按故障发生的快慢分类：

1）突发性故障：不能早期预测的故障；

2）渐发性故障：通常测试可早期预测的故障，即故障有一个形成发展的过程；

上述两类故障还可以进一步分为：

1）破坏性故障：既是突发的又是完全性的故障；

2）渐衰性故障：既是部分性又是渐发性故障。

（3）按故障的原因分类：

1）磨损性故障：设计时便可预料到的属正常磨损造成的故障；

2）错用性故障：由于使用时，负载、压力、流量超过额定值所导致的故障；

3）固有的薄弱性故障：使用中，负载、压力、流量等虽未超过设计时的规定值，但此值本身规定不适合实际情况，设计不合理而导致出现的故障。

（4）按危险的程度分类：

1）危险性故障：例如安全溢流保护系统在需要动作时失效，造成工件或机床损坏，甚至人身伤亡的液压故障；

2）安全性故障：例如起动液压设备时不能开车动作的故障。

（5）按故障影响程度分类：灾难性的、严重的、不严重的、轻微的等。

（6）按故障出现的频繁程度分类：非常容易发生、容易发生、偶尔发生、极少发生等。

（7）按排除故障的紧急程度分类：需立即排除、尽快排除、可慢些排除及不受限制（以不影响装备使用为原则）等故障。

6.1.2　工程装备液压系统故障的特点

6.1.2.1　故障的隐蔽性

液压部件的机构和油液封闭在密闭的壳体和管道内，当故障发生后，不如机械传动故障那样容易直接观察到，又不像电气传动那样方便测量，所以确定液压系统故障的部位和原因是比较困难的。

6.1.2.2　故障的多样性和复杂性

液压设备出现的故障可能是多种多样的，而且很多情况下是几个故障同时出现的，这就增加了液压系统故障的复杂性。例如：系统的压力不稳定，经常和振动噪声故障同时出现；而系统压力达不到要求经常又和动作故障联系在一起；甚至机械、电气部分的弊病也会与液压系统的故障交织在一起，使得故障变得多样和复杂。

6.1.2.3　故障的难于判断性

影响液压系统正常工作的原因，有些是渐发的，如因零件受损引起配合间隙逐渐增大，密封件的材质逐渐恶化等渐发性故障；有些是突发的，如元件因异物突然卡死造成动作失灵所引起的突发性故障；也有些是系统中各液压元件综合性因素所致，如元件规格选择、配置不合理等，很难实现设计要求；有时还会因机械、电气以及外界因素影响而引起液压系统故障。以上这些因素给确定液压系统故障的部位以及分析故障的原因增加了难度。所以当系统出现故障后，必须综合考虑各种因素，对故障进行认真地检查、分析、判断，才能找出故障的部位及其产生原因。但是，一旦找出故障原因后，往往处理和排除却比较容易，一般只需更换元件，有时甚至只需经过清洗即可。

6.1.2.4 故障的交错性

液压系统的故障，其症状与原因之间存在着各种各样的重叠和交叉。

引起液压系统同一故障的原因可能有多个，而且这些原因常常是交织在一起互相影响的。例如，系统压力达不到要求，其原因可能是液压泵引起的，也可能是溢流阀引起的，也可能是两者同时作用的结果，也可能是液压油的黏度不合适，或者是系统的泄漏等所造成的。

另外，液压系统中同一原因，但因其程度的不同系统结构的不同以及与它配合的机械结构的不同，所引起的故障现象也可以是多种多样的。例如，同样是系统吸入空气，可能出现不同的故障现象，特别严重时能使泵吸不进油；较轻时会引起流量、压力的波动，同时产生轻重不同的噪声；有时还会引起机械部件运动过程中的爬行。

所以，液压系统的故障存在着引起同一故障原因的多样性和同一原因引起故障的多样性的特点，即故障现象与故障原因不是一一对应的。

6.1.2.5 故障产生的随机性与必然性

液压系统在运行过程中，受到各种各样随机因素的影响，因此，其故障有时是偶然发生的，如：工作介质中的污物偶然卡死溢流阀或换向阀的阀芯，使系统偶然失压或不能换向；电网电压的偶然变化，使电磁铁吸合不正常而引起电磁阀不能正常工作等，这些故障不是经常发生的，也没有一定的规律。但是，某些故障却是必然会发生的，故障必然发生的情况是指那些持续不断经常发生，并具有一定规律的原因引起的故障，如工作介质黏度低引起的系统泄漏、液压泵内部间隙大使得内泄漏增加导致泵的容积效率下降等。因此在分析液压系统故障的原因时，既要考虑产生故障的必然规律，又要考虑故障产生的随机性。

6.1.2.6 故障的产生与使用条件的密切相关性

同一系统往往随着使用条件的不同，而产生不同的故障。例如：环境温度低，使油液黏度增大引起液压泵吸油困难；环境温度高、又无冷却时，油液黏度下降引起系统泄漏和压力不足等故障。设备在不清洁的环境或室外工作时，往往会引起工作介质的严重污染，并导致系统出现故障。另外，操作维护人员的技术水平也会影响到系统的正常工作。

6.1.2.7 故障的可变性

由于液压系统中各个液压元件的动作是相互影响的，所以，排除了一个故障，往往又会出现另一个故障。这就使液压系统的故障表现出了可变性。因此，在检查、分析、排除故障时，必须特别注意液压系统的严密性和整体性。

6.1.2.8 故障的差异性

由于设计、加工、材料及应用环境的差异，液压元件的磨损和劣化的速度相差很大，同一厂家生产的同一规格的同一批液压件，其使用寿命会相差很大，出现故障的情况也有很大差异。

6.1.3 工程装备液压系统常见故障现象

工程装备液压系统的故障最终主要表现在液压系统或其回路中的元件损坏，伴随漏油、发热、振动、噪声等现象，导致系统不能发挥正常功能甚至丧失规定的功能。主要的故障现象列举如下。

（1）泄漏：包括由于松动、磨损、老化、突然爆裂等原因引起的外漏、内漏、缓漏、急漏。液压系统内泄漏（液压泵、控制阀及执行元件——液压缸和液压马达等内泄漏），造成各执行元件工作不良或无动作；液压系统外泄漏，即液压元件、液压辅件及管路（特别是接头处）有明显外泄，造成液压系统油量不足、油压降低和环境污染。

（2）油料变质：包括氧化、高温、化学污染、老化、滤清器失效等引起的稀释、胶状沉淀、絮状悬浮、杂质过多等现象。

（3）振动及噪声：包括由于磨损、蠕变、调整不当、变形等原因所引起的机械振动、液力波动、机械噪声和液、气噪声等。作业或运行时其液压元件或管路振动和噪声，会造成工作不良或机件损坏。

（4）油料温度过高：由于负荷、摩擦、环境等因素造成的液压油温度超过规定范围。

（5）运转无力：由于定压太低、泄漏过量、供油不足等所引起的不能拖动额定负载的现象。

（6）执行元件动作缓慢：由于液压泵采油不足、泄漏、定压过低、流量不够等所造成的运动速度低于正常值的现象。

6.2　工程装备液压系统故障诊断的原则与步骤

6.2.1　工程装备液压系统故障诊断的一般原则

正确分析故障是排除故障的前提，系统故障大部分并非突然发生，发生前总有预兆，当预兆发展到一定程度即产生故障。引起故障的原因是多种多样的，并无固定规律可循。统计表明，液压系统发生故障约 90%是使用、管理不善所致。为了快速、准确、方便地诊断故障，必须充分认识液压故障的特征和规律，这是故障诊断的基础。

在故障诊断过程中要遵循由外到内、由易到难、由简单到复杂、由个别到一般的总原则，具体要从下面几个方面来把握。

（1）首先判明液压系统的工作条件和外围环境是否正常。需要首先搞清是机械部分或是电器控制部分故障，还是液压系统本身的故障，同时查清液压系统的各种条件是否符合正常运行的要求。

（2）区域判断。根据故障现象和特征确定与该故障有关的区域，逐步缩小发生故障的范围，检测此区域内的元件情况，分析发生原因，最终找出故障的具体所在。

（3）掌握各类故障进行综合分析。根据故障最终的现象，逐步深入找出多种直接的或间接的可能原因，为避免盲目性，必须根据系统基本原理进行综合分析、逻辑判断，减少怀疑对象逐步逼近，最终找出故障部位。

（4）故障诊断是建立在装备使用记录及某些系统参数基础之上的。建立系统使用记录是预防、发现和处理故障的科学依据；建立装备故障分析表，它是使用经验的高度概括总结，有助于对故障现象迅速做出判断；具备一定检测手段，可对故障做出准确的定量分析。

（5）验证可能故障原因时，一般从最可能发生的故障原因或最易检验的地方入手，这样可减少装拆工作量，提高诊断效率。

6.2.2 工程装备液压系统故障诊断步骤

液压系统故障诊断的主要内容是根据故障症状（现象）的特征，借助各种有效手段，找出故障发生的真正原因，弄清故障机制，有效排除故障，并通过总结，不断积累丰富经验，为预防故障的发生以及今后排除类似故障提供依据。

故障诊断的原则是先“断”后“诊”。故障出现时，一般以一定的表现形式（现象）暴露出来，所以诊断故障应先从故障现象着手，然后分析故障机理和故障原因，最后采取对策，排除故障，其步骤如图 6-1 所示。

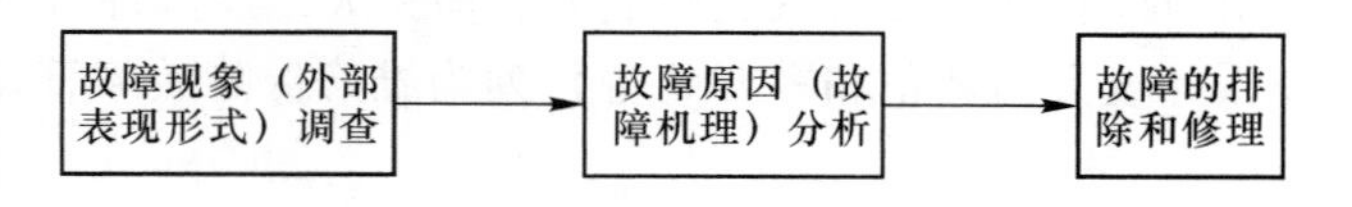

图 6-1 液压系统故障诊断的步骤

6.2.2.1 故障调查

故障现象的调查内容力求客观、真实、准确与实用，可用故障报告单的形式记录，其主要内容包括：

（1）工程装备种类、型号、生产厂家、使用履历、故障类别、发生日期及发生时况；

（2）环境条件：温度、日光、辐射能、粉尘、水汽、化学性气体及外负载。

6.2.2.2 故障原因

故障原因查找是比较困难的，但一般情况下导致故障的原因，如图 6-2 所示，有下述几个方面。

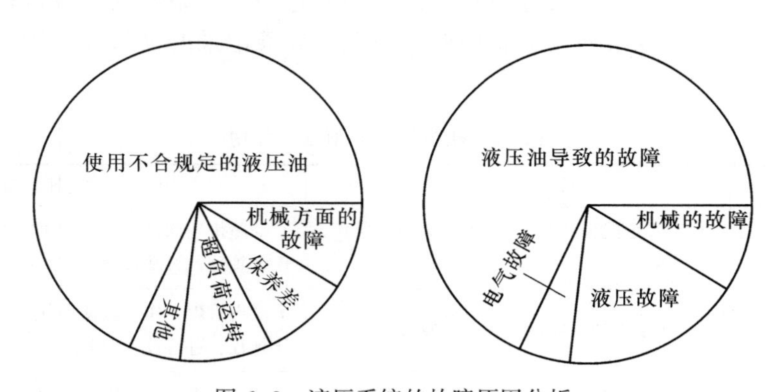

图 6-2 液压系统的故障原因分析

（1）人为因素：操作使用及维修保障人员的素质、技术水平、管理水平及工作态度的好坏，是否违章操作，保养状况的好坏等。

（2）液压系统及液压元件本身的质量状况：原设计的合理程度、原生产厂家加工安装调试质量好坏，用户的调试使用保养状况等。

（3）故障机理的分析：例如使用时间长短，磨损、润滑密封机理、材料性能及失效形式、液压油老化劣化、污染度等方面。

6.2.2.3 故障管理

开展故障管理是一项细致、复杂和必须持之以恒才能收到实效的工作。开发故障管理的主要做法如下。

(1) 做好宣传教育工作，调动全员参加故障管理工作。建立维修保障故障管理体系，实行区域维护责任体制和区域故障限额指标，把责、权、利统一起来，考核主张，奖惩分明。

(2) 从基础工作抓起，紧密结合装备使用要求和装备现状，确定装备故障管理与维修保障重点，采取减少装备故障的措施（如表6-1所示）。要把对装备作战保障影响大、容易发生故障、故障停机时间长或对保障效能影响大、损失大以及修理难度高的装备（如珍大稀装备、作战保障任务重大的装备和重要装备）列为维修保障故障管理的重点，进行严格管理。

表6-1 减少装备故障的措施

故障阶段	初期故障期	偶尔故障期	磨损故障期
故障原因	设计、制造、装配、材质等存在的缺陷	不合理的使用与维修	装备寿命期限
减小故障措施	加强试运转（磨合）中的观察、检查和调整，进行初期状态管理，培训操作人员，合理改进	合理使用与维护，巡回检查，定期检查和状态监测，润滑、调整、日常维护保养	进行状态监测与视情维修，定期维修、合理改装

(3) 做好装备的故障记录。故障记录是实施装备维修故障管理、进行故障分析和处理的依据。必须建立检查记录、维修日记，健全原始记录。有条件的开展点检，认真填写“装备故障维修单”，报送装备维修保障管理机关。故障记录的项目及作用归纳如表6-2所示。

表6-2 故障记录的项目及作用

故障记录项目	能取得的信息	进行故障管理的内容
故障现象	功能的丧失程度，温升，振动，噪声，泄漏情况	故障机理探讨，设计改进装配制造质量，液压油管理，日常管理
故障原因	了解装备故障的性质和主要原因	改进管理工作，贯彻责任制，制定并贯彻操作规程，进行技术业务培训
故障的内容及情况	易出故障的装备及其故障部位，装备存在的缺陷和使用、修理中存在的问题	纳入检查、维护标准，改装装备，计划内检修内容，装备技术资料
修理工时	故障修理工作量，各种工时消耗，现有工时利用情况，维修工实际劳动工时	工时定额，人员配备，维修人员奖励
修理停工	修理停工程度，停歇时间占装备工作时间比率，停工对装备保障任务的影响	改进修理方式和方法，分析停工过程原因，技术培训
修理费用	故障的直接经济损失与军事损失	装备维持费用

(4) 从各种来源收集到的装备故障信息，可以分使用单位和装备类别进行统计、分

析，计算各类装备的故障频率、平均故障间隔期。分析单台装备的故障动态和重复故障原因，找出故障发生规律，并采取对策，将故障信息整理分析资料反馈到计划维修部门，安排预防修理和改善修理计划，并作为修改定检周期、方法和标准的依据。

（5）采用监测仪器和诊断技术，确切掌握重点装备的实际特性，尽早发现故障征兆和劣化信息，实现以状态监测为基础的装备维修。

（6）建立故障查找逻辑程序。为此，要把常见故障现象、分析步骤、产生原因、排除方法汇编起来，制成故障查找逻辑分析程序图、因果图等。这样，不但可以提高工作效率，而且技术较低和缺乏经验的装备维修人员也可以利用它迅速找出故障的部位和原因。

（7）针对故障现象、故障原因、类型、不同装备的特点，分别采取不同的对策，建立适合本单位的故障管理和设备维修管理体制。一般故障对策可归纳为图 6-3 所示。

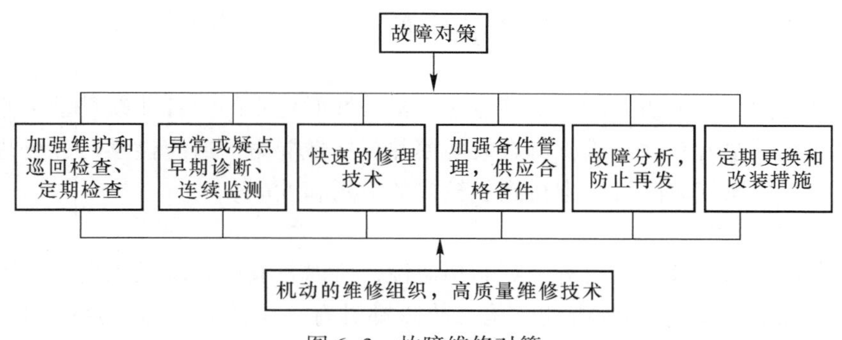

图 6-3 故障维修对策

6.3 工程装备液压系统故障诊断技术与方法

6.3.1 液压系统故障检测与诊断技术

液压系统故障诊断主要有两个部分，即信号的提取与故障模式识别。

6.3.1.1 动态信号在线检测

对液压系统的主要工况参数（如压力、流量、温度、元件的运动速度、振动和噪声等）信号，利用各种传感器和信号调理电路与转换电路（包括滤波、放大等信号调理及 A/D 与 D/A 转换等过程）进行实时在线采集和检测，包括对单个液压元件（通常是系统中的重要元件）参数和整个系统特征参数的检测。该过程是整个故障检测与诊断的重要环节，要求实时、准确地获得各参数的真实信号，因此在传感器设计、选择、安装上要做大量的工作。从某种意义上说，传感器的技术水平很大程度上决定了故障诊断系统的准确性和真实性。

6.3.1.2 工作状态的识别与故障诊断

主要包括信号特征分析、工作状态识别和故障诊断等过程。工程装备实车信号采用各种分析方法（如频域分析、时域分析、时频域分析等）进行分析和处理，以提取表达液压系统工况的特征参量，在此基础上进行工作状态的识别和故障诊断。由于实际液压系统元件常常具有严重的非线性特性，如液压阀的饱和、滞环、死区，表现出流量—压力特性的严重非线性等，给经典故障诊断方法造成了很大困难，而基于模糊诊断法、神经网络诊断法、遗传算法诊断法和专家系统诊断方法等现代智能诊断法给此类系统的故障诊断带来了方便，这一部分的工作目标主要是从繁复的信号中发现将要或已经出现的故障，其本质是模式识别，下面对这种智能诊断方法进行讨论。

A　模糊诊断法

液压系统在工作过程中，系统及元件的动态信号多具有不确定性和模糊性，许多故障征兆用模糊概念来表述比较合理，如液压泵的振动强弱、旋转零件的偏心严重、压力偏高、磨损严重等。同一系统或元件，在不同的工况和使用条件下，其动态参数也不尽相同，因此对其评价只能在一定范围内做出合理做人，即模糊分类。模糊推理方法采用IF-THEN形式，符合人类思维方式。同时模糊诊断法不需要建立系统精确的数学模型，对非线性系统尤为合适，因此在液压系统故障诊断中得到了应用和发展。

B　神经网络诊断法

人工神经元网络是模仿人的大脑神经元结构特性而建立的一种非线性动力学网络，由大量的简单非线性单元互联而成，具有大规模并行处理能力、适应性学习和处理复杂多模式的特点，在液压系统故障诊断中得到了较多的应用和发展。

C　专家系统诊断法

由于各种液压系统及元件具有一定的相似性，所以各液压系统及元件的故障具有一定的共同特点，如各种比例/伺服阀的结构、故障都具有一定的共同点。这一领域积累了大量的专家知识，对发展液压系统故障诊断的专家系统创造了条件，具有广阔的发展前景。

D　其他诊断方法

随着现代智能技术的发展，各种复合的智能诊断法将不断涌现，如模糊—专家系统诊断法、神经网络—专家系统诊断法等，将使单一液压系统故障诊断方法的能力得到极大提高。如基于神经网络的专家系统在知识获取、并行处理、适应性学习、联想推理和容错能力等方面具有明显的优势，而这些方面恰好是传统专家系统的主要瓶颈。这些复合智能诊断系统具有诊断速度快、容错能力强和精度高的特点，将是今后长时间的发展方向之一。

6.3.2　液压系统故障的简易诊断法

简易诊断法是靠维修技术人员利用个人实际经验和简单诊断仪器，对工程装备液压系统出现的故障进行诊断，查找故障产生的原因和部位，再进行相应的维护和排除的方法，是目前采用最普遍的方法。

6.3.2.1　简易诊断法的依据

一般情况下，任何故障在演变为大故障之前都会伴随有种种不正常的征兆，例如：

(1) 出现不正常的振动与噪声，尤其是在液压泵、液压马达、液压阀等液压元件处；

(2) 液压执行元件出现工作速度下降，系统压力降低及执行机构动作无力现象；

(3) 出现工作油液温升过高及有焦烟味等现象；

(4) 出现管路损伤、松动等现象；

(5) 出现压力油变质、油箱液位下降等现象。

上述这些现象只要勤检查、观察，就不难被发现。

6.3.2.2 简易诊断法的基本要求

（1）掌握理论知识。要想排除液压系统的故障，首先要掌握液压传动的基本知识，如液压元件的构造与工作特性、液压系统的工作原理等。因为分析液压系统故障时必须从它们的基本工作原理出发，当分析其丧失工作能力或出现某种故障的原因时，是设计与制造缺陷带来的问题，还是安装与使用不当产生的问题，只有懂得其工作原理才能做出正确判断，否则排除故障会具有一定的盲目性。对于复杂、多功能的新型工程装备来说，错误的故障诊断必将造成修理费用高、停工时间长和降低生产效率等经济损失，必须避免。

（2）具备实践经验。液压系统故障多属于突发性故障和磨损性故障，这些故障在液压系统使用的不同时期表现形式与规律也是不一样的。因此诊断与排除这些故障，不仅要有专业理论知识，还要有丰富的安装、使用、保养和修理方面的实践经验。

（3）掌握液压系统的组成和工作原理。诊断和排除液压系统故障最重要的是熟悉和掌握其组成、布置及工作原理。液压系统中的每一个液压元件都有它的作用，应该熟悉每一个液压元件的结构及工作特性。

6.3.2.3 简易诊断法的具体方法

（1）视觉诊断，即眼睛看，观察工程装备液压系统、液压元件的真实情况。一般有六看。

1）看速度。观察执行元件（液压缸、液压马达等）运行速度有无变化和异常现象。

2）看压力。观察液压系统中各测压点的压力值是否达到额定值及有无波动现象。

3）看油液。观察液压油是否清洁、变质；油量是否充足；油液黏度是否符合要求；油液表面是否有泡沫等。

4）看泄漏。看液压管道各接头处、阀块结合处、液压缸端盖处、液压泵和液压马达轴端处等是否有渗漏和出现油垢现象。

5）看振动。看液压缸活塞杆及运动机件有无跳动、振动等现象。

6）看作业。根据所用液压元件的铭牌和作业情况，判断液压系统的工作状态。

（2）听觉诊断，即耳朵听，用听觉分辨液压系统的各种声响。一般有七听。

正常的工程装备运转声响有一定的音律和节奏保持持续的稳定，因此，熟悉和掌握这些正常音律和节奏，就能准确判断液压系统是否工作正常，同时根据音律和节奏变化的情况以及不正常声音的部位，可分析确定故障发生的部位和损伤情况。

1）高音刺耳的啸叫声通常是吸进空气。如果气蚀声，可能是过滤器被污物堵塞，液压泵吸油管松动或油箱液面太低及液压油劣化变质、有污物、消泡性能降低等原因。

2）“嘶嘶”声或“哗哗”声为排油口或泄漏处存在较严重的漏油漏气现象。

3）“嗒嗒”声表示交流电磁阀的电磁铁吸合不良，可能是电磁铁内可动铁芯与固定铁芯之间有油漆片等污物阻隔，或者是推杆过长。

4）粗沉的噪声往往是由于液压泵或液压缸过载而产生的，尖叫声往往是溢流阀等元件规格选择不当或调整不当而引起的。

5）液压泵“喳喳”或“咯咯”声，往往是由于泵轴承损坏以及泵轴严重磨损、吸进空气所产生的。

6）尖而短的摩擦声往往是由于两个接触面干摩擦所发生的，也有可能是由于该部位被拉伤所产生。

7）冲击声音低而沉闷，常是由于油缸内有螺钉松动或有异物碰击所产生的。

（3）触觉诊断，即用手摸。用手抚摸液压元件表面。一般有四摸。

1）摸温升。用手抚摸液压泵和液压马达的外壳、液压油箱外壁和阀体表面，若接触2s 时感到烫手，一般可认为其温度已超过 65℃，应查找原因。

2）摸振动。用手抚摸内有运动零件的部件的外壳、管道或油箱，若有高频振动应检查原因。

3）摸爬行。当执行元件特别是控制机构的机件低速运动时，用手抚摸内有运动零件的部件的外壳可感觉到是否有爬行现象。

4）摸松紧程度。用手抚摸开关、紧固或连接螺栓等可检查连接件的松紧可靠程度。

（4）嗅觉诊断，即鼻子闻。闻液压油是否发臭变质，导线及油液是否有烧焦的气味等。

（5）查阅诊断，即查资料。查阅装备技术档案中的有关故障分析和修理记录，查阅目检和定检卡，查阅交接班记录和维护保养情况的记录。

（6）询问诊断，即向人询问。访问装备操作手，了解装备平时运行状况。

1）问液压系统工作是否正常，液压泵有无异常现象。

2）问液压油更换时间，过滤网是否清洁。

3）问发生故障前压力调节阀或速度调节阀是否调节过，有哪些不正常现象。

4）问发生故障前对密封件或液压件是否更换过。

5）问发生故障前后液压系统出现过哪些不正常的现象。

6）问过去经常出现过哪些故障，是怎么排除的，哪位维修人员对故障原因与排除方法比较清楚，总之，对各种情况必须尽可能地了解清楚。

简易诊断法虽然有不依赖于液压系统的参数测试、简单易行的优点，但由于个人的感觉不同、判断能力的差异、实践经验的多寡和故障的认识不同，对初步获得的信息取舍不同，其判断结果会存在一定差异，因此在使用简易诊断法诊断故障有疑难问题时，通常通过拆检、测试某些液压元件以进一步确定故障。

6.3.3　基于液压系统图的故障诊断方法

熟悉液压系统图，是从事液压设计、使用、调整、维修以及排除液压系统故障等方面的工作的装备使用与维修人员的基本功，是排除工程装备液压系统故障的基础，也是确定液压系统故障的一种最基本的方法。

液压系统图是表示液压系统工作原理的一张简图，表示该系统各执行元件能实现的动作循环及控制方式，一般还配有电磁铁动作循环表及工作循环图。液压系统中的液压元件图形采用符号图和结构示意图或者它们的组合结构所构成。

在用液压系统图排除故障时，主要方法是从“抓两端”（动力源和执行元件）开始，即首先分析动力源（油泵）和末端执行元件（油缸、马达等），然后是“连中间”——分析中间环节，即从油泵到执行元件之间经过的管路和控制元件。“抓两端”时，要分析故障是否就出在油泵和油缸（马达）本身。“连中间”时，除了要注意分析故障是否出在液压线路上的液压元件外，还要特别注意弄清系统从一个工作状态转换到另一个工作状态时是由哪些信号检测元件（电器、机动还是手动）发出状态信号，是没有状态检测信号不动作还是发出了状态检测信号不动作，需对照实物，逐个检查；要注意各个主油路之间及主油路与控制油路之间有无接错而产生相互干涉的现象，如有相互干涉现象，要分析是设计错误还是使用调节错误。

下面以图 6-4 所示某装备液压系统图为例，说明如何根据液压系统图诊断液压系统故障的步骤与方法。

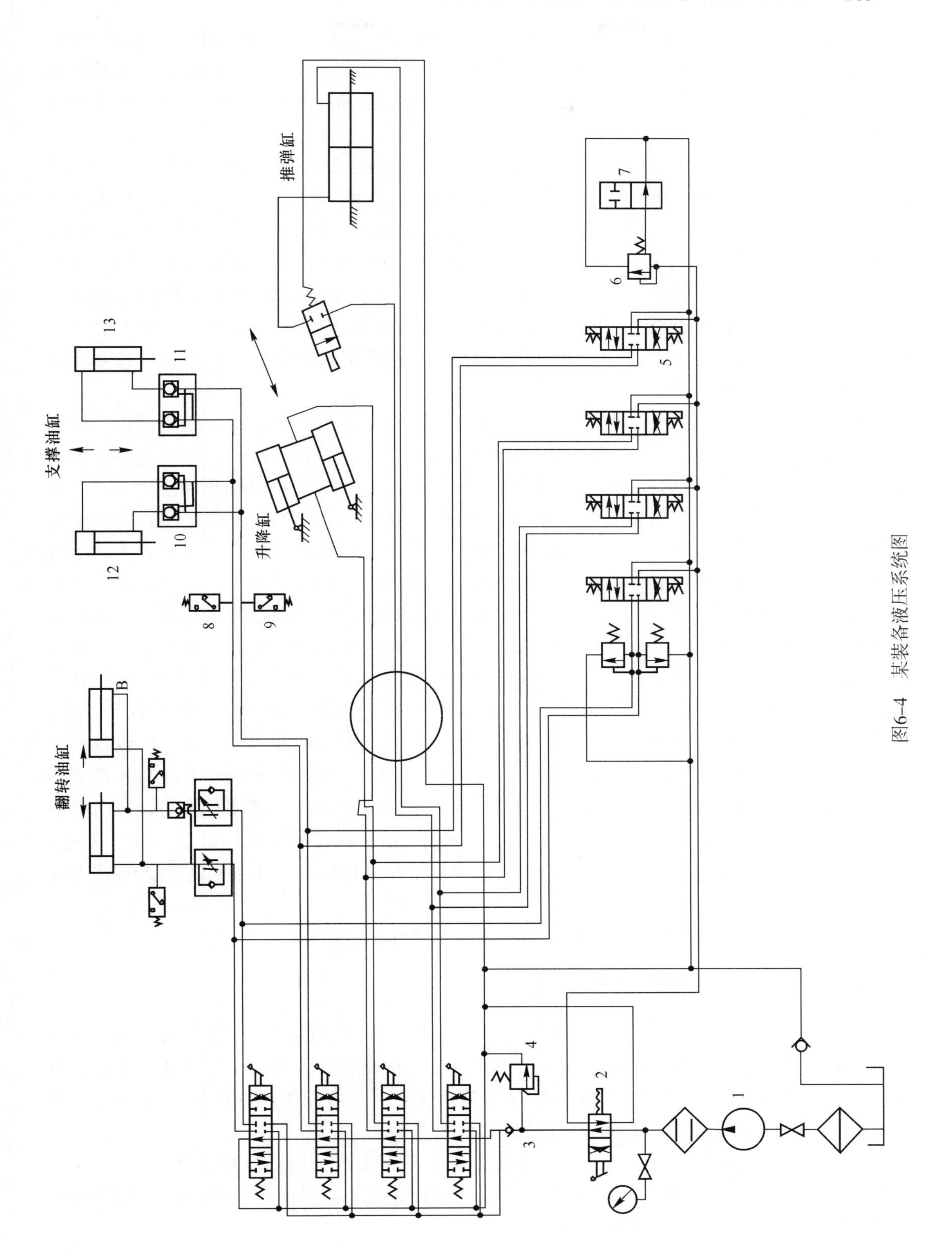

图6-4 某装备液压系统图

图 6-4 所示的液压系统主要是通过手动和电动两种方式，控制翻转油缸、支撑油缸、升降油缸、推弹油缸等执行元件的运行。此处以分析半自动方式下支撑油缸不正常故障的诊断与排除方法。为了便于分析，将液压系统图中的管路和液压件编上数码号（见图中的 1～13）。

从动作执行流程可知，在半自动方式下，支撑油缸 12 和 13 执行伸缩动作，压力油从油泵 1、过滤器输出至手动半自动切换阀（液压阀箱），然后分两路，切换阀左位为自动操作，高压油经单向阀 3 和手动阀组中位油道后，传输到电磁换向阀 5。若电磁换向阀接到油缸伸缩动作控制信号，阀芯移动，压力油从电磁换向阀 5 出油口至液控单向阀（液压锁）10 和 11，再到支撑油缸。油缸伸缩到位后，触发压力继电器 8 和 9 出状态控制信号，PLC 收到信号后发出控制信号切断油路，使支撑油缸保持其状态。该液压系统图的“两端”，指泵 1 和油缸 12 和 13。“连中间”，则是指所连接的阀和管路；状态信号检测元件在该回路是指压力继电器 8 和 9。

自动状态下左支撑油缸不能正常支撑：即支撑油缸 12 不动作，油缸不能伸出。诊断这一故障时，先“抓两端”，此两端油缸 12 和齿轮泵 1，先检查支撑油缸本身是否因某些原因（参见第 5 章执行故障机理分析内容）不动作，还是油泵无油液输出和压力不足，造成油缸不动作，如无不正常进入“连中间”继续查找故障。“中间”经手动半自动切换阀 2 单向阀 3 溢流阀 4 电磁换向阀 5 液控单向阀 10，根据工作原理分析，首先检查手动半自动切换阀 2 是否在自动位且是否正常，若不在自动操作位，则将其置于自动位，若其有故障（参照第 5 章液压阀失效分析内容），则进行排除修理；支撑油缸伸出支撑时，电磁换向阀处于“下”工作位置，否则不能支撑，此时便要确认电磁阀线圈是否通电，如不通电，则要检查电气控制系统故障；如果电磁换向阀工作正常，则应检查液控单向阀 10 是否正常，如果该阀组内部单向阀损坏，油缸 12 的有杆腔油液不能排出，油缸也不动作，应检查该单向阀组件；另外，如果油路虽导通，但换向阀输出油液压力不足，导致进入支撑油缸无杆腔压力油压力不够，也可能使油缸 12 不动作，则要检查作为溢流阀 4 调定压力是否过低。还有一种情况，如果压力继电器 8 发生故障，其内部微动开关闭合，向电气控制系统送出虚假到位信号，电控系统 PLC 收到信号后，将发出控制信号至二位二通阀 7 使其处于导通位，导致先导溢流阀 6 开启，油泵卸荷油液回油箱，主油道无压力导致支撑油缸 12 无支撑动作。

这样便通过“抓两端”“连中间”找出无支撑动作的故障原因。

6.3.4　液压系统故障诊断的逻辑分析法

逻辑分析法主要根据工程装备液压系统工作基本原理进行的逻辑推理方法，也是掌握故障判断技术及排除故障的最主要的基本方法。它是在理解液压系统原理的基础之上，根据该工程装备液压系统组成中各回路内的所有液压元件有可能出现的问题导致执行元件（液压缸或液压马达）故障发生的一种逼近的推理查出法。

为了正确分析液压系统，理解液压系统，首先了解工况，即要分析负载对力、速度、行程、位置及工作循环周期的要求；其次是分析液压系统的设计者是如何保证负载的这些工况要求的；最后做到真正认识液压系统：

认识液压系统的结构，液压系统是由哪些回路组成的，每个回路的特性是什么，回路之间是如何融合一体的等。所有这些都要弄清楚，一个地方理解错误，就不可能有效地排除液压系统的故障。

认识每个液压元件，这里有两个含义：（1）要确认每个元件的功能和对液压系统的适应性，即每个元件必须满足液压系统的要求；（2）要认识液压元件本身的结构、原理及其质量指标。此外，还应了解油液的品质、清洁度以及过滤净化水平等。

逻辑分析法按照故障原因分析的表现形式又分为叙述法、列表法、框图法、鱼刺法等。

6.3.4.1 叙述法

在真正理解液压系统的基础上，对于一种故障现象中的基本元器件逐个进行表述性分析，直至查出真正故障原因。例如对于图6-5所示的推土机液压系统，对出现液压缸动作不灵的进行分析，得到可能有以下原因：（1）液压油箱液面太低；（2）滤油器堵塞；（3）液压油污染或变质；（4）吸油阻力太大；（5）液压泵自吸能力差；（6）液压泵本身故障；（7）溢流阀出现故障；（8）换向阀出现故障；（9）液压缸故障。

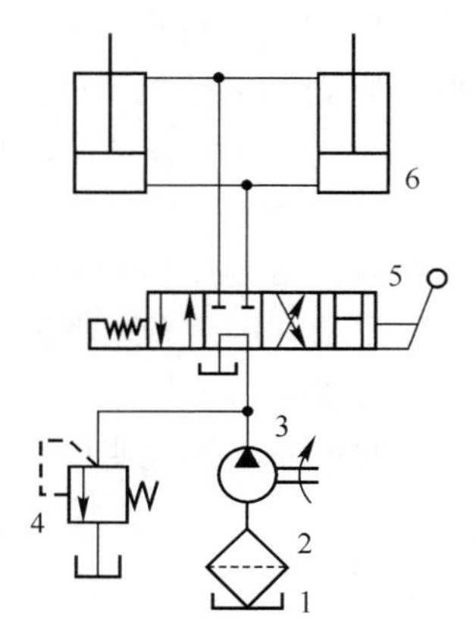

图6-5 某型推土机液压系统图

1—油箱；2—滤油器；3—液压泵；4—安全阀；5—换向阀；6—液压缸

6.3.4.2 列表法

列表法是利用表格将系统中发生的故障、故障原因及故障排除方法简明地列出的一种常用方法，见表6-3。

表6-3 列表法示例

故障	故障原因分析	故障排除方法
油温上升过高	1. 使用了黏度高的工作油，黏性阻力增加，油温升高； 2. 使用了消泡性差的油，由于气泡的绝热压缩，工作油变质使油温上升； 3. 在高温暴晒下工作，工作油劣化加剧，使油温上升； 4. 其他如过猛操作换向阀，经常使系统处于溢流等	更换合格合适的液压油，平稳操作，防止冲击，尽可能减少系统溢流损失等

续表 6-3

故障	故障原因分析	故障排除方法
工作油中气泡增多	1. 工作油中混入空气，停机时气泡积存于配管，执行元件排气不良时，同样会出现更多的气泡； 2. 噪声增加； 3. 油温上升	1. 检查工作油量是否过少，尤其要注意工作油在倾斜厉害的状况下长时间使用时，油面应比油泵进油口高； 2. 检查泵密封好不好，吸油管松动了没有，松了要拧紧； 3. 使用消泡性好的工作油

6.3.4.3　框图法

框图法，又称流程图法，它是根据液压系统的基本原理进行逻辑分析，减少怀疑对象，逐步逼近，最终找出故障发生的部位，再检测分析故障的原因。

框可分为两种：(1) 矩形框，称叙述框，表示故障现象或要进行解决的问题，它只有一个入口和一个出口；(2) 菱形框，它表示进行故障的原因分析，是检查、判断框，一般有一个入口，两个出口，判断后形成两个分支，在两个出口处，必须注明哪一个分支是对应满足条件的（常以“是”）表示，哪一个分支是对应不满足条件的（以“否”）表示。

逻辑框图法是利用矩形框（或左右两端是半圆的圆边框）、菱形框、指向线和文字组成的描述故障及故障判断过程的一种图示方法。有了框图，即使故障复杂，也能做到分析思路清晰，排除方法层次分明，解决问题一目了然。

现在通过液压系统工作压力不足的故障示例说明框图法的应用，如图 6-6 所示。

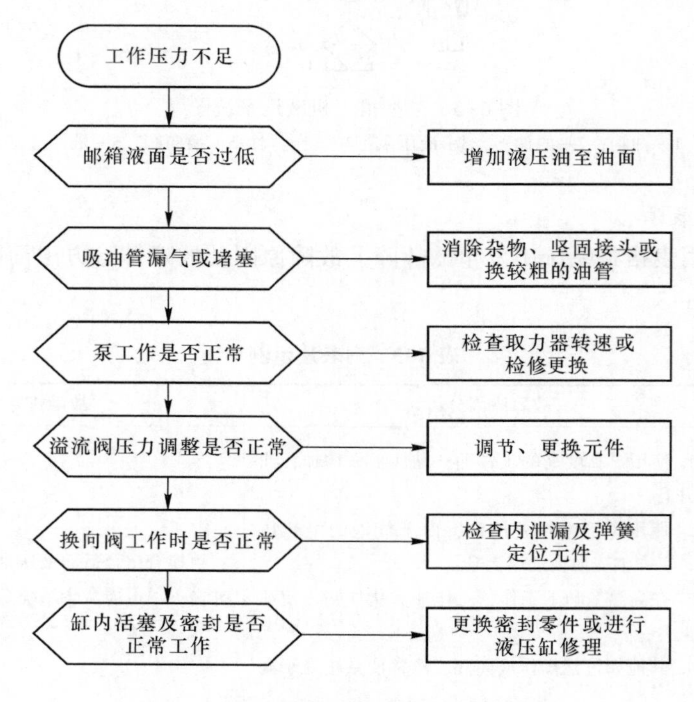

图 6-6　液压系统工作压力不足的框图法

6.3.4.4 因果图诊断法

因果图诊断法，又叫鱼刺法，它是在借鉴他人经验，查阅有关资料，总结工作实践的基础上进行的。故利用因果图可容易找出影响某一故障的主要因素和次要因素。例如，液压缸泄漏故障，就可以利用这种方法帮助我们查找外泄漏的原因，如图 6-7 所示。

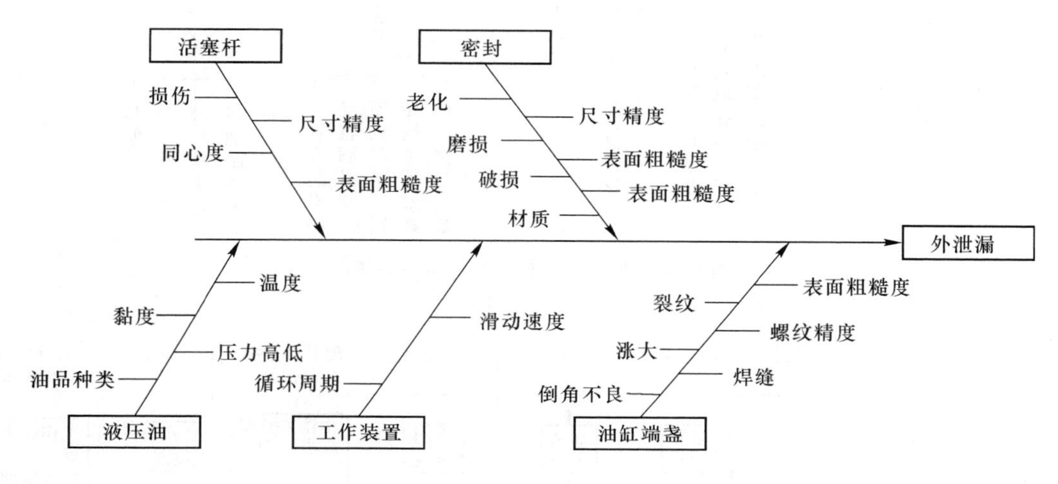

图 6-7 油缸泄漏的鱼刺法

首先分析液压缸外泄漏的主要原因，并依次标写在因果图上，然后经过分析与检测，确认主要原因。

从图中可以初步确定产生液压缸外泄漏故障的几个方面主要因素是：活塞杆划伤、油温过高、油液黏度过低、润滑性能差、密封效果差、液压缸与活塞杆不同轴、摩擦阻力不均匀等。这些因素是工程装备液压缸产生外泄漏的主要原因。

6.3.4.5 区域分析与综合分析法

区域分析是根据故障现象和特性，确定该故障的有关区域，检测此区域内的元件情况，查明故障原因采取相应区域性的对策。

综合分析是对系统故障做出全面分析。因为产生某一故障往往是多种原因和因素所致，需要经过综合分析，找出主要矛盾和次要矛盾所在。

例如，活塞杆处漏油或者泵轴油封漏油的故障，因为漏油部位已经确定在活塞杆或泵轴的局部区域，可以用区域分析法，找出漏油原因，可能是活塞杆拉伤或泵轴拉伤磨损，也可能是该部位的密封失效，可采取局部对策排除故障。

又如，执行元件（油缸或液压马达）不动作的故障，便不能只囿于执行元件区域，因为产生不动作的原因除了执行元件本身外，还有可能是油泵、其他阀以及整个回路有故障而引起，此时便要经过调查研究，采用综合分析的方法，找出故障原因，逐个加以排除。图 6-8 及图 6-9 可以用来做综合分析参考。工程装备液压系统的大多数故障，既要进行区域分析，又要进行综合分析。

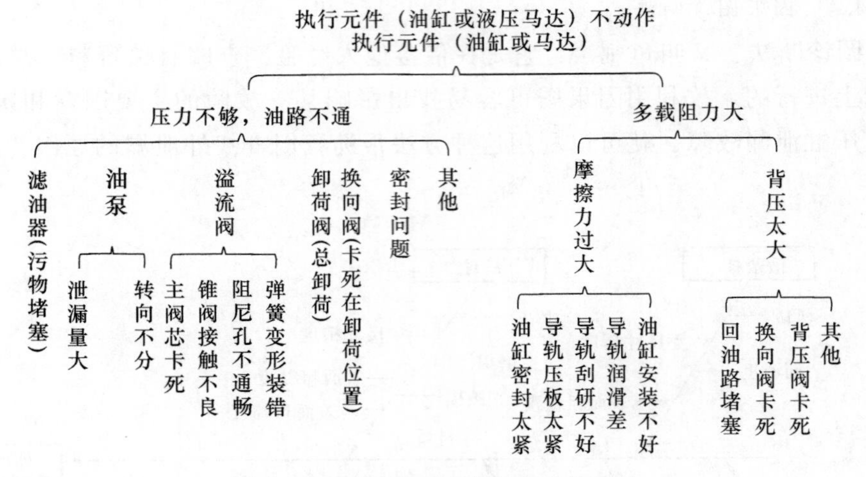

图 6-8　执行元件不动作的综合分析图

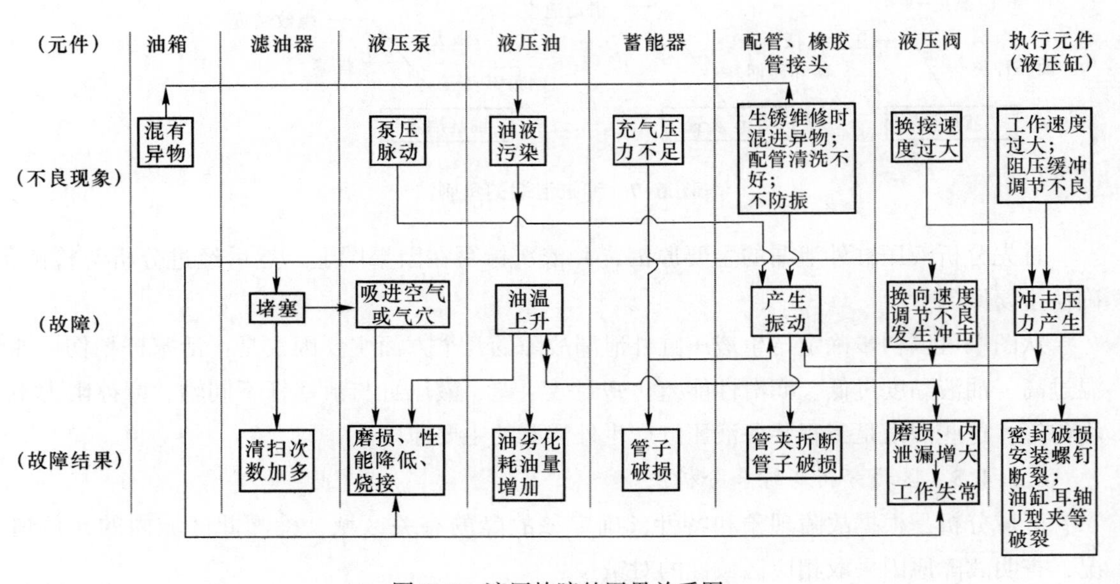

图 6-9　液压故障的因果关系图

6.3.5　液压系统故障的实验诊断法

由于故障现象各不相同，液压系统结构各异，试验的方法也千差万别。目前常用的实验方法有对比替换法、截堵法和仪器仪表检测法等。

6.3.5.1　替换法

替换法常用于缺乏测试仪器的场合检查液压系统故障。它是将同类型、同结构、同原理的液压回路上的相同元件，置换（互换）安装在同一位置上，以证明被换元件是否工作可靠。

置换法的优点在于，即使修理人员的技术水平较低，也能应用此法对液压回路的故障做出准确的诊断。但是，运用此法必须以同类型、同结构、同液压原理和相同液压元件的液压回路为前提，因而此法有很大的局限性和一定的盲目性。

6.3.5.2 截堵法

如堵住阀等元件的油口和油缸油口，可以诊断出这些液压元件是否泄漏和失效。在进行液压系统故障诊断和排除的过程中，采用截堵法是一种行之有效的方法。特别是采用分析法较困难时，该方法更容易找出故障产生的具体部位，正确、快速地予以排除。

A 截堵工具和元件

为了实施截堵法进行液压系统故障诊断和排除，需准备一整套的工具和元件。主要有管接头、法兰堵头、板式阀堵头和插装堵头。

B 一般液压系统截堵程序和截堵点

截堵程序应是先外后内，即先排除液压系统与工作油缸或液压系统和泵之间的故障关系，如图 6-10 所示。因此，先截堵 1、2 点，查找系统与主缸的故障关系。仍以压力升不上去为例（这是液压系统的主要故障，其他故障也相应可以判定），截堵后，若系统有压力，则检查主缸；若无压力，则检查液压系统；若有多缸，还要做相应截堵。还应截堵 3、4 点，检查顶出油缸有无问题；若液压系统有压力，则检查顶出油缸；若无压力，则检查液压系统。

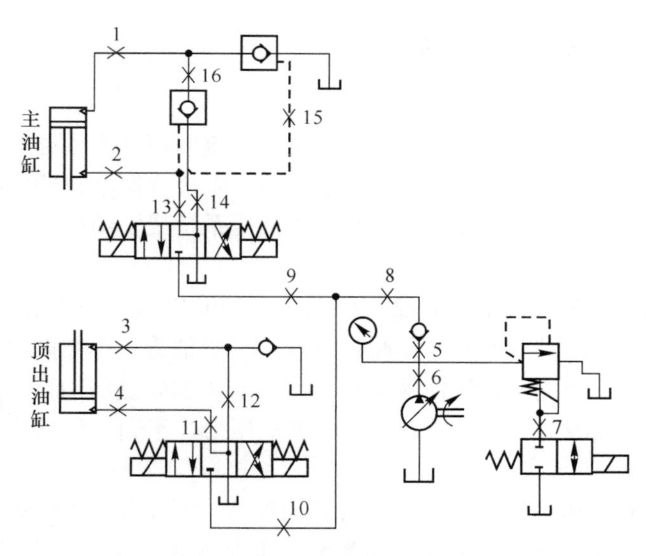

图 6-10 截堵法排除液压系统故障

当截堵 1、2、3、4 点后，系统无压力，则表示液压系统有问题，应该先截堵 5 点，以排除泵、溢流阀与系统的故障，试车若有压力，则证明泵和溢流阀没有问题；若无压力，再检查泵与溢流阀。截堵 6 点，试车时，必须注意，因为此时已无溢流阀，所以试车时只能瞬时点动，否则若泵无问题，压力突然上升，反而会损坏泵或管路。试车若有压力，则证明溢流阀有故障；若无压力，则泵有故障，检查泵。

若溢流阀有故障，拆下 6 点，截堵 7 点，试车。若有压力，证明溢流阀无故障，应检查二位二通电磁阀；无压力，则检查溢流阀。

若调压单元与液压缸均无故障，则应检查液压系统。

打开 5、6、7 点，截堵 8 点，有压力，则排除单向阀的泄漏故障；无压力，检查单向阀及相应部位。

打开 8 点，截堵 9 点或 10 点（二者任取其一），以截堵 10 点为例，试车有压力，则顶出缸部分无故障；无压力，顶出缸部分有故障。继续进行截堵，截堵 11、12 点（检查顶出缸电磁阀），有压力，则电磁阀无故障；无压力，证明该电磁阀泄漏严重，应修复或更换。若电磁阀无故障，继续截堵查找，此时已不必拆下 11 堵头，因为此处与顶出缸下腔直接连接，管路与接头有故障（泄漏）一目了然。

如果是主缸油路的故障，打开 9 点，截堵 13、14 点，试车有压力，排除主缸控制电磁阀的故障；无压力，证明电磁阀泄漏，更换或修复。继续截堵，打开 13、14 点，截堵 15 点，试车有压力，液控单向阀及控制油路无故障；无压力，截堵 16 点，试车有压力，则液控单向阀及控制油路无故障，基本判定 16 点堵头处控制油路有故障，检修排除，若无压力，液控单向阀及控制油路有故障。二者任堵其一，可以找出故障处，亦可不再堵，拆下液控阀分别检查阀芯密封情况和控制油泄漏情况，予以排除。

截堵 15 点后有压力，应继续检查，打开 15 点，此时堵头 1 和 16 均堵，可检查液压锁的故障；试车无压力检查液压锁。此时，整个系统截堵完成，不存在有压力判定问题，拆下全部堵头，恢复系统。

6.3.6　基于压力参数的故障分析与诊断

6.3.6.1　压力故障分析方法与步骤

产生压力故障的主要原因是系统的压力油路和溢流回路（回油路）短接，或者是有较严重的泄漏，也可能是油箱中的油根本没有进入液压系统或原动机驱动功率不足等。造成这类故障的原因可能是油箱中的油根本没有进入液压系统或发动机输出功率不足等。一些可能的具体原因及排除方法有以下几点。

（1）首先检查油泵是否输出压力油。如无压力油输出来，则可能是油泵的转向不对，零件磨损或损坏，吸油路阻力过大（如吸油管较小、吸油管上单向阀阻力较大、滤油网被阻塞、油液黏度大等）或漏气，致使油泵输不出油来。如果是新油泵，也可能是泵体有铸造缩孔或砂眼，使吸油腔与压油腔相通，泵的输油压力达不到工作压力，也有因油泵轴扭断而输不出油的情况。

（2）如果油泵有高压油输出，则应检查各回油管，看是从哪个部件溢油。如溢流阀回油管溢油，但是拧紧溢流阀（安全阀）的弹簧，压力丝毫不变，则其原因可能是溢流阀的阀芯或其辅助球阀（或锥阀）因脏物存在或锈蚀而卡死在开口位置，或因弹簧折断失去作用，或因阻尼孔被脏物堵塞，油泵输出的油立即在低压下经溢流阀溢回油箱。拆开溢流阀，加以清洗，检查或更换弹簧，恢复其工作性能。

（3）检查溢流阀（安全阀）并加以清洗后，故障仍未能消除，则可能是在压力油管路中的某些阀由于污物或其他原因卡住而处于回油位置，致使压力油路与溢流阀回路短接。也可能是管接头松脱或处于压力油路中的某些阀内泄漏严重，或液压元件中的密封损坏，产生严重泄漏所致。拆开有关阀进行清洗，检查密封间隙的大小及各种密封装置，更换已损坏的密封装置。

（4）如果有一定压力并能由溢流阀调整，但油泵输油率随压力升高而显著减少，且压力达不到所需数值，则可能是由于油泵磨损后间隙增大（尤其是端面间隙）所致。测定油泵的容积效率即可确定油泵是否能继续工作．对磨损较严重者则进行修配或加以更换。

(5) 如果整个系统能建立正常压力，但某些管道或液动机没有压力，则可能是由于管道、小孔或节流阀等地方堵塞。逐段检查压力和有无油液通过，即可找出其原因。

6.3.6.2 故障的分析、诊断与排除

(1) 首先应观察压力表，若表毫无压力。则说明系统中动力元件未提供压力油液。应检查泵的转向是否正确，油箱中油液是否不足，过滤网、吸油管是否堵塞。

(2) 若压力表有压力，但压力不足，则应检查各回油管路。如果溢流回路管溢油卸载，则应调定溢流阀，直到压力达到标准为止。调定时，压力无变化，则表明溢流阀有故障，应检修或更换。如果主回油管路中有油，则说明主回路中的控制阀有严重泄漏，应加以检修或更换。

(3) 如果各回油管路中无油，则应检查泵站接头、管路是否松动、破损，过滤器是否清洁。若完好，则说明泵站出现故障，或者是吸油腔与高压腔相通，或密封破损卸载，应检修或更换主泵。

(4) 如果系统工作压力低于额定压力，首先应该检查系统的压力控制元件，看安全阀是否出现问题。在安全阀中，阀芯与阀座的密封不良、阀座与座圈的密封件损坏、调压弹簧疲劳或断裂，以及主溢流阀常开卡滞，都会造成系统的工作压力低于额定压力。根据零件的损坏状况，可以更换零件或进行配研修复，恢复系统正常的工作压力。如果确认安全阀正常，但系统工作压力仍然低于额定压力，此时可以考虑是由于油缸内漏严重和油泵高压腔与低压腔击穿所致。如果油缸内漏严重，可分别操作动臂油缸和转斗油缸，检测系统压力时会得到不同的结果。如果系统压力检测结果相同，则可以断定是油泵高压腔与低压腔击穿。若油泵不能建立压力，可根据检查的结果进行维修或更换配件。

(5) 系统工作压力正常时，流量对系统的影响反映在工作装置的动作速度上。一般情况下，动臂提升速度慢的现象最为明显。流量、转速、油泵理论排量、容积效率、转速的影响比较容易判断，因为柴油机转速过低时，其运转的声音能够提供信息，提醒检修柴油机。影响油泵流量的主要因素是油泵容积效率。在齿轮泵中，齿轮、侧板、泵体的磨损和缺陷都会造成容积效率下降，使油泵的输出流量相应减少。但在确定油泵效率下降之前，应该检查以下几个方面：

1) 液压油箱的液压油是否足够，缺乏液压油会造成油泵吸入空气，直接使流量减小。此时油泵运转会产生刺耳的尖叫声，为判断故障提供了特征。

2) 分配阀动作行程是否足够，阀芯与阀体之间的开口大小直接影响流量的变化，操纵软轴调整不当、损坏和工作分配阀阀芯卡滞都会造成进入工作油缸的流量减少，影响工作装置的动作速度。通过检查分配阀阀芯的行程以及操纵力的大小，可以判定是否有这类故障存在，并进行处理。

液压传动系统中，工作压力不正常主要表现在工作压力建立不起来和工作压力升不到调定值，有时也表现压力升高后降不下来，这种不正常现象主要表现如下。

1) 液压泵的故障：

①泵内零件配合间隙超出技术规定，引起压力脉动使压力下降。排除方法是将因磨损而造成间隙过大的零件按技术规定要求予以维修。

②单作用泵的进出口油管反接。排除方法是先确认泵的进、排油口，然后予以安装，且在启动前向泵内灌满液压油。

③泵内零件损坏、卡死，密封件、轴承损坏，各结合面密封不严导致空气进入。排除方法是对损坏零件按技术标准要求维修或更换：为防止空气进入，做好进出油口密封，尤其注意结合面的密封，有缺陷的要更换。

2）压力阀的故障

①溢流阀调压失灵。溢流阀有 3 种结构形式：直动式、差动式和先导式。直动式和差动式结构较之先导式简单，出现故障易排除。而先导式溢流阀在使用中有时会调压失灵，这除了因为阀芯径向卡紧外，还有以下几个原因。

i 主阀芯上阻尼孔堵塞，液压力传递不到主阀上腔和锥阀前腔，先导阀就失去对主阀压力的调节作用。主阀上腔无油压力，弹簧力又很小，所以主阀会成为一个直动式溢流阀，在进油腔压力很低的情况下，主阀芯就打开溢流，系统便建立不起来压力。

ii 先导阀锥座上的阻尼孔堵塞，油压传递不到锥阀上，先导阀就会失去了对主阀压力的调节作用。由于阻尼小孔的堵塞，在任何压力下，锥阀都不能打开泄油，阀内无油液流动，而主阀芯上、下腔油的压力相等，主阀芯在弹簧力的作用下处于关闭状态，不能溢流，溢流阀的阀前压力随负载增加而上升。当执行机构运动到终点，外负载无限增加，系统的压力也随之无限升高。

通过对阀芯的拆卸、疏通阻尼孔可排除以上故障。

溢流阀内密封件损坏，主阀芯、锥阀芯磨损过大，会造成内外泄漏严重，弹簧变形或太软，使调节压力不稳定。应对阀零件检查，进行修复或更换。

②减压阀压力不稳定及高压失灵阻尼孔堵塞，弹簧变形或卡滞，滑阀移动困难或弹簧太软，阀与座孔配合不好有泄漏处。

具体来讲，由于压力产生的故障主要表现为如下几种。

i 泵不供油。主要原因有：油箱油位过低；吸油困难；油液黏度过高；泵转向不对；泵堵塞或损坏；电机故障。

ii 主油路压力低。主要原因有：接头或密封泄漏；主泵或马达泄漏过大；油温过高；溢流阀调定值低或失效；泵补油不足；阀工作失效。

iii 压力或流量的波动。主要原因有：泵工作原理及加工装配误差引起；控制阀阀芯振动；换向时油液惯性。

iv 液压冲击。主要原因有：工作部件高速运动的惯性；元件反应动作不够灵敏；液流换向；节流、缓冲装置不当或失灵；泄漏增加、空气进入、油温过高。

6.3.7　基于温升的故障分析与诊断

6.3.7.1　温升的危害

液压系统的正常工作温度为 40～60℃，液压系统过热将会引起系统和环境温度的升高，温度超过一定值就会给液压系统带来不利影响。工程装备的液压系统在使用过程中经常会出现液压系统过热引起的液压油工作温度过高，它可直接影响系统的可靠性，降低作业效率等。温升给液压系统带来的危害具体表现在以下几个方面。

（1）液压系统油温过高将导致液压系统热平衡温度升高，使油液黏度降低，系统的油液泄漏增加，系统容积效率下降，总的工作效率下降。

（2）液压系统的温度升高将引起热膨胀，不同材质的运动副的膨胀系数不同会使运动副的配合间隙发生变化。间隙变小，会出现运动干涉或“卡死”现象；间隙变大，会使泄漏增加，导致工作性能下降及精度降低，同时也容易破坏运动副间的润滑油膜，加速磨损。

（3）由于大多数液压系统的密封件和高压软管都是橡胶制品或其他非金属制品，系统温度过高会加速其老化和变质，影响其使用寿命。

（4）温度过高还会使液压油氧化加剧，使用寿命降低，甚至会变质失去工作能力。石油基油液形成胶状物质，会在液压元件局部过热的表面上形成沉积物，它可以堵塞节流小孔、缝隙、滤网等，使之不能正常工作，从而影响工程装备的正常工作，使系统的可靠性下降。

6.3.7.2　液压系统温升的原因

工程装备的液压系统在使用过程中经常会出现温升现象。同一型号的装备由于各生产厂家液压元件的配置、设计水平、制造质量、使用环境以及使用维修单位的技术管理水平各不相同，其液压系统的温升情况也各有差异，液压系统温升原因归结起来主要有两大方面。一是系统产生的热量过多；二是系统散热不足。

A　系统产生的热量过多

（1）系统设计不当。液压系统设计不合理，如管路长、弯曲多、截面变化频繁等，或者选用元件质量差、系统控制方式选择不当，使系统在工作中存在大量压力损失等，均会引起系统油温升高。

（2）系统磨损严重。液压系统中的很多主要元件都是靠间隙密封的，如齿轮泵的齿轮与泵体，齿轮与侧板，柱塞泵、马达的缸体与配油盘，缸体孔与柱塞等。一旦这些液压件磨损增加，就会引起内泄漏增加，致使温度升高，从而使液压油的黏度下降，黏度下降又会导致内泄漏增加，造成油温的进一步升高，这样就形成了一个恶性循环，使系统温度升高过快。

（3）系统用油不当。液压油是维持系统正常工作的重要介质，保持液压油良好的品质是保证系统传动性能和效率的关键。如果不注意液压油的品质和牌号或是误用假油，误用黏度过高或过低的液压油，都会使液压油过早氧化变质，造成运动副磨损而引起发热。

（4）系统调试不当。系统压力是用安全阀来限定的。安全阀压力调整得过高或过低，都会引起系统发热增加。如安全阀限定压力过低，当外载荷加大时，液压缸便不能克服外负荷而处于滞止状态。这时安全阀开启，大量油液经安全阀流回油箱；反之，当安全阀限定压力过高，将使液压油流经安全阀的流速加快，流量增加，系统产生的热量就会增加。

（5）操作使用不当。操作使用、保养不当等也是引起系统过热的原因之一。使用不当主要表现在操纵，或者使阀杆挡位经常处于半开状态而产生节流；或者系统过载，使过载阀长期处于开启状态，启闭特性与要求的不相符；或者压力损失超标等因素都会引起系统过热。

B　液压系统散热不足

（1）油箱等表面太脏。工程装备的作业环境一般比较粗糙、恶劣，如果散热器和油箱等散热面被灰尘、油泥或其他污物覆盖而得不到清除，就会形成保温层，使传热系数降低或散热面积减小而影响整个系统的散热。

（2）风扇转速太低。如果发动机风扇转速太低、风量不足，或者发动机虽然转速正常，但因风扇皮带松弛而引起风量不足等，都会影响系统散热。

（3）液压油路堵塞。回油路及冷却器由于脏物、杂质堵塞，引起背压增高，旁通阀被打开，液压油不经冷却器而直接流向油箱，引起系统散热不足。

（4）环境温度过高。工程装备在温度过高的环境连续超负荷工作时间太长，会使系统温度升高。另外，工程装备的作业环境与原来设计的使用环境温度相差太大等，也会引起系统的散热不足。

6.3.7.3 系统温升引起的故障分析

A 液压系统设计不合理

液压系统功率过剩，在工作过程中有大量能量损失而使油温过高；液压元件规格选用不合理，采用元件的容量太小、流速过高；系统回路设计不好，效率太低，存在多余的元件和回路；节流方式不当；系统在非工作过程中，无有效的卸荷措施，使大量的压力油损耗转化为油液发热；液压系统背压过高，使其在非工作循环中有大量压力损失，造成油温升高；可针对上述不合理设计，给予改进完善。

B 损耗大使压力能转换为热

最常见的是管路设计、安装不合理，以及管路维护保养清洗不及时致使压力损失加大，应在调试、维护时给予改善。如果选用油的黏度太高，则更换合适黏度的油液；如果管路太细太长造成油液的阻力过大，能量损失太大，则应选用适宜尺寸的管道和阀，尽量缩短管路长度，适当加大管径，减小管子弯曲半径。

C 容积损耗大而引起的油液发热

空气进入回路后，将随着油液在高压区低压区循环，被不断地混入、溶入油液或从油液中游离出来产生压力冲击和容积损耗，导致油温急剧上升，造成油液氧化变质和零件剥蚀。因此，在液压泵、各连接处、配合间隙等处，应采取如下措施防止内外泄漏、减少容积损耗，完全清除回路里的空气。

（1）为了防止回油管回油时带入空气，回油管必须插入油面下。

（2）入口过滤器堵塞后，吸入阻力大大增加，溶解在油中的空气分离出来，产生所谓空蚀现象。

（3）吸入管件和泵轴密封部分等各个低于大气压的地方应注意不要漏入空气。

（4）油箱的液面要尽量大些，吸入侧和回油侧要用隔板隔开，选用有液流扩散器的回油过滤器，以达到消除气泡的目的。

（5）管路及液压缸的最高部分均要有放气孔，在启动时应放掉其中的空气。

D 机械损耗大而引起的油液发热

机械损耗经常是由于液压元件的加工精度和装配质量不良、安装精度差、相对运动件间摩擦发热过多引起的。如果密封件安装不当，特别是密封件压缩量不合适，会增加摩擦阻力。

E 压力调得过高引起油液发热

不能在不良的工况下采用提高系统压力来保证正常工作。这样会增加能量损耗，使油液发热。应在满足工作要求的条件下，尽量将系统压力调到最低。

F 油箱容积过小影响散热

一般来说，油箱的容积通常为泵额定流量的3~5倍，如果油箱容积过小，则散热慢。有条件的话，应适当增加油箱容积，有效地发挥箱壁的散热效果，改善散热条件。如受空间位置、外界环境的影响，必要时应采取强迫冷却油箱中油液的措施。

G 油液发热引起的常见故障

（1）溢流阀损坏，造成无法卸荷。要是将卸荷压力调高，则压力损失过大。此时需要更换溢流阀，调整到正常的工作压力。

（2）阀的性能变差。例如阀容易发生振动就可能引起异常发热。

（3）泵、马达、阀、缸及其他元件磨损。此时应更换已磨损元件。

（4）液压泵过载。检查支承与密封状况，检查是否有超出设计要求的载荷。

（5）油液脏或供油不足。发现油变质，应清洗或更换过滤器；更换液压油，加油到规定油位。

（6）蓄能器容量不足或有故障。换大容量蓄能器，修理蓄能器。

（7）冷却器性能变差。经过冷却器的油液不能冷却到规定温度。如果是冷却水供应失灵或风扇失灵，则检查冷却水系统，更换、修理电磁水阀、风扇。如果冷却水管道中有沉淀或水垢，则清洗、修理或更换冷却器。

6.3.7.4 液压系统过热的对策

为了保证液压系统的正常工作，必须将系统温度控制在正常范围内。当装备在使用过程中出现液压系统过热现象时，应首先查明原因，是由于系统内部因素还是外部因素引起的，然后对症下药，采取正确的措施。

（1）按装备的工作环境以及维护使用说明书的要求选用液压油，对有特殊要求的装备要选用专用液压油；保证液压油的清洁度，避免滤网堵塞；定期检查油位，保证液压油足量。

（2）及时检修易损元件，避免因零部件磨损过大而造成泄漏。液压泵、马达、各配合间隙处等都会因磨损而泄漏，容积效率降低会加速系统温升。应及时进行检修和更换，减少容积损耗，防止泄漏。

（3）按说明书要求调整系统压力，避免压力过高，确保安全阀、过载阀等在正常状态下工作。

（4）定期清洗散热器及油箱表面，保持其清洁以利于散热。

（5）合理操作使用工程装备，操作中避免动作过快过猛，尽量不使阀杆处于半开状态，避免大量高压液压油长时间溢流，减少节流发热。

（6）定期检查发动机的转速及风扇皮带的松紧程度，使风扇保持足够的转速和充足的散热能力。

（7）注意使机械的实际使用环境温度与其设计允许使用环境温度相符合。

（8）对由于设计不合理引起的系统过热问题，应通过技术革新或者修改设计等手段对系统进行完善，以克服这种先天不足。

6.3.8 基于噪声、振动的诊断方法

在液压系统中存在着一些强制力，如机械传动的不平衡力、机械或液压冲击力、摩擦

力及弹簧和等。这些强制力往往是周期性的，因而产生一定的波动，使系统中某些元件发生振动，振动却使得一部分作为声波向空气中发射，空气受到振动而产生声压，于是发出噪声。噪声是一种使人听起来不舒服和令人烦躁不安的违章，直接危及人的健康，对液压系统的振动、噪声进行研究，并根据振动、噪声判断系统的故障是非常有意义的。

6. 3. 8. 1 液压系统振动和噪声来源

A 机械系统

机械系统主要是指驱动液压泵的机械传动系统引起的噪声。其原因主要有以下几个方面：机械传动中的带轮、联轴器、齿轮等回转体回转时产生转轴的弯曲振动而引起噪声；由滚动轴承中滚柱（珠）发生振动而造成噪声；因液压系统安装上的原因而引起的振动和噪声。

B 液压泵

液压泵或液压马达引起的噪声通常是整个液压系统中产生噪声的主要部分，其噪声一般随压力、转速和功率的增大而增加。引起液压泵产生噪声的原因，大致有以下几个方面。

（1）液压泵压力和流量的周期变化。由于液压泵运转时会产生周期性的流量和压力的变化，引起工作腔流量和压力脉动，造成泵的构件的振动。构件的振动又引起和其接触的空气产生疏密变化的振动，进而产生噪声的声压波。

（2）液压泵的空穴现象。液压泵工作时，如果吸入管道的阻力很大（滤油器有些堵塞、管道太细等），油来不及充满泵的进油腔，会造成局部真空，形成低压。如压力达到油的空气分离压时，原来溶解在油中的空气便大量析出，形成游离状态的气泡。随着泵的运转，这种带着的油液转入高压区，气泡受高压而缩小、破裂和消失，形成很高的局部高频压力冲击。这种高频液压冲击作用会使泵产生很大的压力振动。

综上所述，液压泵产生噪声的原因是由各种不同形式的振动引起的，这可通过实验由噪声频谱分析器测得噪声中不同频率成分的声压级，通过噪声的频率分析，即可知道噪声声压级的峰值和对应的频率范围。

C 液压阀

液压阀产生的噪声随着阀的各类和使用条件的不同而有所不同。如按发生噪声的原因对其分类，大致可以分为机械噪声和流体噪声。

机械噪声是由阀的可动零件的机械接触产生的噪声，如电磁阀中电磁铁的吸合撞击声、换向阀阀芯的冲击声等；流体噪声是由流体发生的压力振动使阀体及管道的壁面振动而产生的噪声，按产生压力振动的原因还可细分为以下几种。

（1）气穴声。阀口部分的气泡溃灭时造成的压力波使阀体及配管臂振动而产生噪声，如溢流阀的气穴声，流量控制阀的节流声。

（2）流动声。流体对阀壁的冲击、涡流或流体剪切引起的压力振动，使阀体壁振动而形成噪声。

（3）液压冲击声。由阀体产生的液压冲击使油管、压力容器等振动而形成噪声，如换向阀的换向冲击声、溢流阀卸载动作的冲击声等。

（4）振荡器。伴随着阀的不稳定振动现象引起的压力脉动而造成的噪声。如先导式溢流阀在工作中导阀处于不稳定高频振动状态时产生的噪声。在各类阀中，溢流阀的噪声最为突出。

6.3.8.2 液压系统振动、噪声的机理

A 液压泵噪声

液压系统中液压泵噪声是故障产生的重要原因。液压泵噪声一般比较尖锐刺耳，并常伴有振动，其原因比较复杂。

(1) 液压泵的压力与流量脉动大，使组成泵的各构件发生振动。可在泵出口处装设蓄能器。

(2) “困油”现象是液压泵产生噪声的重要原因。液压泵在工作时一部分油液被困在封闭容腔内，当其容积减小时，被困油液的压力升高，从而使被困油液从缝隙中挤出；当封闭容积增大又会造成局部的真空，使油液中溶解的气体分离，产生气穴现象，这些都能产生强烈的噪声，这就是困油现象。在修磨端盖或配油盘时不注意原卸荷槽尺寸是否变化，这样在使用液压泵时会因为困油而产生强烈的噪声，采取的措施是拆卸液压泵，检查解决困油的卸荷槽尺寸，并按图纸要求进行修正。

(3) 气穴现象是液压泵产生噪声的又一主要原因。在液压泵中，如吸油腔某点的压力低于空气分离压时，原来溶解在油液中的空气分离出来，导致油液中出现大量气泡，称为气穴现象。如果油液的压力进一步降低到饱和蒸气压时，液体将迅速汽化，产生大量蒸气泡，加剧了气穴现象。大量气泡破坏了原来油液的连续性，变成了不连续的状态，造成流量和压力脉动，同时这些气泡随油液由液压泵的低压腔运动到高压腔，气泡在压力油的冲击下将迅速溃灭，由于这一过程是瞬间发生的，会引起局部液压冲击，在气泡凝结的地方，压力和温度会急剧升高，引起强烈的振动和噪声。当气穴现象产生时不仅伴有啸叫声使人不能工作，而且系统压力波动也很大，液压系统有时不能正常运行，在气泡凝聚的地方，如长期受到液压冲击、高温和汽蚀作用，必然会造成零件的损坏，缩短液压泵的使用寿命。所以要避免气穴现象。

B 液压阀噪声

液压阀在液压系统中非常重要，它能调节流量、压力和改变油液的方向，它在工作时也会产生噪声。

(1) 溢流阀是调节系统压力，保持压力恒定的，故阀口压力大，油液流速高，内部流态复杂。其噪声的产生主要是流体压力的变化，当运动部件工作换向时，将引起系统压力的升高，大量的油液从溢流阀排出，反向后系统又恢复原定的压力。这种压力的变化是瞬间完成的，这时滑阀的动作与复位也是瞬间完成的，再加上弹簧伸缩的变化，滑阀配合磨损而导致的流量不稳、压力波动等，就使其在工作中发生噪声。溢流阀易产生高频噪声，主要是先导阀性能不稳定所致，其主要原因为油液中混入空气，在先导阀前腔形成气穴现象而引发高频噪声。另外，涡旋的存在也是产生噪声的主要原因。在节流出口后产生了负压区，产生汽蚀现象。采取的措施：

1) 检查阀芯与阀体间隙是否过大，调整间隙；

2) 回油管的回油口应远离油箱底面 50mm 以上，避免油液受阻或空气通过油管进入系统，产生气穴现象；

3) 及时排气并防止空气重新进入；

4) 阀的弹簧变形或失效，造成压力波动大而引发噪声，应更换弹簧；

5) 阀的阻尼孔堵塞，清洗阻尼孔。

（2）节流阀是调节系统流量大小的，其节流开口小，流速高，液流压力随流速增大而降低，当节流口压力低于大气压时，溶解于油中的空气便分离出来产生气穴现象，从而产生很大的影响。同时在射流状态下，油液流速不均匀产生的涡流也易引起噪声。解决这类噪声的办法是提高节流口下游的背压或分级节流。

（3）换向阀用于改变油液的方向，在换向时产生瞬态液动力，换向阀换向时动作太快，造成换向时产生冲击和噪声；若阀芯碰撞阀座，应修配阀芯与阀座间隙。如果是液控换向阀，可调节系统的节流阀，以减小系统的控制流量，从而使换向动作减慢，减少冲击和噪声。

C　液压系统中液压缸噪声

液压系统中液压缸是执行元件，它把液压能转变为机械能，在工作时会产生振动和噪声，这些噪声是不容忽视的，这可能是液压缸出现故障的一个原因。液压缸产生噪声的原因主要如下。

（1）气泡存在产生噪声。由于气体混入液压缸，使液压缸内液流不连续，从而使液压缸运动速度不平稳，如果液压缸内油液是高压，会产生缸内油液中气泡破裂声，并产生汽蚀。采取措施：水平安装的液压缸，要定期打开两端的排气阀进行排气；垂直安装的液压缸只需在上端安装一个排气阀排气。对于没有排气阀的液压缸，则需要空载全程往返快速排气。

（2）气穴产生噪声：

1）声音低沉不尖叫。轻微时呈断续或连续的“啃——啃——”声；严重时呈连续的、剧烈的“咋咋——”或“哇哇——”声，并伴随强烈的振动。随着系统压力的升高和进气量的增加，振动和噪声由轻微到严重，急剧增加。

2）气穴噪声引起系统压力下降，轻微时“啃——啃——”声与压力下降同步出现；严重时压力表指针出现快速摆动。

3）出现气穴噪声，油箱油面上会产生空气泡沫层，噪声越严重，泡沫越多，泡沫层越厚。

4）噪声部位与进气部位密切相关，如泵进气口有噪声，系统噪声与进气密切相关，只要系统进气就有噪声，隔绝进气噪声立即消失。

5）溢流阀处有清晰的响声，阀芯做强烈的振动，并具有相应的振动声，泄油孔处不停地做断续状喷油。

6.3.8.3　根据振动、噪声的故障诊断

从液压噪声的产生原因分析可知，液压噪声的原因具有多样性、复杂性和隐蔽性，当系统出现振动故障引起噪声时，必须确诊，才能加以排除。人们从长期的实践中摸索出的方法主要是：根据噪声特点，粗略判断是由哪种类型原因引起的，然后通过浇油法、探听法、观察法、手摸法、仪器精密诊断法以及拆卸检查，进一步确诊故障部位。

（1）浇油法。对怀疑是与进气有关的故障，采用浇油法找出进气部位。找进气部位时，可用油浇淋怀疑部位，如果浇到某处时，故障现象消除，证明找到了故障原因。此方法适于查找吸油泵和系统吸油部位进气造成的气穴振动引起的噪声。

（2）探听法。通过对各个部位进行探听，可直接找出噪声所在部位。探听时一般采用一根细长的铜管，通常噪声比较大，声音清晰处就是噪声所产生的部位。

(3) 手摸法。就是用手摸的办法，凭感觉判别故障部位。

(4) 观察法。观察油中的气泡情况，判断系统进气的程度，油箱中气泡翻滚得越厉害，进气越严重。

(5) 仪器精密诊断。用精密诊断技术手段监测现场液压装置，其最大特点是提高了诊断结论的正确性与精确性。对液压元件壳体振动信号进行在线监测，如某元件发生振动故障，现场振动信号的频谱图会发生变化，将测得的频谱图与标准的频谱图做对比即可判别出产生故障的零部件。

(6) 拆卸检查。对于已经基本确认的故障可通过拆卸、解体进一步确认故障的部位和特征。

6.4 工程装备液压系统常见故障分析与排除

工程装备液压系统的各类繁多，结构与性能各异，因而其故障的诊断与排除也不完全相同。但这些液压系统仍有其共性，本节对这些带共性的液压故障及其诊断方法进行论述。

6.4.1 液压系统工作压力失常、压力上不去

工作压力是工程装备液压系统最基本的参数之一，在很大程度上决定了装备液压系统的工作性能优劣。液压系统的工作压力失常主要表现为，当以液压系统进行调整时，出现液压阀失效，系统压力无法建立、完全无压力、持续保持高压、压力上升后又掉下来及压力不稳定等情况。

一旦出现压力失常，工程装备的液压执行元件将难以执行正常操作，可能出现油缸马达不动作或运转速度过低，执行元件动作时控制阀组常发出刺耳的噪声等，导致工程装备处于非正常状态，影响装备的使用性能。

6.4.1.1 压力失常产生的原因

A 液压泵、马达方面的原因

液压泵、马达使用时间过长，内部磨损严重，泄漏明显，容积效率低导致液压泵输出流量不足，系统压力偏低。

发动机转速过低，功率输出不足，导致系统流量不足，压力偏低。

液压泵定向控制装置位置错误或装配不对，泵不工作，系统无压力。

B 液压控制阀的原因

液压系统工作过程中，其发现系统压力不能提高或不能降低，很可能是换向阀失灵，导致系统持续卸荷或持续高压。

溢流阀的阻尼孔堵塞、主阀芯上有毛刺、阀芯与阀孔和间隙内有污物等都有可能使主阀芯卡死在全开位置，液压泵输出的液压油通过溢流阀直接回油箱，即压力油路与回油路短接，造成系统无压力；若上述毛刺或污物将主阀芯卡死在关闭位置上，则可能出现系统压力持续很高不能下降的现象；当溢流阀或换向阀的阀芯出现卡滞时，阀芯动作不灵活，执行部件容易出现时有动作、时无动作的现象，检测系统压力时则表现为压力不稳定。

有单向阀的系统，若单向阀的方向装反，也可能导致压力不能升高。系统的内外泄漏，例如阀芯与阀体孔之间泄漏严重，也会导致压力上不去。

C 其他方面的原因

液压油箱的油位过低、吸油管过细、吸油过滤器被杂质污物堵塞会导致液压泵吸油阻力过大（液压泵吸空时，常伴有刺耳的噪声），导致系统流量不足，压力偏低。另外，回油管在液面上（回油对油箱内油液冲击产生泡沫，导致油箱油液大量混入空气），吸油管密封不良漏气等容易造成液压系统中混入空气，导致系统压力不稳定。

6.4.1.2 压力失常的排除

严格按照液压泵正确的装配方式进行装配，并检查其控制装置的线路是否正确。

增加液压油箱相对液压泵高度，适当加大吸油管直径，更换滤油器滤芯，疏通管道，可解决泵吸油困难及吸空的问题，避免系统压力偏低；另外，选用合适黏度的液压油，避免装备在低温环境时因油液黏度过大导致泵吸油困难。

针对液压控制阀的处理方法主要是检查卸荷或方向阀的通、断电状态是否正确，清洗阀芯、疏通阻尼孔，检查单向阀的方向是否正确，更换清洁油液（重新加注液压油时建议用配有过滤装置的加油设备来加油）等。

将油箱内的加油管没入液压以下，在吸油管路接头处加强密封等，均可有效防止系统内混入空气，避免系统压力不稳定。

6.4.2 欠速

6.4.2.1 欠速的影响

液压系统执行元件（液压抽缸及马达）的欠速包括两种情况：

（1）快速运行（快进）时速度不够快，达不到设计值和设备的规定值；

（2）在负荷下其工作速度随负载的增大而显著变低，特别是大型工程装备，如重型冲击桥、重型支援桥等负载较大的装备，这一现象尤其显著，速度一般与流量大小有关。

欠速首先影响装备的执行任务的效率，欠速在大负荷条件下常常出现停止运动的情况，导致工程装备不能正常工作。

6.4.2.2 欠速产生的原因

快速运行速度不够的原因：

（1）液压泵的输出流量不足和输出压力提不高。

（2）溢流阀因弹簧永久变形或错装成弱弹簧、主阀阻尼孔被局部堵塞、主阀芯卡死在小开口的位置造成液压泵输出的压力油部分溢回油箱，使通入系统供给执行元件的有效流量大为减少，使执行元件的运动速度不够；对于螺纹插装式溢流阀，其密封的预压缩量的大小也会影响执行元件的快速性。

（3）系统的内外泄漏严重：快进时一般工作压力较低，但比回油路压力要高许多。当液压缸的活塞密封破损时，液压缸两腔因串联而使内泄漏大（存在压差），使液压缸的快速运动速度不够，其他部位的内外泄漏也会造成这种现象。

（4）快进时阻力大：例如，由于导轨润滑断油，导致的镶条压板调得过紧，液压缸的安装精度和装配精度差等原因，造成快进时摩擦阻力增大。

（5）工作进给时，在负载下工作进给速度明显降低，即使开大速度控制阀（节流阀等）也依然如此。主要原因为系统泄漏导致大负载时温升过高，油液黏度变化又增大了泄漏量；油液中混入空气或者混有杂质也会如此。

6.4.2.3 欠速的排除方法

（1）排除液压泵输出流量不足和输出压力不高的故障。

（2）排除溢流阀等压力阀产生的使压力不能提高的故障。

（3）查找出产生内外泄漏的位置，消除泄漏；更换磨损严重的零件，消除内漏。

（4）控制油温。

（5）清洗诸如流量阀等零部件，油液污染严重时，及时换油。

（6）查明液压系统进气原因，排除液压系统内的空气。

6.4.3 爬行

液压系统的执行元件有时需要以较低的速度移动（液压缸）或转动（液压马达），此时，往往会出现明显的速度不均，出现断续的时动时停、一快一慢、一跳一停的现象，这种现象称为爬行，即低速平稳性的问题。爬行现象的产生原因有以下几点。

（1）当摩擦面处于边界摩擦状态时，存在着动、静摩擦因数的变化（动、静摩擦因数的差异）和动摩擦因数承受着速度增加而降低的现象。

（2）传动系统的刚度不足（如油中混有空气）。

（3）运动速度太低，而运动阻力较大或移动件质量较大。

不出现爬行现象的最低速度，称为运行平稳性的临界速度。

为消除爬行现象，可采用以下途径。

（1）减少动、静摩擦因数之差：如采用静压导轨和卸荷导轨、导轨采用减摩材料、用滚动摩擦代替滑动摩擦以及采用导轨油润滑导轨等。

（2）提高传动机构（液压的、机械的）的刚度 K：如提高活塞杆及液压座的刚度，防止空气进入液压系统以减少油的可压缩性带来的刚度变化等。

（3）采取措施降低其临界速度及减少移动件的质量等措施。

同样是爬行，其故障现象是有区别的：既有有规律的爬行，也有无规律的爬行；有的爬行无规律且振幅大；有的爬行在极低的速度下才产生。产生这些不同现象的原因在于各有不同的侧重面，有些是以机械方面的原因为主，有些是以液压方面的原因为主，有些是以油中进入空气的原因为主，有些是以润滑不良的原因为主。工程装备的维修和操作人员必须不断总结归纳，迅速查明产生爬行的原因，予以排除。现将爬行原因具体归纳如下。

A 静、动摩擦因数的差异大

（1）导轨精度差。

（2）导轨面上有锈斑。

（3）导轨压板镶条调得过紧。

（4）导轨刮研不好，点数不够，点子不均匀。

（5）导轨上开设的油槽不好，深度太浅，运行时已磨掉，所开油槽不均匀。

（6）新液压设备，导轨未经跑合。

（7）液压缸轴心线与导轨不平行。

（8）液压缸缸体孔内局部锈蚀（局部段爬行）和拉伤。

(9) 液压缸缸体孔、活塞杆及活塞精度差。

(10) 液压缸装配及安装精度差，活塞、活塞杆、缸体孔及缸盖孔的同轴度差。

(11) 液压缸活塞或缸盖密封过紧、阻滞或过松。

(12) 停机时间过长，油中水分导致装备有些部位锈蚀。

(13) 静压导轨节流器堵塞，导轨断油。

B 液压系统中进入空气，容积模数降低

(1) 液压泵吸入空气。

1) 油箱油面低于油标规定值，吸油滤油器或吸油管裸露在油面上。

2) 油箱内回油管与吸油管靠得太近，二者之间又未装隔板隔开（或未装破泡网），回油搅拌产生的泡沫来不及上浮便被吸入泵内。

3) 裸露在油面至油泵进油口之间的管接头密封不好或管接头因振动而松动，或者油管开裂，吸进空气。

4) 因泵轴油封破损、泵体与泵盖之间的密封破损而进气。

5) 吸油管太细太长，吸油滤油器被污物堵塞或者设计时滤油器的容量本来就选得过小，造成吸油阻力增加。

6) 油液劣化变质，因进水乳化，破泡性能变差，气泡分散在油层内部或以网状气泡浮在油面上，泵工作时吸入系统。

(2) 空气从回油管反灌。

1) 回油管工作时或长久裸露在油面以上。

2) 在未装背压阀的回油路上，而缸内有时又为负压。

3) 油缸缸盖密封不好，有时进气，有时漏油。

C 液压元件和液压系统方面的原因

(1) 压力阀压力不稳定，阻尼孔时堵时通，压力振摆大，或者调节的工作压力过低。

(2) 节流阀流量不稳定，且在超过阀的最小稳定流量下使用。

(3) 液压泵的输出流量脉动大，供油不均匀。

(4) 液压缸活塞杆与工作台非球副连接，特别是长液压缸因别劲产生爬行。

(5) 液压缸内外泄漏大，造成缸内压力脉动变化。

(6) 润滑油稳定器失灵，导致导轨润滑不稳定，时而断流。

(7) 润滑压力过低，且工作台又太重。

(8) 管路发生共振。

(9) 液压系统采用进口节流方式且又无背压或背压调节机构，或者虽有背压调节机构但背压调节过低，这样在某种低速区内最易产生爬行。

D 液压油的原因

(1) 油牌号选择不对，太稀或太稠。

(2) 油温影响，黏度有较大变化。

E 其他原因

(1) 油缸活塞杆、油缸支座刚性差；密封方面的原因。

(2) 传动轴动平衡不好，转速过低且不稳定等。

根据上述产生爬行的原因，可逐一采取排除方法，主要措施如下。

（1）在制造和修配零件时，严格控制几何形状偏差、尺寸公差和配合间隙。

（2）修刮导轨，去锈去毛刺，使两接触导轨面接触面积不小于75%，调好镶条，油槽润滑油畅通。

（3）以平导轨面为基准，修刮油缸安装面，保证在全长上平行度小于0.1mm；以V形导轨为基准调整油缸活塞杆侧母线，使二者平行度在0.1mm之内。活塞杆与工作台采用球副连接。

（4）缸活塞与活塞杆同轴度要求不大于0.04/1000，所有密封安装在密封沟槽内，不得出现四周上压缩量不等的现象，必要时可以外圆为基准修磨密封沟槽底径。密封装配时，不得过紧和过松。

（5）防止空气从泵吸入系统，从回油管反灌进入系统，根据上述产生进气的原因逐一采取措施。

（6）排除液压元件和液压系统有关故障。例如系统可改用回油节流系统或能自调背压的进油节流系统等。

（7）采用合适的导轨润滑用油，必要时采用导轨油，因为导轨油中含有极性添加剂，增加了油性，使油分子能紧紧吸附在导轨面上，运动停止后油膜不会被挤破，从而保证了流体润滑状态，使动、静摩擦因数之差极小。

（8）增强各机械传动件的刚度；排除因密封方面的原因产生的爬行现象。

（9）在油中加入二甲基硅油抗泡剂破泡。

（10）注意湍流和液压系统的清洁度。

6.4.4 液压冲击

在液压系统中，管路内流动的液体常常会因很快地换向和阀口的突然关闭，在管路程内形成一个很高力峰值，这种现象叫液压冲击。

6.4.4.1 液压冲击的危害

（1）冲击压力可能高达正常工作压力的3~4倍，使系统中的元件、管道、仪表等遭到破坏。

（2）冲击产生的冲击压力使压力继电器误发信号，干扰液压系统的正常工作，影响液压系统的工作稳定性和可靠性。

（3）引起振动和噪声、连接件松动、造成漏油、压力阀调节压力改变、流量阀调节流量改变，影响系统正常工作。

6.4.4.2 液压冲击产生的原因

（1）管路内阀口迅速关闭时产生液压冲击。

（2）运动部件在高速运动中突然被制动停止，产生压力冲击（惯性冲击）。

例如油缸活塞在行程中途突然停止或反向，主换向阀换向过快，活塞在缸端停止或反向，均会产生压力冲击。

6.4.4.3 防止液压冲击的一般办法

对于阀口突然关闭产生的压力冲击，可采取下述方法排除或减轻。

（1）减慢换向阀的关闭速度，即增大换向时间。例如采用直流电磁阀比交流电磁阀的液压冲击要小；采用带阻尼的电液换向阀，可通过调节阻尼以及控制通过先导阀的压力和流量来减缓主换向阀阀芯的换向（关闭）速度，液动换向阀也与此类似。

（2）增大管径，减少流速，以减少冲击压力，缩短管长，避免不必要的弯曲；采用软管也行之有效。

（3）在滑阀完全关闭前减慢液体的流速。例如改进换向阀控制边的结构，即在阀芯的棱边上开长方 V 形直槽，或做成锥形（半锥角 2°~5°）节流锥面，较之直角形控制边，液压冲击大为减少。

（4）运动部件突然被制动、减速或停止时，产生的液压冲击的防治方法（例如油缸）。

1）可在油缸的入口及出口处设置反应快、灵敏度高的小型安全阀（直动型），其调整压力在中、低压系统中，为最高工作压力的 105%~115%。在高压系统中，为最高工作压力的 125%。这样可使冲击压力不会超过上述调节值。

2）在油缸的行程终点采用减速阀，由于缓慢关闭油路而缓和了液压冲击。

3）在油缸端部设置缓冲装置（如单向节流阀）控制油缸端部的排油速度，使油缸运动到缸端停止，平稳无冲击。

4）在油缸回油控制油路中设置平衡阀（如重型冲击桥的推桥马达）和背压阀，以控制快速下降或运动的前冲冲击，并适当调高背压压力。

5）采用橡胶软管吸收液压冲击能量。

6）在易产生液压冲击的管路程位置设置蓄能器，吸收冲击压力。

7）采用带阻尼的液动换向阀，并调大阻尼，即关小两端的单向节流阀。

8）油缸缸体孔配合间隙（间隙密封时）过大，或者密封破损，而工作压力又调得很大时，易产生冲击，可重配活塞或更换活塞密封，并适当降低工作压力，排除由此带来的冲击现象。

6.4.5 液压卡紧和其他卡紧现象

6.4.5.1 液压卡紧的危害

因毛刺和污物楔入液压元件滑动配合间隙造成的卡阀现象，称为机械卡紧。

液体流过阀芯阀体（阀套）间的缝隙时，作用在阀芯上的径向力使阀芯卡住，叫作液压卡紧。产生液压卡紧时，会导致下列危害。

（1）轻度的液压卡紧，使液压元件内的相对移动件（如阀芯、叶片、柱塞、活塞等）运动时的摩擦增加，造成动作迟缓，甚至动作错乱的现象。

（2）严重的液压卡紧，使液压元件内的相对移动件完全卡住，不能运动。造成不能动作（如换向阀换向，柱塞泵柱塞不能运动而实现吸油和压油等）的现象，手柄的操作力增大。

6.4.5.2 产生液压卡紧和其他卡阀现象的原因

（1）阀芯外径、阀体（套）孔形位公差大，有锥度，且大端朝着高压区，或阀芯阀孔失圆，装配时又不同心，存在偏心距 e，如见图 6-11（a）所示，则压力 p_1，通过上缝隙 a 与下缝隙 b 产生的压力降曲线不重合，产生一向上的径向不平衡力（合力），使阀芯加大偏心上移。上移后，上缝隙 a 缩小，下缝隙 b 增大，向上的径向不平衡力更增大，最后将阀芯顶死在阀体孔上。

（2）阀芯与阀孔因加工和装配误差，阀芯在阀孔内倾斜成一定角度，压力 p_1 经上下缝隙后，上缝隙值不断增大，下缝隙值不断减少，其压力降曲线也不同，压力差值产生偏心力和一个使阀芯阀体孔的轴线互不平行的力矩，使阀芯在孔内更倾斜，最后阀芯卡死在阀孔内，如见图 6-11（b）所示。

（3）阀芯上因碰伤而有局部突起或毛刺，产生一个使突起部分压向阀套的力矩，如图 6-11（c）所示，将阀芯卡在阀孔内。

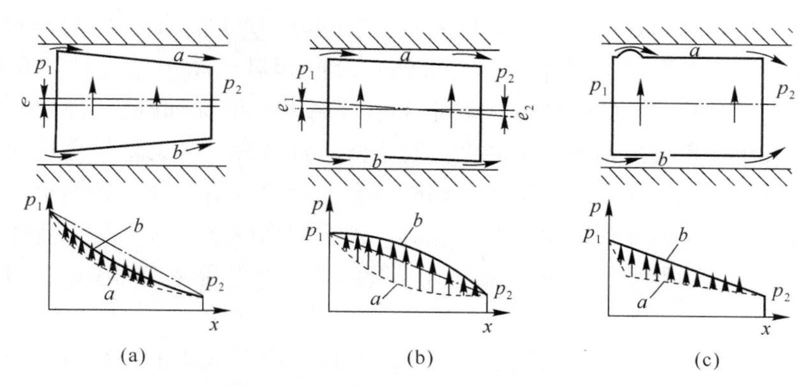

图 6-11 各种情况下的径向不平衡力

（4）为减少径向不平衡力，往往在阀芯上加工若干条环形均压槽。若加工时环形槽与阀芯外圆不同心，经热处理后再磨加工后，使环形均压槽深浅不一。

（5）污染颗粒进入阀芯与阀孔配合间隙，使阀芯在阀孔内偏心放置，形成图 6-11（b）所示状况，产生径向不平衡力，导致液压卡紧。

（6）阀芯与阀孔配合间隙大，阀芯与阀孔台肩尖边与沉角槽的锐边毛刺清理的程度不一样，引起阀芯与阀孔轴线不同心，产生液压卡紧。

（7）其他原因产生的卡阀现象：

1）阀芯与阀体孔配合间隙过小；

2）污垢颗粒楔入间隙；

3）装配扭斜别劲，阀体孔阀芯变形弯曲；

4）温度变化引起阀孔变形；

5）各种安装紧固螺钉压得太紧，导致阀体变形；

6）困油产生的卡阀现象。

6.4.5.3 消除液压卡紧和其他卡阀现象的措施

（1）提高阀芯与阀体孔的加工精度，提高其形状和位置精度。目前液压件生产厂家对阀芯和阀体孔的形状精度，如圆度和圆柱度能控制在 0.03mm 以内，达到此精度一般不会出现液压卡紧现象。

（2）在阀芯表面开几条位置恰当的均压槽，且保证均压槽与阀芯外圆同心。

（3）采用锥形台肩，台肩小端朝着高压区，利于阀芯在阀孔内径向对中。

（4）有条件者使阀芯或阀体孔作轴向或圆周方向的高频小振幅振动。

（5）仔细清除阀芯台肩及阀体沉割槽尖边上的毛刺，防止磕碰而弄伤阀芯外圆和阀体内孔。

（6）提高油液的清洁度。

6.4.6　液压系统漏油

6.4.6.1　液压系统漏油的原因分析

A　由于液压系统的污染而引起的漏油

液压系统的污染会导致液压元件磨损加剧，密封性能下降，容积效率降低，产生内泄外漏。液压元件运动副的配合间隙一般在5~15μm，对于阀类元件来说，当污染颗粒进入运动副之间时，相互作用划伤表面，并切削出新的磨粒，加剧磨损，使配合间隙扩大，导致内漏或阀内串油；对泵类元件来说，污染颗粒会使相对运动部分（柱塞泵的柱塞和缸孔、缸体、配流盘，叶片泵的叶片顶端和定子内表面等）磨损加剧，引起配合间隙增大，泄漏量增加，从而导致泵的容积效率降低；对于液压缸来说，污染颗粒会加速密封装置的磨损，使漏量明显加大，导致功率降低，同时还会使缸筒或活塞杆拉伤而报废；对于液压导管来说，污染颗粒会使导管内壁的磨损加剧，甚至划伤内壁，特别是当液体的流速高且不稳定（流速快和压力脉动大）时，会导致导管内壁的材料受冲击而剥落，最终将导致导管破裂而漏油。

当液压油中含有水时，会促使液压油形成乳化液，降低液压油的润滑和防腐作用，加速液压元件及液压导管内壁的磨损和腐蚀。当液压油中含有大量气泡时，在高压区气泡将受到压缩，周围的油液便高速流向原来由气泡所占据的空间，引起强烈的液压冲击，在高压液体混合物的冲击下，液压元件及液压导管内壁受腐蚀而剥落。以上这些情况最终都会使液压元件及液压导管损坏产生内外泄漏。

B　由于油温过高而引起的漏油

液压系统的温度一般维持在35~60℃最为合适，最高不应超过80℃。在正常的油温下，液压油各种性能良好。油温过高，会使液压油黏度下降，润滑油膜变薄并易损坏，润滑性能变差，机械磨损加剧，容积效率降低，从而导致液压油内泄漏增加，同时泄漏和磨损又引起系统温度升高，而系统温度升高又会加重泄漏和磨损，甚至造成恶性循环，使液压元件很快失效；油温过高，将加速橡胶密封圈的老化，使密封性能随之降低，最终将导致密封件的失效而漏油；油温过高，将加速橡胶软油管的老化，严重时使油管变硬和出现龟裂，这样的油管在高温、高压的作用下最终将导致油管爆破而漏油。因此，应控制系统油温，使之保持在正常范围。

C　由于油封存在问题而引起的漏油

油封广泛应用在运动件与静止件之间的密封（如齿轮泵的轴端的密封、液力耦合器轴端的密封等都是靠油封来实现密封的），油封的种类很多，但其密封原理基本相同。它可防止内部油液外泄，还可以阻止外界尘土、杂质侵入到液压系统内部。

如油封本身质量不合格（主要存在的问题有：油封结构设计不合理、油封选材不当、油封制造工艺不合理或尺寸精度差等）时，这样的油封就起不到良好密封作用，从而导致油液的渗漏；油封使用时间过长，超过了使用期限，就会因老化、失去弹性和磨损而导致油封渗漏；油封装配压入不到位，导致唇口损伤或划伤唇口，而引起油液的渗漏；在安装油封时，未将油封擦拭干净或油封挡尘圈损坏，导致泥沙进入油封工作面，使油封在工作时加速磨损而失去密封作用，而导致油液的渗漏。

D 由于液压管路装配不当而引起的漏油

(1) 液压管路弯曲不良。在装配液压硬导管的过程中，应按规定半径使管路弯曲，否则会使管路产生不同的弯曲应力，在油压的作用下逐渐产生渗漏。硬管弯曲半径过小，就会导致管路外侧管壁变薄，内侧管壁产生皱纹，使管路在弯曲处存在很大的内应力，强度大大减弱，在强烈振动或冲击下，管路就易产生横向裂纹而漏油；如果弯曲部位出现较大的椭圆度，当管内油压脉动时就易产生纵向裂纹而漏油。软管安装时，若弯曲半径不符合要求或软管扭曲等，皆会引起软管破损而漏油。

(2) 管路安装固定不符合要求。常见的安装固定不当情况如下。

1) 安装油管时，不顾油管的长度、角度、螺纹是否合适强行进行装配，使管路变形，产生安装应力，同时很容易碰伤管路，导致其强度下降。

2) 安装油管时不注意固定，拧紧螺栓时管路随之一起转动，造成管路扭曲或与别的部件相碰而产生摩擦，缩短了管路的使用寿命。

3) 管路卡子固定有时过松，使管路与卡子间产生的摩擦、振动加强；有时过紧，使管路表面（特别是铝管或铜管）夹伤变形，这些情况都会使管路破损而漏油。

4) 管路接头紧固力矩严重超过规定，使接头的喇叭口断裂，螺纹拉伤、脱扣，导致严重漏油的事故。

E 由于液压密封件存在问题而引起的漏油

密封件在装配过程中，如果过度拉伸会使密封件失去弹性，降低密封性能；如果在装配过程中，由于密封件的翻转而划伤密封件的唇边，将会导致泄漏的发生；如果密封件的安装密封槽或密封接触表面的质量差，那么密封件安装在尺寸精度较低、表面粗糙度和形状位置公差较低的密封副内，将导致密封件的损伤，从而产生液压油的泄漏；如果密封件选用不当也会造成液压油的泄漏，例如在高压系统中所选用的密封材质太软，那么在工作时，密封件极易挤入密封间隙而损伤，造成液压油泄漏；如果密封件的质量差，则其耐压能力低下、使用寿命短、密封性能差，这样密封件使用不长就会产生泄漏。

F 由于管路质量差而引起的漏油

在维修或更换液压管路时，如果在液压系统中安装了劣质的油管，由于其承压能力低、使用寿命短，使用时间不长就会出现漏油。硬质油管质量差的主要表现为管壁薄厚不均，使承载能力降低；劣质软管主要是橡胶质量差、钢丝层拉力不足、编织不均，使承载能力不足，在压力油冲击下，易造成管路损坏而漏油。

6.4.6.2 预防液压系统漏油的对策

为预防液压系统的漏油，需注意这几项原则：正确使用维护，严禁污染液压系统；采取有效措施，降低温度对液压系统泄漏的影响；正确安装管路，严禁违规装配。

(1) 软管管路的正确装配。安装软管拧紧螺纹时，注意不要扭曲软管，可在软管上画一条彩线观察；软管直线安装时要有30%左右的长度余量，以适应油温、受拉和振动的需要；软管弯曲处，弯曲半径要大于9倍软管外径，弯曲处到管接头的距离至少等于6倍软管外径；橡胶软管最好不要在高温有腐蚀气体的环境下使用；如系统软管较多，应分别安装管夹加以固定或者用橡胶隔板。

(2) 硬管管路的正确安装。硬管管路的安装应横平竖直，尽量减少转弯，并避免交叉；转弯处的半径应大于油管外径的3~5倍；长管道应用标准管夹固定牢固，以防止振动和碰撞；管夹相互间距离应符合规定，对振动大的管路，管夹处应装减振垫；在管路与机件连接时，先固定好辅件接头，再固定管路，以防管路受扭，切不可强行安装。

（3）在维修时，对新更换的管路，应认真检查生产的厂家、日期、批号、规定的使用寿命和有无缺陷，不符合规定的管路坚决不能使用。使用时，要经常检查管路是否有磨损、腐蚀现象；使用过程中橡胶软管一旦发现严重龟裂、变硬或鼓泡现象，就应立即更换。

（4）为了保证密封质量，对选用的密封件要满足以下基本要求：应有良好的密封性能；动密封处的摩擦阻力要小；耐磨且寿命长；在油液中有良好的化学稳定性；有互换性和装配方便等。

实际工作中，按以下要求安装各处的密封装置。

（1）安装O型密封圈时，不要将其接到永久变形的位置，也不要边滚动边套装，否则可能因形成扭曲而漏油。

（2）安装Y型和V型密封圈，要注意安装方向，避免因装反而漏油。对Y型密封圈而言，其唇边应对着有压力的油腔；此外，对Y型密封圈还要注意区分是轴用还是孔用，不要装错。V型密封圈由形状不同的支撑环、密封环和压环组成，当压环压紧密封环时，支撑环可使密封环产生变形而起密封作用，安装时应将密封环开口面向压力油腔；调整压环时，应以不漏油为限，不可压得过紧，以防密封阻力过大。

（3）密封装置如与滑动表面配合，装配时应涂以矢量的液压油。

（4）拆卸后的O型密封圈和防尘圈应全部换新。

6.4.7 液压系统油温升高

6.4.7.1 温升的不良影响

液压系统的温升发热和污染一样，也是一种综合故障的表现形式，主要通过测量油温和少量液压元件来衡量。

液压系统是用油液作为工作介质来传递和转换能量的，运转过程中的机械能损失、压力损失和容积损失必须转化成热量释放，从开始运转时接近室温的温度，通过油箱、管道及机体表面，还可通过设置的油冷却器散热，运转到一定时间后，温度不再升高，而是稳定在一定温度范围内达到热平衡，二者之差便是温升。

温升过高会产生下述故障和不良影响。

（1）油温升高，会使油的黏度升高，泄漏增大，泵的容积效率和整个系统的效率会显著降低。由于油的黏度降低，滑阀等移动部位的油膜会变薄和被切破，摩擦阻力增大，导致磨损加剧，系统发热，带来更高的温升。

（2）油温过高，使机械产生热变形，既使液压元件中热膨胀系数不同的运动部件之间的间隙变小而卡死，引起动作失灵，又影响液压设备的精度，导致零件加工质量变差。

（3）油温过高，也会使橡胶密封件变形，加速老化失效，降低使用寿命，丧失密封性能，造成泄漏，泄漏会又进一步发热产生温升。

（4）油温过高，会加速油液氧化变质，并析出沥青物质，降低液压油使用寿命。析出物堵塞阻尼小孔和缝隙式阀口，导致压力阀调压失灵、流量阀流量不稳定、方向阀卡死不换向、金属伸长变弯，甚至破裂等诸多故障。

（5）油温升高，油的空气分离压降低，油中溶解空气逸出，产生气穴，致使液压系统工作性能降低。

6.4.7.2 造成温升的原因

油温过高有设计方面的原因，也有加工制造和使用方面的原因，具体如下。

（1）液压系统设计不合理，造成先天性不足。

1）油箱容量设计太少，冷却散热面积不够，而又未设计安装有油冷却装置，或者虽有冷却装置但装置的容量过小。

2）选用的阀类元件规格过小，造成阀的流速过高而使压力损失增大导致发热，例如差动回路中如果仅按泵流量选择换向阀的规格，便会出现这种情况。

3）系统中未设计卸荷回路，停止工作时油泵不卸荷，泵的全部流量在高压下溢流，产生溢流损失发热，导致温升，有卸荷回路，但未能卸荷。

4）液压系统背压过高。例如在采用电液换向阀的回路中，为了保证其换向可靠性，阀不工作时（中位）也要保证系统有一定的背压，以确保有一定的控制压力使电液阀可靠换向，如果系统为大流量，则这些流量会以控制压力的形式从溢流阀溢流，造成温升。

5）系统管路太细太长；弯曲过多，局部压力损失和沿程压力损太大，系统效率低。

6）闭式液压系统散热条件差等。

（2）使用方面造成的发热温升。

1）油品选择不当。油的品牌、质量和黏度等级不符合要求，或不同牌号的液压油混用，造成液压油黏度指数过低或过高。若油液黏度过高，压力损失过大，则功率损失增加，油温上升；如果黏度过低，则内、外泄漏量增加，工作压力不稳，油温也会升高。

2）污染严重。作业现场环境恶劣，随着机器工作时间的增加，油中易混入杂质和污物，受污染的液压油进入泵、马达和阀的配合间隙中，会划伤和破坏配合表面的精度和粗糙度，使摩擦磨损加剧，同时泄漏增加，引起油温升高。

3）液压油箱内油位过低。若液压油箱内油量太少，将使液压系统没有足够的流量带走其产生的热量，导致油温升高。

4）液压系统中混入空气。混入液压油中的空气，在低压区时会从油中逸出并形成气泡，当其运动到高压区时，这些气泡将被高压油击碎，受到急剧压缩而放出大量的热量，引起油温升高。

5）滤油器堵塞。磨粒、杂质和灰尘等通过滤油器时，会被吸附在滤油器的滤芯上，造成吸油阻力和能耗增加，引起油温升高。

6）液压油冷却循环系统工作不良。通常，采用水冷式或风冷式油冷却器对液压系统的油温进行强制性降温。水冷式冷却器会因散热片太脏或水循环不畅而使其散热系数降低；风冷式冷却器会因油污过多而将冷却器的散热片缝隙堵塞，风扇难以对其散热，结果导致油温升高。

7）零部件磨损严重。齿轮泵的齿轮与泵体和侧板，柱塞泵和马达的缸体与配流盘、缸体孔与柱塞，换向阀的阀杆与阀体等都是靠间隙密封的，这些元件的磨损将会引起其内泄漏的增加和油温的升高。

8）环境温度过高。环境温度过高，并且高负荷使用的时间又长，都会使油温太高。

6.4.7.3 防止油温升高的措施

A 合理的液压回路设计

(1) 选用传动效率较高的液压同路和适当的调速方式。目前普遍使用着的定量泵节流调速系统的效率是较低的（<0.385），这是因为定量泵与油缸的效率分别为 85%、95%左右，方向阀及管路等损失约为 5%左右，所以即使不进行流量控制，也有 25%的功率损失。而且节流调速时，至少有一半的浪费。此外还有泄漏及其他的压力损失和容积损失，这些损失均会转化为热能导致温升，所以定量泵加节流调速系统只能用于小流量系统。为了提高效率、减少温升，应采用高效节能回路。

另外，液压系统的效率还取决于外负载。同一种回路，当负载流量与泵的最大流量比值大时，回路的效率高。例如可采用手动伺服变量、压力控制变量、压力补偿变量、流量补偿变量、速度传感功率限制变量、力矩限制器功率限制变量等多种形式，力求达到负载流量与泵的流量相匹配。

(2) 对于常采用定量泵节流调整速回路，应力求减少溢流损失的流量，例如可采用双泵双压供油回路、卸荷回路等。

(3) 采用容积调速回路和联合调速（容积+节流）回路。在采用联合调速方式中，应区别不同情况而选用不同方案：对于进给速度要求随负载增加而减少的工况，宜采用限压式变量泵节流调速回路；对于在负载变化的情况下进给速度要求恒定的工况，宜采用稳流式变量泵节流调速回路；对于在负载变化的情况下，供油压力要求恒定的工况，宜采用恒压变量泵节流调速回路。

(4) 选用高效率的节能液压元件，提高装配精度。选用符合要求规格的液压元件。

(5) 设计方案中应尽量简化系统和元件数量。

(6) 设计方案中应尽量缩短管路程长度，适当加大管径，减少管路口径突变和弯头的数量。限制管路和通道的流速，减少沿程和局部损失，推荐采用集成块的方式和叠加阀的方式。

B 提高精度和质量

提高液压元件和液压系统的加工精度和装配质量，严格控制相配件的配合间隙和改善润滑条件。采用摩擦因数小的密封材质和改进密封结构，确保导轨的平直度、平行度和良好的接触，尽可能降低油缸的启动力。尽可能减少不平衡力，以降低由于机械摩擦损失所产生的热量。

C 适当调整液压回路的某些性能参数

例如在保证液压系统正常工作的条件下，泵的输出流量应尽量小一点，输出压力尽可能调得低一点，可调背压阀的开启压力尽量调低点，以减少能量损失。

D 调节溢流阀的压力

根据不同加工要求和不同负载要求，经常调节溢流阀的压力，使之恰到好处。

E 选用合适的液压油

选用液压油应按厂家推荐的牌号及机器所处的工作环境、气温因素等来确定。对一些有特殊要求的装备，应选用专用液压油；当液压元件和系统保养不便时，应选用性能好的抗磨液压油。

F 根据实际情况更换液压油

一般在累计工作超1000h后换油。更换液压油时，注意不仅要放尽油箱内的旧油，还要替换整个系统管路、工作回路的旧油；加油时最好用小于0.125mm（120目以上）的滤网，并按规定加足油量，使油液有足够的循环冷却条件。如遇因液压油污染而引起的突发性故障时，一定要过滤或更换液压系统用油。

G 使油箱液面保持规定位置

在实际操作和保养过程中，严格遵守操作规程中对液压油油位的规定。

H 保证进油管接口密封性

经常检查进油管接口等封处的良好密封性，防止空气进入；同时，每次换油后要排尽系统中的空气。

I 定期清洗、更换滤油器

定期清洗、更换滤油器，对有堵塞指示器的滤油器，应按指示情况清洗或更换滤芯；滤芯的性能、结构和有效期都必须符合其使用要求。

J 定期检查和维护液压油冷却循环系统

定期检查和维护液压油冷却循环系统，一旦发现故障，必须立即停机排除。

K 及时检修或更换磨损过大的零部件

及时检修或更换磨损过大的零部件，据统计，在正常情况下，进口的液压泵、马达工作五六年后，国产产品工作两三年后，其磨损都已相当严重，须及时进行检修。否则，就会出现冷机时工作基本正常，但工作1~2h后，系统各机构的运动速度就明显变慢，需停机待油温降低后才能继续工作。

L 应避免长时间连续大负荷地工作

应避免长时间连续大负荷地工作，若油温太高可使设备空载动转10min左右，待其油温降下来后再工作。

6.4.8 空穴现象

6.4.8.1 空穴的危害

液压封闭系统内部的气体有两种来源：（1）从外界被吸入到系统内，叫混入空气；（2）由于空穴现象产生的来自液压油中溶解空气的分离。

A 混入空气的危害

（1）油的可压缩性增大（1000倍），导致执行元件动作误差，产生爬行，破坏了工作平衡性，产生振动，影响液压设备的正常工作。

（2）大大增加了油泵和管路的噪声和振动，加剧磨损，气泡在高压区成了“弹簧”，系统压力波动很大，系统刚性下降，气泡被压力击碎，产生强烈振动和噪声，使元件动作响应性大为降低，动作迟滞。

（3）压力油中气泡被压缩时放出大量的热，局部燃烧氧化液压油，造成液压油的劣化变质。

（4）气泡进入润滑部分，切破油膜，导致滑动面的烧伤与磨损及摩擦力增大（空气混入，油液黏层大）的现象。

（5）气泡导致空穴。

B　空穴的危害

所谓空穴，是指流动的压力油液在局部位置压力下降（流速高，压力低），达到饱和蒸气压或空气分压时，产生蒸气和溶解空气的分离而形成大量气泡的现象，当再次从局部低压区流向高压区时，气泡破裂消失，在破裂消失过程中形成局部高压和高温，出现振动，且发出不规则的噪声，金属表面被氧化剥蚀，这种现象叫空穴。空穴多发生在油泵进口处及控制阀的节流口附近。

空穴除了产生混入空气的危害外，还会在金属表面产生点状腐蚀性磨损。因为在低压区产生的气泡进入高压区突然破灭，产生数十兆帕的压力，推压金属粒子，反复作用使金属急剧磨损。因为气泡（空穴），泵的有效吸入流量也减少了。

另外空穴会使工作油的劣化大大加剧。气泡在高压区受绝热压缩，产生极高温度，加剧了油液与空气的化学反应速度，甚至燃烧、发光发烟、碳元素游离，导致油液发黑。

6.4.8.2　空穴产生的原因

A　空气的混入途径

（1）油箱中油面过低或吸油管未埋入油面以下，造成吸油不畅而吸入空气。

（2）油泵吸油管处的滤油器被污物堵塞，或滤油器的容量不够，网孔太密，吸油不畅形成局部真空，吸入空气。

（3）油箱中吸油管与回油管相距太近，回油飞溅搅拌油液产生气泡，气泡来不及消泡就被吸入泵内。

（4）回油管在油面以上，停机时，空气从回油管逆流而入（缸内有负压时）。

（5）系统各油管接头，阀与阀安装板的连接处密封不严，或因振动松动等原因，吸入空气。

（6）因密封破损、老化变质或密封质量差，密封槽加工不同心等原因，在有负压的位置（例如油缸两端活塞杆处、泵轴油封处、阀调节手柄及阀工艺堵头等处），由于密封失效，吸入空气。

B　产生气穴的原因

（1）上述空气混入油液的各种原因，也是可能产生气穴的原因。

（2）油泵产生气穴的原因：

1）油泵吸油口堵塞或容量选得太小；

2）驱动油泵的原动机转速过高；

3）油泵安装位置（进油口高度）距油面过高；

4）吸油管管径过小，弯曲太多，油管长度过长，吸油滤油器或吸油管浸入油内过浅；

5）冬天开始启动时，油液黏度过大等。

上述原因导致油泵进口压力过低，当低于某温度下的空气分离压时，油中的溶解空气便以空气泡的形式析出，当低于液体的饱和蒸气压时，就会形成空穴现象。

（3）节流缝（小孔）产生空穴的原因：根据伯努利方程可知，高速区即为低压区，而节流缝隙流速很高，在此行区段内压力必然降低，当低于液体的空气分离压或饱和蒸气压时，便会产生空穴。与此类似的有通径的突然扩大或缩小、液流的分流与汇流、液流方向突然改变等，使局部压力损失过大造成压降而成为局部低压区，也可能产生空穴。

（4）气体在液体中的溶解量与压力成正比，当压力降低时，处于过饱和状态，空气就会逸出。

6.4.8.3 防止空气进入和气穴产生的方法

A 防止空气混入

(1) 加足油液，油箱油面要经常保持不低于液位计低位指示线，特别是对装有大型油缸的液压系统，除第一次加入足够的油液外，当启动液压泵，油进入油缸后，油面会显著降低，甚至使滤油器露出油面，此时需再向油箱加油，油箱内总的加油量应确保执行元件充满后液位不低于液位计下限，执行元件复位后液位不高于液位计上限（注意：这一项与液位计的确定有关）。

(2) 定期清除附着在滤油器滤网或滤芯上的污物。如滤油器的容量不够或网纹太细，应更换合适的滤油器。

(3) 进回油管要尽可能隔开一段距离，按照油箱的有关内容，防止空气进入产生噪声。

(4) 回油管应插入油箱最低油面以下（约 10cm），回油管要有一定的背压，一般为 0.3~0.5MPa。

(5) 注意各种液压元件的外漏情况，往往漏油处也是进气处。

(6) 拧紧各管接头，特别是硬性接口套，要注意密封面的情况。

(7) 采取措施，提高油液本身的抗泡性能和消泡性能，必要时添加消泡剂等添加剂，以利于油中气泡的悬浮与破泡。

(8) 在没有排气装置的油缸上增设排气装置或松开设备最高部位的管接头排气。

B 液压泵空穴的防治方法

(1) 按液压泵使用说明书选择泵驱动电动机的转数。

(2) 对于有自吸能力的泵，应严格按油泵使用说明书推荐的吸油高度安装，使泵的可疑油口至液面的相对高度尽可能低，保证泵进油管内的真空度不超过泵本身所规定的最高自吸真空度，一般齿轮泵为 0.056MPa，叶片泵为 0.033MPa，柱塞泵为 0.016MPa，螺杆泵为 0.057MPa。

(3) 吸油管内流速控制在 1.5m/s 以内，适当加大进油管路直径、缩短其长度，减少管路弯曲数，管内壁尽可能光滑，以减少吸油管的压力损失。

(4) 吸油管头（无滤油器时）或滤油器要埋在油面以下，随时注意清洗滤网或滤芯。

(5) 吸油管裸露在油面以上的部分（含管接头）要密封可靠，防止空气进入。

C 防止节流空穴的措施

(1) 尽力减少上下游压力之差（节流口）。

(2) 上下游压力差不能减少时，可采用多级节流的方法，使每级压差大大减少。

(3) 尽力减少通过节流口的流量。

(4) 采用薄壁节流或喷嘴节流形式。

D 其他防空穴措施

(1) 对液压系统其他部位有可能产生压力损失而导致空穴的部位，应保证该部位的压力高于空气分离压力，例如可采取减少管路程突然增大或突然缩小的面积比，避免不正确的分流与汇流等。

(2) 工作油液的黏度不能太大，特别是住寒冷季协和环境温度低时，需更换黏度稍低的油液，选用流动点低的油液以及空气分离压稍低的油液。

（3）减缓变量泵及流量调节阀的流量调节速度。不要太快太急，应缓慢进行。

（4）必要时采用加压油箱或者将油泵装于油箱油面以下，倒灌吸油。

复习思考题

6-1 工程装备液压系统及元件的故障有哪几种分类方法，是如何分类的？

6-2 工程装备液压系统故障有什么特点？

6-3 简述工程装备液压系统故障诊断的一般原则。

6-4 简述工程装备液压系统故障的简易诊断法基本步骤。

6-5 基于液压系统图的故障诊断法有什么特点，是如何分析诊断故障的？

6-6 液压系统故障的逻辑分析法有哪几种，各有什么特点？

6-7 简述液压系统压力故障分析的方法与步骤。

6-8 试论述液压系统工作压力失常、压力上不去的原因与排除方法。

6-9 简述液压系统漏油故障的主要原因及排除方法。

6-10 简述液压系统油温升高的原因、危害及排除方法。

第 7 章 工程装备电气控制系统故障诊断

随着武器装备现代化的发展，电子系统在装备中的应用越来越广泛，这主要表现在两个方面。一是单体电子设备的品种数量显著增加，二是各类武器装备组成系统中所包含的电控成分越来越多，电子系统已成为通用工程装备的重要组成部分。当前我军工程装备正处于机械化、半自动化向智能化、信息化的转变过程中，电子系统已成为工程装备的灵魂和效能倍增器，因此加强工程装备电子控制系统的技术保障是装备使用与发展的必然。

工程装备电气系统可分为电气设备和电气控制系统两大部分，其中电气设备与一般的工程机械电气设备大同小异，而工程装备的电气控制系统则随装备类型和装备功能不同而有较大差异。工程装备的电控系统通常可分为底盘电子控制分系统、作业控制分系统和电子信息分系统 3 个部分。在大多数工程装备上，这 3 部分可通过车载总线（CAN、MIC 等）网络连接，实现数据共享与交流。其中底盘电子控制系统用于对履带式或轮式装备的操纵和控制；电子信息分系统主要用于通信指挥、情报传输、定位导航和状态监视等；工程装备作业控制（上装电气控制）系统主要用于控制工程装备的作业装置（下文简称上装），如布雷装备的装定、发火和发射，桥梁装备的架设与撤收，扫雷装备的火箭扫雷弹的发射、机械扫雷与微波扫雷装置的工作等。本书主要介绍工程装备上装电气控制系统的结构原理、故障特点及诊断技术。

7.1 工程装备电气控制系统组成与工作原理

工程装备的上装电气控制系统一般是由信息输入传感器、信息处理控制器和信息输出执行器组成。电气控制系统在工程装备中所起的作用相当于神经系统在人体中一样，主要实现工程装备作业的自动化和智能化，保障作业的安全可靠。

工程装备电控系统的核心是控制器，各种控制器的原理、结构、性能及复杂程度等差别也比较大。如轮式推土机、挖掘机和装载机等军用工程机械上的控制器，大多以单片机或嵌入式微控制器等微电脑为核心构成电子监测单元，结合工况参数采集传感器、信号调理电路和简单的总线设备等，构成工程装备的电控监测系统，其功能相对比较简单，侧重于故障监控与报警。对于像布（扫）雷装备、渡河桥梁装备、伪装侦察装备、破障装备等功能复杂的工程装备，电控系统的组成要复杂得多，通常包括主控计算机（工控机）、可编程控制器（工业 PLC 或专用工程机械控制器）、各种电子控制单元、MIC/CAN 总线及其接口设备以及其他附件等，另外，广义上电控系统还包括操作系统软件、总线通信协议和应用软件等模块。下面介绍几种典型的工程装备电控系统的结构与组成原理。

7.1.1 工程装备控制的分类

工程装备的控制是一个非常大的概念，对其没有一个标准的分类方法，分类方式不同结果也不同。如果按被控制的物理量来分类，可将工程装备的控制大致按机械、音响、频率、电气、磁性、温度、光信息等物理量分类。这些物理量或被测量数量众多，究竟哪一种在工程装备中占主要地位呢？有关调查结果表明，在所有的工程装备组成系统的控制中较多的是针对温度、位移、速度、力、时间、光、声、电等的控制。下面举几个典型的控制方式做简单介绍。

7.1.1.1 温度的控制

温度在工程装备中是个非常重要的物理量，在很多的控制中都需要用到对温度的控制。例如工程装备液压系统、发动机、电机、变矩器等工作温度的控制，温度控制不好轻则导致装备作业效率下降，重则引起装备零部件失效或产品损坏报废。

在发动机的工程过程中，为了保证发动机的各零部件间隙、燃油系统等的正常状态，零部件或系统的工作温度是关键因素，温度过高过低都会导致发动机工作异常或引起装备损坏，因此温度的控制是非常重要的。

除此之外，在其他领域，如工程装备的战场伪装、武器装备的反红外侦察等方面，温度的控制也很关键。

7.1.1.2 位移、速度和加速度的控制

位移、速度和加速度是3个相互关联的物理量，在工程装备各个组成系统中，往往要对其中的一个或全部进行控制。例如在工程装备作业装置（桥梁架设、机械扫雷等）的作业过程中，对液压油缸、马达等执行机构的移动速度和移动距离关系到装备作业的安全性和作业效率，必须对执行机构（油缸、马达、伺服电机）的位移和速度进行控制。对精度要求高时还必须对加速度进行控制。再比如火箭破障车定向器的控制中，高低、方向角度参数的控制必须精确、快速，对电机角位移、角速度和角加速度的控制都非常严格，控制好才能保证破障弹发射的安全、准确与高效。

7.1.1.3 力的控制

力的控制分许多种，在工程装备中均有应用。绝大多数过程控制系统均包含对液压或气体压力的测量与控制。如火箭布雷车气动系统，可用于固定和解脱发射装置的高低及方向固定器、装填机的弹架、千斤顶的卡销等装置。该气动系统需要对气体压力进行控制，以维持气体压力在给定的数值范围。同时，该装备配备有液压系统，包括千斤顶液压系统和装填机液压系统。在液压系统中必须对压力进行控制，保证千斤顶和装填机能够可靠稳定地工作。

7.1.1.4 流量的控制

在工程装备运行过程中，经常需要测量液压系统等的流量和各种流速。监测和控制流体（如气体和液体燃料）的流速。对于发动机或液力变矩器等系统，在温度控制的基础上，还需要监测和控制燃油、液压油或冷却液的流速。

7.1.1.5 液面控制

液压系统在工程装备中应用非常广泛，当液压油箱油面过低时，液压泵吸油阻力变大（液压泵吸空时，常伴有刺耳的噪声），导致液压系统流量不足、压力偏低。另外，油箱油面低于规定值时，液压泵吸入空气后，导致液压系统的容积模数降低，引起执行元件产生爬行故障。因此，工程装备运行过程中必须对油液和其他润滑剂的液压进行监测，并保持这些介质在正常的范围内，以保证工程装备的正常有效运转。

最简单的油面监测和控制方式就是“通/断”控制。还有一些液面传感器能够连续地监测和控制实际的液面。

工程装备中往往不是只控制一个物理量，而是需要对多个物理量进行控制，以达到最好的控制效果。

7.1.2 工程装备电气控制系统控制原理与基本组成

电控系统的核心是控制，即电子控制单元ECU，而控制是需要判断的，完成判断的前提是必须获得足够的输入电信号（表征输入物理状态的变化），控制功能完成的质量则取决于执行器（输出装置）及反馈的完善程度。因此，工程装备控制系统的基本结构主要由输入装置、控制器和执行机构3部分组成。

最基本的电控系统可以只有传感器、控制器与执行器而无反馈装置，这就是平常所说的开环控制系统；而带有反馈装置的电控系统模型，则称为闭环控制系统。闭环控制系统由于采用了反馈装置，因此主要用于控制精度要求高的场合，闭环控制系统的质量则取决于反馈控制的稳定性。

7.1.2.1 电控系统的输入装置

常见的输入装置主要有传感器与开关两种，由于传感器是主要的输入装置，因此电控系统的输入装置大多情况下俗称传感器。实际上，电控系统的输入装置是基于物理状态变化的，它把原始的机电、液压、气压等物理状态变化（如温度变化、压力变化、角度变化等）转化为了电控单元所能识别的电信号。通俗地讲，电控系统的输入装置相当于人的感知器官，用于感受来自外界的各种信息。因此，在实际检修过程中，对电控系统的传感器信号的检测一定要注意不同物理状态变化下的电信号变化是否吻合，切忌只以单一物理状态下有电信号检测作为判断的依据。

由于工程装备的被测参数种类繁多，测量范围宽以及检测原理与技术多种多样，因而传感器的种类、规格十分繁杂。工程装备常用传感器可按任课一（被测参数）的种类、输出量的种类和测量原理加以分类。

传感器的输入信号有机械量（线位移、角位移、力、力矩、速度等）、过程量（温度、压力、流量、湿度、成分等）、电工量（电气、电压、电阻、电容、电感、磁通量、磁场强度）、光学量（光通量、光强度等）等。下面针对工程装备中常用的检测量所用的检测元件进行简单的介绍。

A 温度测量元件

温度测量元件是利用物体的某些物理量（如几何尺寸、压力、电阻、热电势、辐射强度等）随温度变化而变化的特性来测量温度的。工程装备上常用的温度测量元件如表7-1所示。

表7-1 工程装备常用温度测量传感器

种类	原理	特点	典型应用
热电阻	物质的电阻随环境温度变化而变化	精度高	工程装备发动机、液压系统、冷却系统等
热敏电阻	利用热电效应	灵敏度高、响应速度快，分辨率高，形小体轻，但互换性差，测量范围小	远距离测量
辐射式高温计	将辐射能转换为电信号	测温上限高，响应迅速，但精度低	腐蚀性高纯物体及运动物体

图 7-1 所示是某工程装备液压系统中所用的铂热电阻温度传感器，表 7-2 为其技术规格。

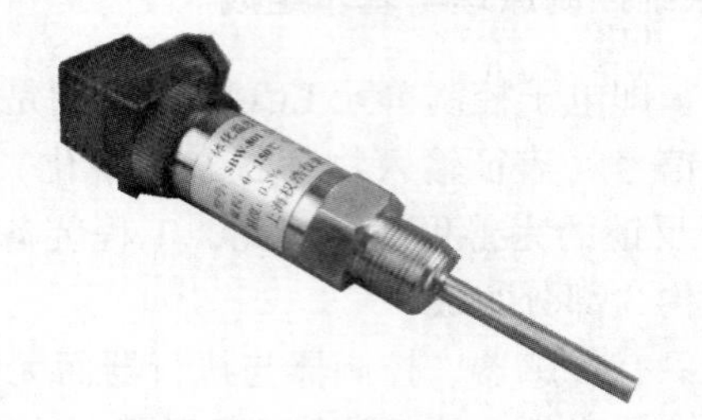

图 7-1　温度传感器

表 7-2　温度传感器技术规格

序号	参数	指标
1	工作电压	DC24V±20%
2	量程	-50~150℃
3	输出信号	1V~5V（三线制）
4	精度	0.5%
5	螺纹接口	M16×1.5
6	插入深度 L	200mm（含螺纹）

B　压力测量传感器

工程装备中压力传感器通常是由弹性元件和电压或电容组合成电气式压力变换装置。弹性元件首先将压力信号转换成位移等机械量，然后经过各种电气元件构成电气式压力变换器将其转换成电信号。表 7-3 是工程装备系统控制中常用的压力测量传感器。

表 7-3　工程装备的控制中常用的压力测量传感器

种类	原理	特点	缺点	适用范围
电阻应变式	将应变转换成电阻	量程范围宽，分辨率高，尺寸小，价格低	应变大时有非线性，输出信号小	静动态测量，温度低于 1000℃
压电式	利用压电效应	分辨率高，结构简单	对温度敏感	动态测量
电容式	电容两极距离或面积发生变化电容量对应发生变化	结构简单，灵敏，动态响应快	屏蔽性能要求高	测量系统中分布电容少的场合
电感式	利用线圈的自感和互感的变换	分辨率高，输出信号强，重复性好，结构简单可靠	存在交流零位信号	不宜高频动态测量
压阻式	元件电阻率与压力之间的关系	灵敏，精确，体积小，工作可靠，寿命长		

图 7-2 是某型工程装备所用的液压系统压力传感器，该传感器安装于液压系统中液压泵的出口处，用于检测液压系统的泵出口压力，压力传感器的技术规格见表 7-4。

图 7-2 液压系统压力传感器

表 7-4 压力传感器技术规格

序号	参数	指标
1	工作电压	DC24V±20%
2	量程	0～40MPa
3	输出信号	1～5V（三线制）
4	精度	0.5%
5	螺纹接口	G1/4×10mm
6	使用温度	介质-40～125℃ 环境-40～85℃

图 7-3 是某型工程装备上的气象仪组合中的压力传感器，用来与温度、湿度等传感器配合，以准确地测量环境条件。其技术规格见表 7-5。

图 7-3 大气压力传感器

表 7-5 大气压力传感器技术规格

序号	参数	指标
1	工作电压	DC24V±20%
2	量程	-0.1～1MPa
3	输出信号	0～5V

续表 7-5

序号	参数	指标
4	精度	0.5%FS
5	安全过载	150%
6	使用温度	介质-20~85℃ 环境-20~85℃
7	密封等级	IP65

C 位移、角度、速度与加速度测量传感器

位移测量传感器在工程装备作业装置的控制系统中有很多应用，如综合扫雷车、履带式冲击桥等装备液压系统中的液压缸位移测量所使用的磁致伸缩式位移传感器，扫雷犁仿形靴角度测量使用的角位移传感器，火箭破障车高低位置和定向器方向位置量测量用的双通道旋转变压器。工程装备的控制中常用的位移（角度、速度、加速度）测量传感器见表 7-6。

表 7-6 工程装备的控制中常用的位移（角度、速度、加速度）测量传感器

种类	原理	特点	缺点	适用范围
磁致伸缩式位移传感器	磁致伸缩效应	高精度、抗干扰、迟滞小，适应高速液压运动		一般用于液体的测量，如液压缸位移、液位等测量
旋转变压器	电磁感应原理	耐冲击、耐高温、耐油污、高可靠、长寿命	输出为调制的模拟信号，输出信号解算较复杂	航空航天、船舶、兵器、精密机械等需求高精度控制的领域的角度测量
增量编码器	光电转换原理、磁电转换原理等	输出脉冲信号，噪声容限大，容易提高分辨率	不耐冲击，不耐高温，易受辐射干扰，不宜用在军事和太空领域	直线或角位移测量，主要应用于数控机床及机械附件、机器人、测角仪、雷达等
磁电式转速传感器	磁敏感效应	频响宽，稳定性好，抗干扰能力强，坚固耐用		用于车辆、船舶和工程装备等
倾角传感器	磁敏感效应等	反应灵敏，动态响应快，重复性好，精度高		用于车辆、船舶与工程装备等
拉线式位移传感器	光电转换原理等	体积小、使用方便，密封性好，精度高，温度误差小，寿命长	输出信号相对较弱，不耐冲击振动等	坦克、装甲车、高速舰船、工程装备

a 旋转变压器

图 7-4 是某装备的多极旋转变压器 J36XZ015，其作为测角装置，将爆破扫雷器发射装置和扫雷犁系统的轴转角位置转换成模拟电压值，然后再通过 RDC 轴角数字转换模块

完成对位置信号（模拟电压值）的采集、处理、数字编码，从而得到负载位置转角的精确数字量并送入计算机，其原理框图如图 7-5 所示。表 7-7 所示为多极旋转变压器技术规格。

图 7-4　旋转变压器

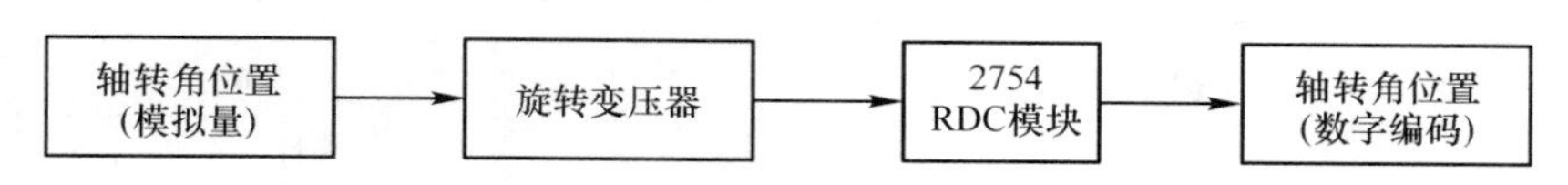

图 7-5　数字测角原理图

表 7-7　多极旋转变压器技术规格

<table>
<tr><th>序号</th><th>参数</th><th colspan="2">指标</th></tr>
<tr><td>1</td><td>工作电压</td><td colspan="2">36±0. 36V</td></tr>
<tr><td>2</td><td>频率</td><td colspan="2">400±4Hz</td></tr>
<tr><td>3</td><td>空载电流</td><td colspan="2">≤30mA</td></tr>
<tr><td>4</td><td>消耗功率</td><td colspan="2">≤0. 5W</td></tr>
<tr><td>5</td><td>变压比</td><td colspan="2">1±0. 03</td></tr>
<tr><td rowspan="2">6</td><td rowspan="2">零位电压</td><td>基波</td><td>≤21mV</td></tr>
<tr><td>总值</td><td>≤26mV</td></tr>
<tr><td>7</td><td>函数误差</td><td colspan="2">≤0. 10%</td></tr>
<tr><td>8</td><td>精度</td><td colspan="2">≤0. 5mil</td></tr>
</table>

b　增量型编码器

图 7-6 是某桥梁装备用推桥计数传感器，该传感器是一种增量型编码器，基于新型磁敏感元件设计，工作时测量轴转动，带动内部的计数齿轮转动，造成内部磁路的变动，通过后续电路将磁通量的变化调整后输出，每转可输出 30 个 2 路位相差 90°左右的方波脉冲信号和每转一个脉冲的零脉信号。架桥车电控系统通过对双向脉冲的相位可以鉴别旋转方向及推收桥的脉冲个数（即距离）。该传感器技术规格见表 7-8。

图 7-6　推桥计数传感器

表 7-8 推桥计数传感器技术规格

序号	参数	指标
1	工作电压（DC）	5~28V
2	输出电流	≤10mA
3	输出信号	NPN 型，双路方波脉冲信号 30PPR
		A：30PPR
		B：30PPR
		A、B 相位差 π/2+20°
		N：零脉冲 1PPR
4	测量频率	0~100kHz
5	测量精度	±1 个脉冲
7	使用温度	-40~+80℃
8	湿度范围（RH）	0~95%
9	防护等级	IP65
	保护	极性，短路

c 磁致伸缩式位移传感器

为了检测油缸的位移与动作控制，在某型装备的后摆架、前悬臂、辅助臂动作油缸内部嵌入了直线位移传感器，如图 7-7 所示。

图 7-7 磁致伸缩式位移传感器

该传感器由波导管和一个决定位置的磁铁构成，采用磁致伸缩原理，基于威德曼/Wiedemann 效应和维拉瑞/Villari（磁致弹性）效应。威德曼/Wiedemann 效应的产生过程：一个电流脉冲通过波导管被发射，这一电流脉冲将围绕波导管产生一个以光速传播的圆形磁场，当这个磁场与纵向运动的位置磁铁的磁场叠交时所产生的扭力将使波导管触发一个应变脉冲，这个应变脉冲将在传感器内的波导管内以音速运动。通过传感器尾部电子仓内的检测元件检测到这个应变脉冲的返回，通过计算被发射出的电流脉冲与应变脉冲返回时之间时间差，就可确定位置磁铁和电子仓之间的距离是多少。该传感器技术规格：工作电压（DC）：5~28V；输出信号：4~20mA；使用温度：-40~+80℃；保护：极性，短路。

d 倾角传感器

某工程装备上的倾角传感器（见图 7-8），装于其底盘车左侧甲板，用于检测该装备的前后俯仰角度和左右倾斜角度。倾角传感器技术规格见表 7-9。

图 7-8 倾角传感器

表 7-9 倾角传感器技术规格

序号	参数	指标
1	工作电压（DC）	24V±20%
2	线性量程（双轴）	±20°
3	输出信号（双轴）	1V5V
4	分辨率（理论上连续）	≤±0.01°
5	回零重复性	≤±0.05°
6	使用温度	-40～+60℃
7	阻尼方式	硅油

D 油液品质传感器

油液品质传感器是一种新型的传感器，可检测工程装备润滑油、发动机燃油、传动油、刹车液、液压油和齿轮油、冷冻液和溶剂等的流体的多个物理属性间的直接和动态的关系。这种传感器可为用户提供了流体的在线检测功能，利用这种多参数的分析能力可监控装备的健康状态，对装备故障进行预测、诊断和故障报警。图 7-9 是 DQD-300 油液品质传感器。

图 7-9 油液品质传感器

E 开关、手柄等其他信号输入器件

工程装备控制系统的人接交互器件经常使用电比例手柄这种手动作业操纵器件，如某型装备操纵手柄即为电比例手柄，用来进行前悬臂、辅助臂、后摆架及推桥液压马达的速度控制，摆动幅度小即速度小，摆动幅度大即速度大。手动作业时按提示操作可以控制执行机构动作。图 7-10 为该装备的主控盒面板，其下部左右两侧分别安装有两个电比例手柄，其中左侧手柄输出的信号控制辅助臂和前悬臂的上升与下降，而右侧手柄输出信号控制后摆架的上升下降和马达的正转与反转。电比例手柄的技术规格如表 7-10 所示。

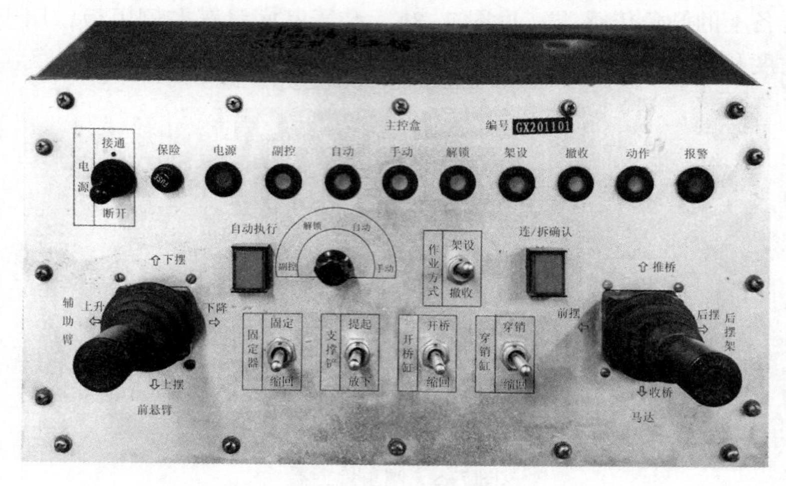

图 7-10 主控盒面板

表 7-10 电比例手柄技术规格

	1. 机械特性	
启动力	5N	距法兰 55mm
操作力	15N	满偏，距法兰 55mm
允许最大力	50N	满偏，距法兰 55mm
操作使用寿命	>5000000 次	
重量	50g	
防护等级	IP23~IP56	
联动操纵性能	*X-Y* 方向可双轴联动操纵，可同时输出两路可变信号	
	2. 环境特性	
工作温度	-25+70℃	
存储温度	-40~+80℃	
法兰以上防护等级	IP65	
	3. 电气特性	
最大负载电流	200mA	
最大功耗	0.25W，25℃	
输入信号（DC）	10V	
输出信号	-5~+5V	
电气行程	320°±5°	
模拟轨道总阻抗	1k6Ω（N），2kΩ（R），3k2Ω（Q）	误差±20%
输出电压范围	（0~100%）*Vs*，（10%~90%）*Vs*，（25%~75%）*Vs*	误差±20%
中心抽头输出电压	50%*Vs*	误差±2%

各种开关也属于人机接口信号输入器件，常见的有钮子开关、接近开关、微动开关、电平开关、压力继电器、堵塞传感器等。图 7-10 所示面板上就分布有钮子开关、带灯按钮、拨码开关等。

如某装备千斤顶支架翻转油路（如图 7-11 所示），其中压力继电器 SP1、SP2 用于检测液压系统翻起和放下时油缸内部油液压力，判断千斤顶翻转的动作状态。当千斤顶两个油缸伸缩到位后，压力上升，触发压力继电器内部微动开关，主控制器根据检测到的开关信号，切断油路电磁阀，停止进油。压力继电器的外形如图 7-12 所示。

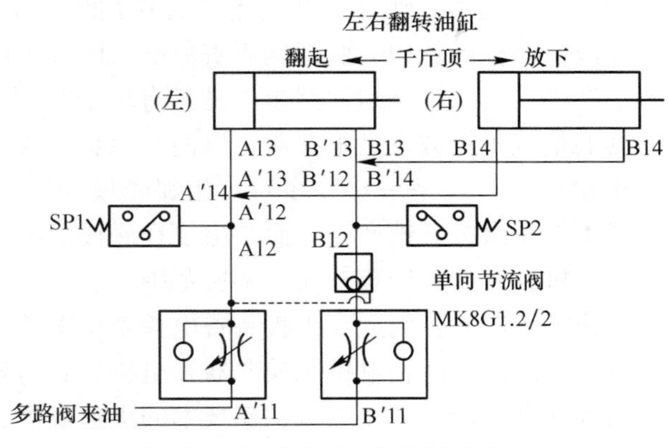

图 7-11 千斤顶支架翻转油路

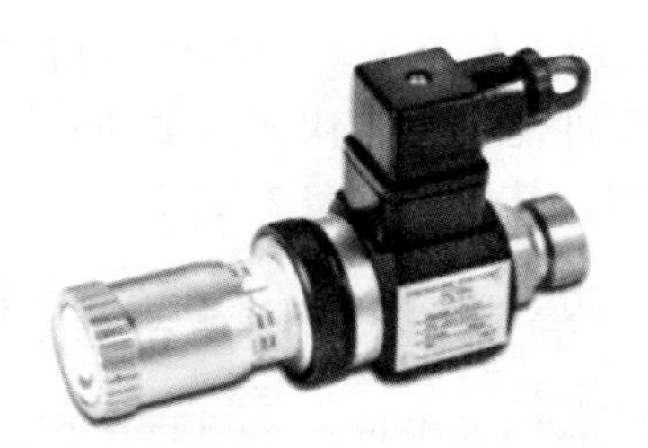

图 7-12 压力继电器

7.1.2.2 电控系统的输出装置

电控系统的输出装置的主要作用是带动电控系统的控制对象按输入信号规律运动，以做出各种动作。因此工程装备电控系统的输出装置也称为执行器，常用的执行元件有直流伺服电机、交流伺服电机、直流力矩电机、步进电动机（用于数字控制系统）、电液比例阀、电磁气阀等。根据电控单元对执行器的控制方式，可分为火线端控制和地线端控制两种。以下简单介绍几种工程装备电控系统的输出装置。

A 伺服电机

伺服电机分为直流伺服电机和交流伺服电机等，在机械设备的控制系统中得到了广泛的应用。

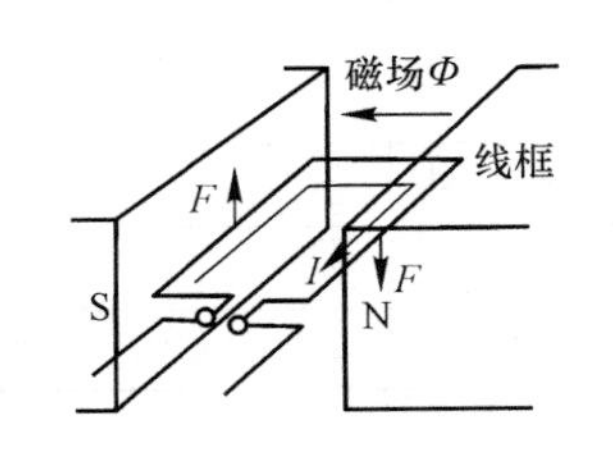

图 7-13 直流电动机原理图

直流伺服电机的结构与直流测速发电机相同，其基本原理可用图 7-13 来说明：电磁铁（属于电动机的定子）产生恒定磁场，其磁通为 Φ。控制电压 V 经过电刷与整流器加到电枢绕组（转子线圈），使绕组中出现电流 I，载流导体在磁场中受到电磁力 F 的方向由左手定则来确定。根据图 7-13 中电枢绕组中电流 I 的方向及磁通 Φ 的方向，电枢在电磁力的作用下将逆时针旋转，转动角速度为

Ω，当控制电压 V 的极性不变时，为了保证电枢转动时所受的电磁力矩方向不变，绕组中的电流必须在一定的位置改变方向，这一电流换向的任务由换向器和电刷完成，因为在电机转动时，定子电磁铁与电刷保持静止，而换向器与转子同步转动，改变控制电压 V 的大小即可改变电枢电流 I 的大小，也就是改变电枢所受电磁力矩的大小，因而改变电枢的转速来加以平衡；改变控制电压的极性，则改变电枢绕组电流 I 的方向，也就是改变电枢所受电磁力矩的方向，因而改变电枢的转向，此即伺服直流电机的基本原理。

实际的电机结构要复杂得多，电枢绕组回路也不是只有单个线圈，而是多个线圈，与电枢绕组相连接的换向器的整流子算数也是很多对，以便产生更均匀的电磁力矩，使得电枢匀速转动。磁极（即电磁铁）可以是一对或多对，相邻磁极的极性呈 N 极和 S 极交替地排列，通常情况下磁场不是靠永久磁铁产生，而是由绕在磁极上的激磁绕组通以恒定激磁电流来建立。直流伺服电机具有起动转矩较大、调速范围广、机械性能的线性度好和便于控制等优点，但其低速稳定性较大，因此在工程装备电控系统中的应用受到限制。

不同于直流伺服电机，交流伺服两相电机无换向器和电刷，具有输出功率大、摩擦力矩小、易维护、坚固耐用等优点，加之交流电机调速技术的迅速发展，使得交流伺服电机逐渐推广应用至布扫雷车、破障车和其他工程装备的控制系统中。其他的电机还有直流力矩电动机、步进电机等。

图 7-14 是某装备所用高低和方位交流驱动伺服电机。该电机为科尔摩根公司产品，型号为 B-604-C-B1，具有极致性能，具有快速的加速/减速性能和较大的惯量失配能力的低惯量电机，旋转变压器反馈，其规格如表 7-11 所示。

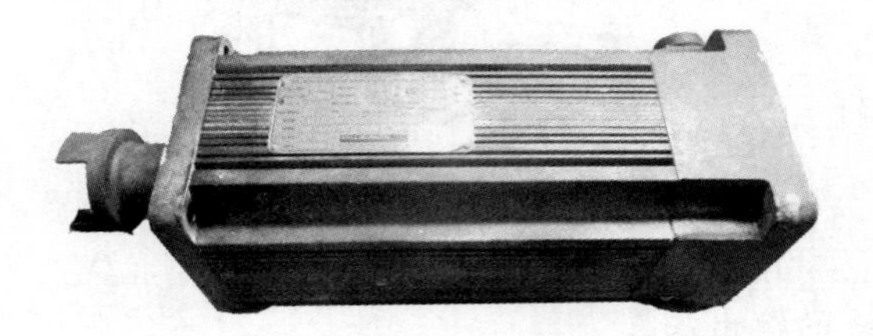

图 7-14 交流伺服电机

表 7-11 Goldline 无刷交流伺服电机规格

序号	参 数	指 标
1	失速控制转矩（有效值）	31.2N · m/39.4A
2	失速极限转矩（有效值）	86.4N · m/114.8A
3	电压（AC）	230V
4	最大转速	4300r/min
5	温度极限	155℃
6	K_B	50.8V/(kr/min)
7	最佳环境温度	40℃

B 负载敏感多路换向阀

负载敏感多路换向阀在工程装备中应用非常广泛，这种阀可以用电信号控制也可用手柄控制，并且流量可按控制电流的大小或手柄开度的大小进行线性比例控制，这样就可控制油缸或马达的速度。如某装备上液压系统的控制阀，其型号为 PSV55S1/270-3，由德国哈威（HAWE）公司生产，额定压力为 35MPa。

图 7-15 为该电磁阀的外形示意图，这种阀是 PSV 型比例多路阀，用于控制工程装备液压系统中执行元件的运动方向和运动速度（无级调速，且不取决于外部负载），这样可使得多个执行元件，如控制发射架升起和放下动作的电磁阀片，其电路接线图如图 7-16 所示，由 PLC 输出模块直接输出 PWM 驱动信号至该联电磁阀的两个线圈，V1 和 V2 是两个线圈的续流二极管。通过改变 PLC 模块输出 PWM 信号波形的占空比来调节信号输出电流的大小，从而改变电液比例阀的开度来控制发射架油缸起升和放下的执行速度。电磁阀芯的方向是通过分别接通线圈 1 和线圈 2 而实现执行机构的换向动作。

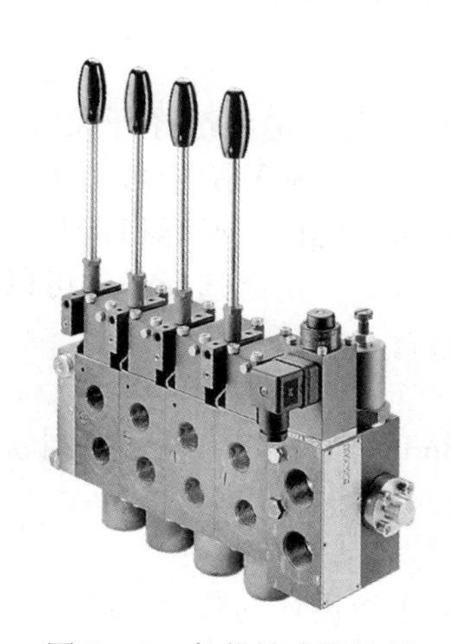

图 7-15 负载敏感多路阀

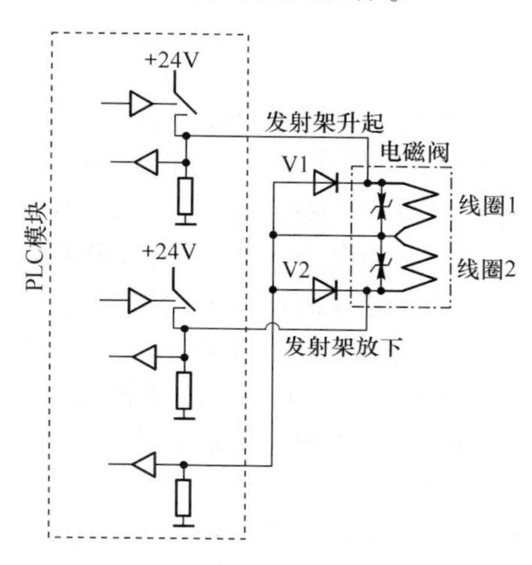

图 7-16 比例电磁阀的接线原理图

7.1.2.3 电控系统的控制器

工程装备电控系统的控制器相当于人的大脑，专门用于接收外界的各类信息，进行计算、比较、判断等处理，并向执行机构发出运转指令。电控系统的控制器即电子控制单元（Electronic Control Unit），也称车载电脑。工程装备电控系统常用的控制电脑可分为 3 大类：嵌入式计算机（PC104 总线嵌入式计算机）、PLC 可编程控制器（包括 EPEC 工程机械控制器等）和单片微控制器/处理器。

A 嵌入式计算机

工程装备电控系统的嵌入计算机一般由硬件和软件两大部分构成，硬件单元主要包括输入接口（回路）、输出接口（回路）、存储器（RAM、ROM）和控制器 CPU 等，软件系统则主要包括操作系统（嵌入式或通用操作系统）和应用软件两部分。某装备的主控计算机箱如图 7-17 所示，机箱内装有整个控制系统的核心部分 PC104 嵌入式计算机系统，包括与 IBM-PC/AT 兼容的 CDM-1398CPU 模块、CDM-1040B 计算机主板、DMM-16-AT 数据采集模块、CAN 总线接口模块，另外还有爆破器信号解码插板、扫雷犁位置和仿形靴信号解码插板、通标计数控制插板、底板等。底板位于机箱的底部，用于实现各功能模块之间的数据总线、地址总线、电源等的连接，各功能板输入、输出信号引出端与机箱面板插座的连线，其他各印制板均插在底板的插槽上。主要完成调炮解算、扫雷犁随动控制等模型的计算，控制和指挥各功能模块完成规定的任务。

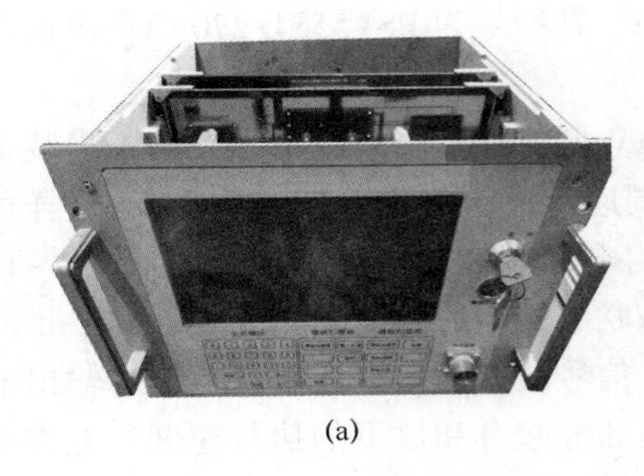
(a)

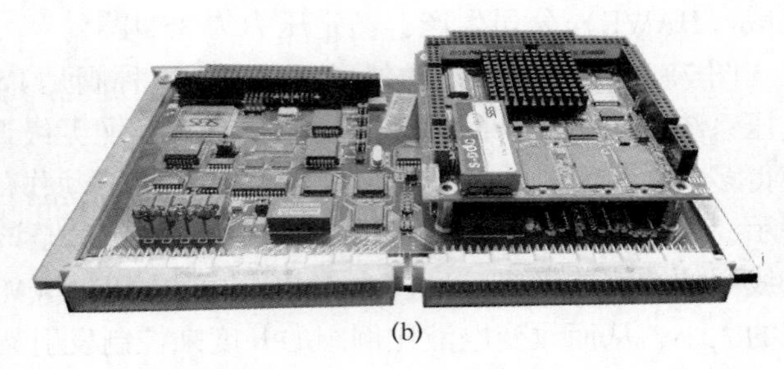
(b)

图 7-17　嵌入式微电脑机箱

(a) 机箱；(b) PC104 主板

主控计算机箱内还集成有 EL 显示器、键盘、按钮开关、钥匙选择开关、指示灯等，其中显示器选用 12.1 英寸分辨率 640×480EL 显示屏，可方便地显示中西文字、表格、图形。操作键盘选用薄膜按键，设置有公共键区、爆破扫雷器键区、通标扫雷犁键区，可方便输入各种参数、功能命令。通过操作薄膜键盘、按钮开关、钥匙选择开关可以实现扫雷犁自动扫雷、自动调转爆破扫雷器发射装置、控制通路标示等距投放标示器、与倾斜传感器通讯、发射通路检测、点火等功能。

主控计算机软件采用 DOS 6.22 操作系统，采用 Borland C++3.1 编写控制软件，操作界面为中文，操作方式为快捷键的方式。

B　可编程控制器

可编程控制器（PLC）是一种专为在工业环境下应用而设计的数字运算操作的电子系统。采用一种可编程序的存储器，在其内部存储执行逻辑运算、顺序控制、定时、计数和算术运算等操作的指令，通过数字式或模拟式的输入输出来控制各种类型的机械或装备。

可编程控制器自诞生以来已发展到很高的水平，目前市场上生产 PLC 的厂家很多，产品种类丰富，既有几个 I/O 点的微型可编程控制器，也有上千点 I/O 的大型可编程控制器。

某装备的 PLC 采用通用电气公司的 S90-30 系列 PLC（见图 7-18），其主要功能为：控制伺服驱动系统伺服放大器的输入端；判断、控制电液传动系统在允许调炮区域内调转；控制爆破扫雷器发射辅助装置行军战斗转换；控制通路标示装置密封盖的打开和关闭，以及通路标示器投放；控制各运动装置动作安全互锁。

图 7-18　PLC 安装图

7.1.2.4 电控系统的伺服控制电路

伺服控制电路单元是工程装备电控系统中的一种典型电路。某装备伺服控制单元由爆破扫雷器伺服放大板、扫雷犁伺服放大板、爆破扫雷器检测发射插板、底板及机箱组成。伺服放大器电路包括前置放大电路、调零电路、速度和加速度反馈电路和差动功率放大电路等。

前置放大电路主要作用是匹配比例阀的负载，对输入的主控计算机中 D/A 端输出电压信号、速度反馈信号和加速度反馈信号进行调理。由于主控计算机中的 D/A 端输出电压信号是±5V，而电液比例阀的控制是电流控制型，其额定电流为 10mA，因此在电路调试中，应确保 D/A 端控制输出电压信号最大时，对应比列阀的最大流量以及在整个工作区间电路的线性度。

为了改善控制系统的动态响应特性，设计了速度反馈和加速度反馈电路。其中速度反馈信号由位置模数转换模块 RDC 得到，而加速度反馈由速度反馈信号微分得到。为确保反馈极性的正确和反馈深度的合适，设计了极性变换电路，并可以通过电位器调整反馈的大小。同时为了滤除速度反馈和加速度反馈中的交流信号，设计了滤波电路。

调零电路的作用是为了使得在计算机输出 0V 时，确保比例阀关闭，爆破扫雷器发射装置静止。

差动放大电路能够有效抑制功放管参数漂移对系统特性的影响，提高共模抑制比。

7.1.2.5 输入、输出接口

工程装备控制电路中所要采集的输入信号的电平、速率等是多种多样的，系统所控制的执行机构所需要的电平、速度也是千差万别，而微电脑、PLC 等控制器所能处理的信号只有是 TTL 或其他的标准电平，所以必须设计输入输出的信号调理与转换电路来完成电平转换、速度匹配、驱动功率放大、电气隔离、A/D 或 D/A 转换等任务。输入输出接口相当于电控系统的眼、耳、手，是控制器 CPU 和外部设备（元件）联系的桥梁。总之，输入输出电路是将外部输入信号变换成控制器能接收的信号，将控制器的输出信号变换成需要的控制信号去驱动控制对象，从而确保整个系统的正常工作。下面是工程装备使用较多的 PLC 控制器为例，说明其接口电路的工作原理与设计特点。

A 输入接口电路

PLC 的内部电路按电源性质分三种类型；直流输入电路、交流输入电路和交直流输入电路。为保证 PLC 能在恶劣的现场环境下可靠地工作，三种电路都采用了光电隔离、滤波等措施。图 7-19 是某直流输入接口的内部电路和外部接线图。图中的光电耦合器能有效地避免输入端引线可能引入的电磁场干扰和辐射干扰；光敏管输出端设置的 RC 滤波器能有效地消除开关类触点输入时抖动引起的误动作，但 RC 滤波器也会使 PLC 内部产生约 10ms 的响应滞后（有些 PLC 某几个输入点的滤波常数可以通过软件来设定）。可编程控制器是以牺牲响应速度来换取可靠性，而这样所具有的响应速度在工程装备控制中是足够的。外部电路主要是指输入器件和 PLC 的连接电路。输入器件大部分是无源器件，如常开按钮、限位开关、主令控制器等。随着电子类电器的兴起，输入器件越来越多地使用有源器件，如接近开关、光电开关、霍尔开关等。有源器件本身所需的电源一般采用 PLC 输入端口内部所提供的直流 24V 电源（容量允许的情况下，否则需外设电源）。当某一端口的输入器件接通有信号输入时，PLC 面板上，但有的 PLC 外部电路需外界提供电源。

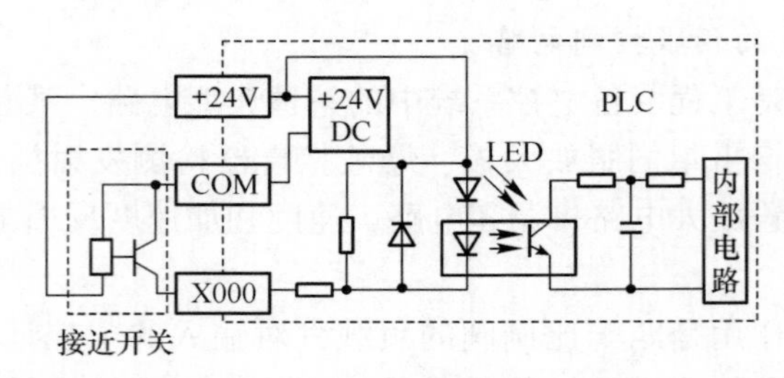

图7-19 PLC直流输入接口的内部电路和外部接线图

B 输出接口电路

为了能够适应各种各样的负载需要，每种系列可编程控制器的输出接口电路按输出开关器件来分，有以下3种方式。

(1) 继电器输出方式。由于继电器的线圈与触点在电路上是完全隔离的，所以它们可以分别接在不同性质和不同电压等级的电路中。利用继电器的这一性质，可以使可编程控制器的继电器输出电路中内部电子电路与可编程控制器驱动的外部负载在电路上完全分割开。由此可知，继电器输出接口电路中不再需要隔离。实际上，继电器输出接口电路常采用固态电子继电器。其电路如图7-20所示。图中与触点并联的RC电路朋来消除触点断开时产生的电弧；出于继电器是触点输出，所以它既可以带交流负载，也可以带直流负载。继电器输出方式最常用，其优点是带载能力强，缺点是动作频率与响应速度慢（响应时间10ms）。

(2) 晶体管输出方式。其电路如图7-21所示．输出信号由内部电路中的输出锁存器传给光电耦合器，经光电耦合器送给晶体管。晶体管的饱和导通状态和截止状态相当于触点的接通和断开。图中稳压管能够抑制关断过电压和外部浪涌电压，起到保护晶体管的作用。由于晶体管输出电流只能朝一个方向，所以晶体管输出方式只适用于直流负载。其优点是动作频率高，响应速度快（响应时间0.2ms)，缺点是带载能力小。

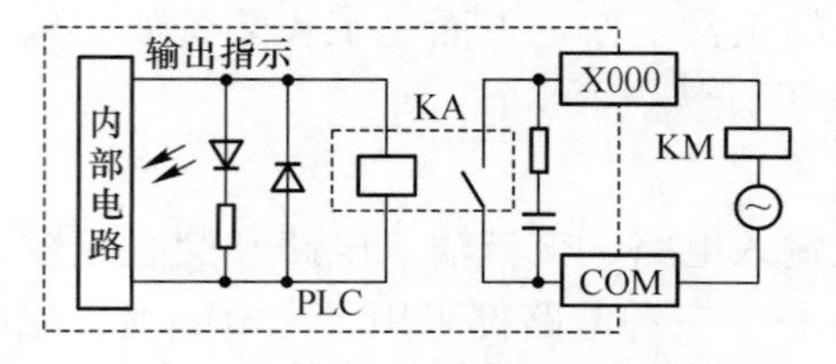

图7-20 继电器输出接口电路

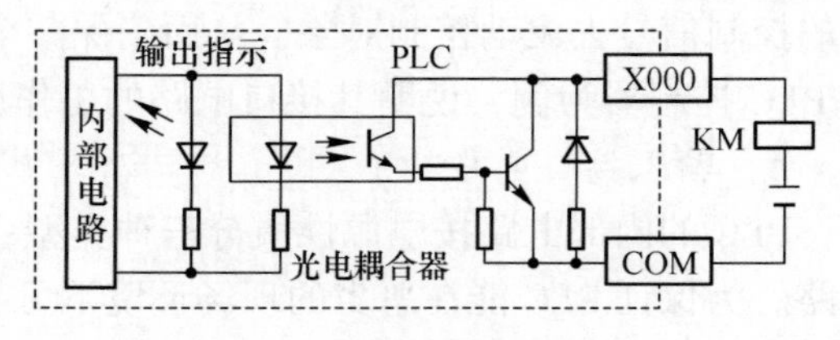

图7-21 晶体管输出接口电路

(3) 晶闸管输出方式。其电路如图7-22所示，晶闸管通常采用双向晶闸管，双向晶闸管是一种交流大功率器件，受控于门极触发信号。可编程控制器的内部电路通过光电隔离后去控制双向晶闸管的门极。晶闸管在负载电流过小时不能导通．此时可以在负载两端并联一个电阻。图中，RC电路用来抑制晶闸管的关断过电压和外部浪涌电压。由于双向晶闸管为关断不可控器件，电压过零时自行关断，因此晶闸管输出方式只适用于交流负

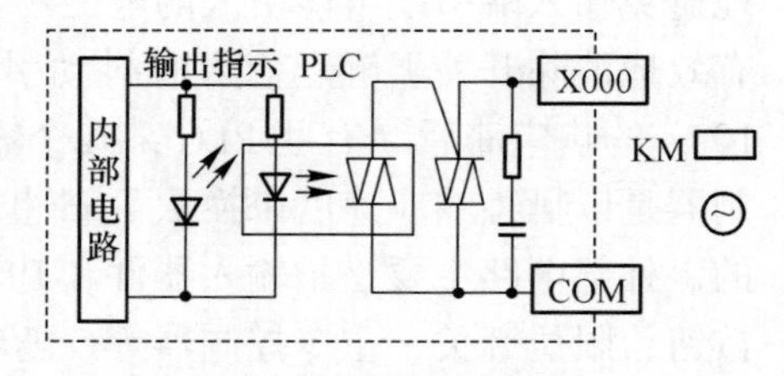

图7-22 双向晶闸输出接口电路

载。其优点是响应速度快（关断变为导通时间小于1ms，导通变为判断的延迟时间小于10ms），缺点是带负载能力不大。

7.1.3 典型工程装备电控系统组成与工作原理

典型装备电控系统采用工控机、单片机和PLC的混合式电控系统，主要由工控机、工业PLC模块和基于单片机的嵌入式设备等装置混合组成，可分为3个子系统，即自动控制系统、PLC电液控制系统和发火系统等。其中自动控制系统是该装备的重要组成部分，主要由主控计算机、显控台、姿态角传感器及控制软件等组成。自动控制系统是通过自动控制电传动系统的传动，完成布雷车射角和射向的自动赋予，实施火箭布雷弹的装定和发射，实现武器系统的全自动化操作。PLC电液控制系统由千斤顶液压系统和装填装置液压系统构成，千斤顶液压系统主要控制千斤顶从行军位置翻转到战斗位置、千斤顶支撑、千斤顶收回、千斤顶从战斗位置翻转到行军位置的动作，装填机液压系统则用于控制装填机升起、弹架推弹、弹架返回、装填机下落的动作。这两种液压系统均可采用电控或手动方式进行控制。发火系统由装定发火仪和车外发射装置等组成，其中装定发火仪通过与装备主控计算机通讯完成对布雷弹引信的装定、地雷的装定、引信的检测、地雷的检测以及布雷弹的发射等工作，车外发射装置主要用于在车外发射布雷弹。车外发射装置主要由电缆盘、钥匙开关、电子引信按钮、药盘引信开关等组成。

7.1.3.1 自动控制系统工作原理

该装备自动控制系统的结构原理图如图7-23所示。自动控制系统以工控机构成的主控计算机为核心，把指挥通信系统、定位定向仪、控制盒、发火仪、各种工况采集传感器和发射装置连接起来。主控计算机是自动控制系统的中枢，由PC104 CPU主板、RDC I/O板、液晶显示民间和薄膜键盘等组成，其作用是通过外围的传感器和指挥车发来射击诸元，对信息进行处理后，通过控制发火仪和发射装置实施布雷车的瞄准与发射操作；同时，主控计算机通过PLC控制器控制液压与气动系统可完成布雷弹的自动装填等操作。

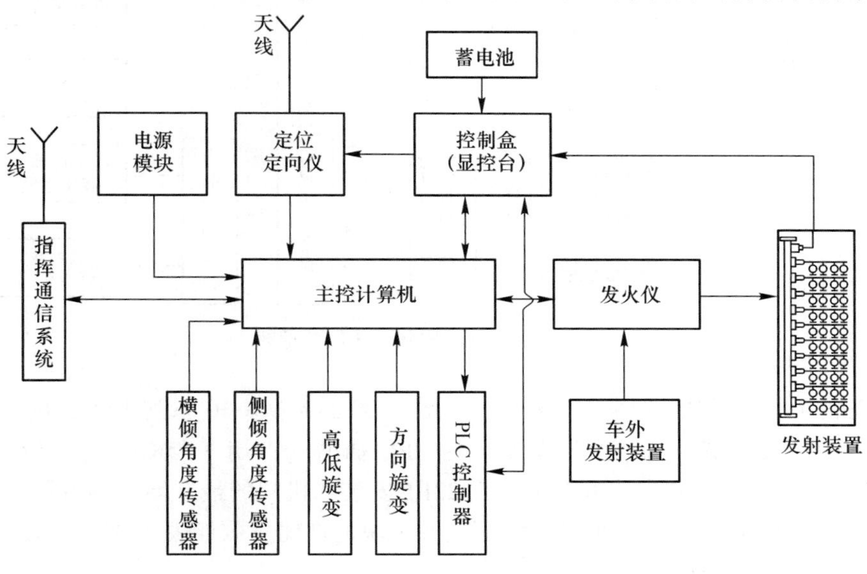

图7-23 自动控制系统结构原理图

电源模块主要负责为主控计算机内部的控制板、RDC（角度数字转换卡）、信号调理卡、各种传感器等提供工作电源。指挥通信系统主要负责接收指挥车下达的发射指令及参数和数传通话系统的信息，经处理后传输至主控计算机，供其进行发射操作使用。横倾、侧倾、高低、方向旋转变压器（角度传感器）则主要采集布雷车的横向倾斜、侧向倾斜、发射装置的高低角、方向角等参数，这些信号经 RDC 调理卡进行角度数字转换，得到数字信号通过主控计算机内部总线传输给 CPU 和存储单元，为布雷车发射作业提供初始解算参数并与指挥车传送的射击诸元结合以进行发射准备。定位定向仪用于布雷车进入发射位置后的定向定位解算，当布雷车进入阵地支好千斤顶并确认定向管被行军固定器可靠锁定后，火控系统即可向定位定向仪发送定位定向指令，定位定向仪解算出的位置和方位角通过串口发送到主控计算机。显控台（控制盒）是自动控制系统中除主控计算机外另一个重要的人机接口和控制单元，通过信号电缆与定位定向仪、主控计算机、PLC 控制器和发射装置进行信息交互或指令控制，并通过 PLC 控制器、液压/气压系统控制推弹架、发射装置、千斤顶的锁紧与解脱等，同时显示布雷车的状态。

7.1.3.2　PLC 电气液控制系统组成与工作原理

A　PLC 控制系统的组成

以 PLC 可编程控制器为中心的电气液控制系统，主要负责布雷车发射前的千斤顶的解、支撑操作，装填装置的解脱、锁定与装填操作，发射架的解脱，高低、方向电机扩大机的启停操作，以及辅助半自动调炮操作等，结构原理如图 7-24 所示，图 7-25 是为端子接线图。

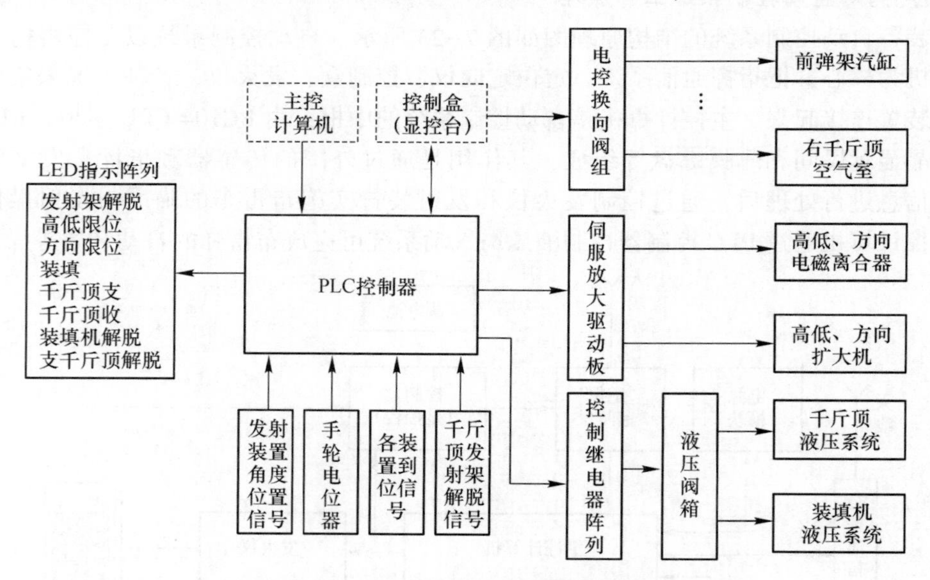

图 7-24　PLC 电液控制系统结构原理图

该装备的 PLC 控制器选用美国通用公司的 GE Fanuc 90-30 系列 PLC，机架底板为 5 槽机架和单槽模块，CPU 机架上设置专门的 CPU 插槽（占用一个槽位），CPU 模块型号为 IC693CPU311ILT，电源模块 IC693PWR322LT 安装在机架的最左端，不占用槽位，如图 7-25 所示。GE Fanuc 0-30 系列 PLC 常用电源模块的性能参数如表 7-12 所示，CPU 模块的性能参数如表 7-13 所示。

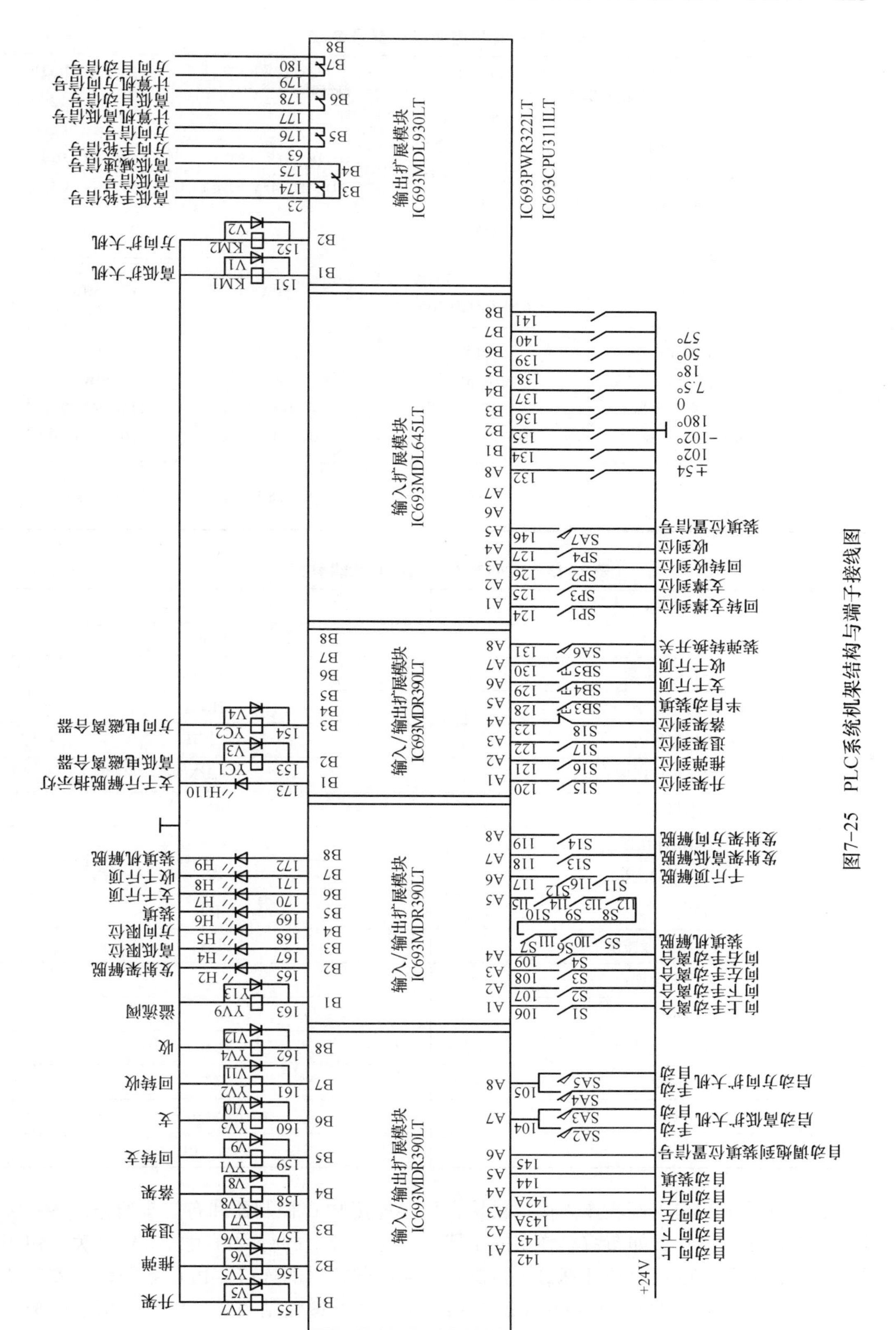

图7-25　PLC系统机架结构与端子接线图

表 7-12　常用电源模块型号参数

型号	IC693PWR321	IC693PWR330	IC693PWR322	IC693PWR331
输入电源	AC -180~264V (AC 240V 额定) 频率：47~63Hz	AC -85~264V (AC 120~240V 额定) 频率：47~63Hz DC -90~150V (DC 125V 额定)	DC -18~56V (DC 24~45V 额定)	DC 18~56V (DC 24~45V 额定)
输入功率	50W	交流输入时 150VA 直流输入时为 50W	50W	50W
输出功率	共 30W 15W 5V 15W 24V 继电器 20W 24V 隔离	共 30W 30W 5V 15W 24V 继电器 20W 24V 隔离	共 30W 15W 5V 15W 24V 继电器 20W 24V 隔离	共 30W 30W 5V 15W 24V 继电器 20W 24V 隔离
24VDC 输出电流特性	0. 8A	0. 8A	0. 8A	0. 8A

表 7-13　IC693CPU311ILT 性能参数

名 称	参数值
I/O 点数	80/160
AI/AO 点数	64In-32Out
寄存器字	512
用户逻辑内存	6K 字节
程序运行速度	18ms/K
内部线圈	1024
计时/计数器	170
高速计数器	有
轴定位模块	有
可编程协处理器模块	没有
浮点运算	无
超控	没有
后备电池时钟	没有
口令	有
中断	没有
诊断	I/O、CPU

PLC 控制系统的输入模块作为接口模块，用于连接 PLC 控制器和布雷车的输入传感装置及其他外设输入信号，如布雷车弹架固定器、升起装置上的行程开关，按钮开关、钮子开关、位置检测开关以及主控计算机和控制盒等输出的信号的连接。PLC 系统设置安装了 3 只输入/输出继电器扩展模块 IC693MDR390LT（其性能参数见表 7-14），占用了机架上

连续3个槽位，用于连接主控计算机的输入信号、主控盒的高低和方向扩大机启动信号、手轮电位器的输入信号等（见表7-15）。其输出主要通过电磁阀、液压油缸等控制发射装置的升架、推弹、退架、千斤顶翻转、千斤顶翻回、千斤顶伸出、千斤顶收回、溢流阀关闭、高低电磁离合器解脱、方向电磁离合器的解脱等动作的执行，发射架解脱、高低限位、方向限位等的状态指示（见表7-16）。

PLC机架第4槽位安装的是扩展输入模块IC693MDL645LT，其主要特性如表7-14所示，该模块的主要功能是采集千斤顶翻转支架驱动油缸的翻起和放下到位、千斤顶油缸的支撑和收到到位4个压力继电器的开关信号，推弹架油缸的推弹到位检测密封开关的信号，以及发射装置的高低角度和方向角度位置传感器的开关信号（见表7-16）。

PLC机架第5槽位安装的是开关量输出模块IC693MDL931，其性能指标参数见表7-15所示。该模块是开关量继电器输出型8通道输出模块，其第前2个通道的第2与第4接线端与24V电源线连接，第1与第3引脚分别与高低扩大机和方向扩大机控制电路的直流接触器驱动线圈连接，当模块内部常开触点闭合时，就对第1或第3引脚输出24V电压使KM1/KM2线圈通电，使其常开触点闭合而接通高低或方向扩大机。该模块的其他6个通道分别控制高低手轮信号、方向手轮信号、计算机高低信号和计算机方向信号的。

表7-14　开关量输入模块指标参数

型号	说明	输入电压/V	点数	响应时间/ms		输入电流/A	触发电压/V	共地点个数	负载/mA	
				ON	OFF				5V	24V
IC693MDL645	24V正/负	0~30	16	7	7	7	11.5~30	16	80	125
IC693MDR390	DC输入/输出继电器	-30~30	8入/8出	1	1	7.5	15~32	8	80	70

表7-15　开关量输出模块指标参数

型号	说明	负载电压/V	点数	响应时间/ms		每点负载电流/A	输出类型	共地点个数	负载/mA	
				ON	OFF				5V	24V
IC693MDL931	24V常开/常闭隔离	5~30	8	15	15	8	继电器	1	6	70

表7-16　PLC控制器输入参数

序号	地址	代号	信号电平	功　能
1	%I00001	自动向上		主控计算机（142引脚），自动向上
2	%I00002	自动向下		主控计算机（143引脚），自动向下
3	%I00003	自动向左		主控计算机（143A引脚），自动向左
4	%I00004	自动向右		主控计算机（142A引脚），自动向右
5	%I00005	自动装填		主控计算机（144引脚），自动装填
6	%I00006	自动调炮到装填位置		主控计算机（145引脚），自动调炮到装填位置信号

续表 7-16

序号	地址	代号	信号电平	功 能
7	%I00007	SA2、SA3	24V	显控台操作面板或手轮控制器上的高低扩大机面板上的钮子开关 SA2、SA3
8	%I00008	SA4、SA5	24V	显控台操作面板或手轮控制器上的方向扩大机面板上的钮子开关 SA4、SA5
9	%I00009	S1	24V	高低手轮电位器向上手动离合
10	%I00010	S2	24V	高低手轮电位器向下手动离合
11	%I00011	S3	24V	方向手轮电位器向左手动离合
12	%I00012	S4	24V	方向手轮电位器向右手动离合
13	%I00013	S5、S6、S7、S8、S9、S10	24V	小型密封开关 S5、S6、S7、S8，弹架固定器限位开关 S9、S10
14	%I00014	S11、S12	24V	千斤顶解脱小型密封开关 S11、S12
15	%I00015	S13	24V	发射架高低解脱小型密封方向开关 S13
16	%I00016	S14	24V	发射架方向解脱小型密封方向开关 S14
17	%I00017	S15	24V	升架到位小型密封方向开关 S15
18	%I00018	S16	24V	推弹到位限位开关 S16
19	%I00019	S17	24V	退架到位小型密封方向开关 S17
20	%I00020	S18	24V	落架到位限位开关 S18
21	%I00021	SB3	24V	半自动装填按钮开关 SB3
22	%I00022	SB4	24V	支千斤顶按钮开关 SB4
23	%I00023	SB5	24V	收千斤顶按钮开关 SB5
24	%I00024	SA6	24V	装弹转换开关钮子开关 SA6
25	%I00025	SP1	GND（地）	压力继电器 SP1，千斤顶翻转油缸放下到位检测
26	%I00026	SP2	GND（地）	压力继电器 SP2，千斤顶翻转油缸翻起到位检测
27	%I00027	SP3	GND（地）	压力继电器 SP3，千斤顶支撑到位检测
28	%I00028	SP4	GND（地）	压力继电器 SP4，千斤顶收起到位检测
29	%I00029	SA7	GND（地）	到装弹位密封开关 SA7
30	%I00032	K1	GND（地）	±54°位置限位器开关 K1
31	%I00033	K2	GND（地）	102°位置限位器开关 K2
32	%I00034	K3	GND（地）	−102°位置限位器开关 K3
33	%I00035	K4	GND（地）	180°位置限位器开关 K4
34	%I00036	K5	GND（地）	0°位置限位器开关 K5
35	%I00037	K6	GND（地）	7.5°位置限位器开关 K6
36	%I00038	K7	GND（地）	20°位置限位器开关 K7
37	%I00039	K8	GND（地）	50°位置限位器开关 K8
38	%I00040	K9	GND（地）	57°位置限位器开关 K9

表 7-17 PLC 控制器输出参数

序号	地址	代号	输出电压，电流	说 明
1	%Q00001	YV7	24V，70mA	弹架升降缸电磁阀举升线圈 YV7
2	%Q00002	YV5	24V，70mA	推断油缸电磁阀推弹线圈 YV5
3	%Q00003	YV6	24V，70mA	推断油缸电磁阀退回线圈 YV6
4	%Q00004	YV8	24V，70mA	弹架升降缸电磁阀落下线圈 YV8
5	%Q00005	YV1	24V，70mA	千斤顶翻转油缸电磁阀翻出线圈 YV1
6	%Q00006	YV3	24V，70mA	千斤顶支撑油缸电磁阀伸出线圈 YV3
7	%Q00007	YV2	24V，70mA	千斤顶翻转油缸电磁阀收回线圈 YV2
8	%Q00008	YV4	24V，70mA	千斤顶支撑油缸电磁阀收回线圈 YV4
9	%Q00009	YV9	24V，70mA	溢流阀断开电磁线圈 YV9
10	%Q00010	H2	24V，70mA	发射架解脱指示 LED 灯 H2
12	%Q00011	H4	24V，70mA	高低限位指示 LED 灯 H4
13	%Q00012	H5	24V，70mA	方向限位指示 LED 灯 H5
14	%Q00013	H6	24V，70mA	装填指示灯 H6
15	%Q00014	H7	24V，70mA	千斤顶伸出指示灯 H7
16	%Q00015	H8	24V，70mA	千斤顶收回指示灯 H8
17	%Q00016	H9	24V，70mA	装填机解锁指示灯 H9
18	%Q00017	H10	24V，70mA	千斤顶翻转收回指示灯 H10
19	%Q00018	YC1	24V，70mA	高低电磁离合器解脱线圈 YC1
20	%Q00019	YC2	24V，70mA	方向电磁离合器解脱线圈 YC2
21	%Q00025	KM1	24V，70mA	高低扩大机继电器线圈 KM1
22	%Q00026	KM2	24V，70mA	方向扩大机继电器线圈 KM2
23	%Q00027	高低信号		伺服放大驱动器 115 引脚，高低信号
24	%Q00028	高低减速信号		伺服放大驱动器 114 引脚，高低减速信号
25	%Q00029	方向信号		伺服放大驱动器 176 引脚（23×1：28），方向信号
26	%Q00030	高低自动信号		伺服放大驱动器 178 引脚（23×1：26），高低自动信号
27	%Q00031	方向自动信号		伺服放大驱动器 180 引脚（23×1：28），方向自动信号

B PLC 控制系统的工作流程

PLC 控制器工作时的执行流程主要包括输入采样、程序执行和输出刷新 3 个步骤，如图 7-26 所示。

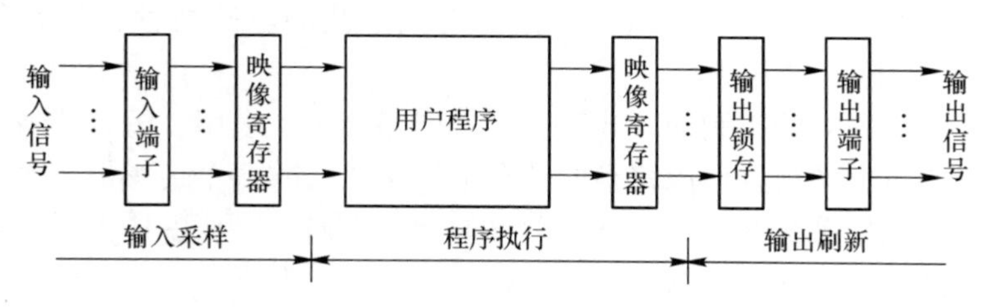

图 7-26 PLC 可编程控制器程序执行流程

（1）输入采样。PLC控制器接通电源后首先进行初始化，然后开始执行周期性扫描流程。每次扫描开始时，控制器检测布雷车电控系统的输入设备的状态，PLC控制系统的输入设备主要主控计算机、控制盒（显控台）、发射装置中的各种位置或角度检测开关/传感器、装填装置中的位置检测开关等。PLC控制器的输入采样阶段读取这些传感器、开关或设备的状态数据，如表7-16所示的，来自主控计算机的自动向上、自动向下、自动向左、自动向右，来自显控台操作面板上的手动/自动启动高低扩大机或方向扩大机的钮子开关信号等，并将这些状态信号写入映像寄存器内。在PLC程序执行阶段，运行系统往往输入映像区内读取数据并进行程序运算。在一个程序执行周期内，输入的刷新只发生在扫描开始阶段，在扫描过程中，即使输出状态改变，输入状态也不会发生变化。

（2）程序执行。在扫描周期的程序执行阶段，PLC从输入映像区或输出映像区内读取状态数据，并依照指令进行逻辑和算术运算，运算的结果保存在输出映像区相应的单元中。在这一阶段，只有输入映像区的内容保持不变，其他映像寄存器的内容会随着程序的执行而变化。如图7-27所示是千斤顶支撑动作的PLC程序，PLC控制器在输入采样阶段获取SB4状态，当用户按下显控台面板上的千斤顶支撑按钮（SB4）时，SB4闭合，此时如果千斤顶未支撑到位，则压力继电器SP3处于闭合状态，此时YV3（千斤顶油缸支撑电磁阀线圈）得电，PLC将YV3的状态数据送入输出映像区内并锁存起来。图7-27千斤顶支撑动作PLC程序的按钮、线圈及地址的定义见表7-16和表7-17。

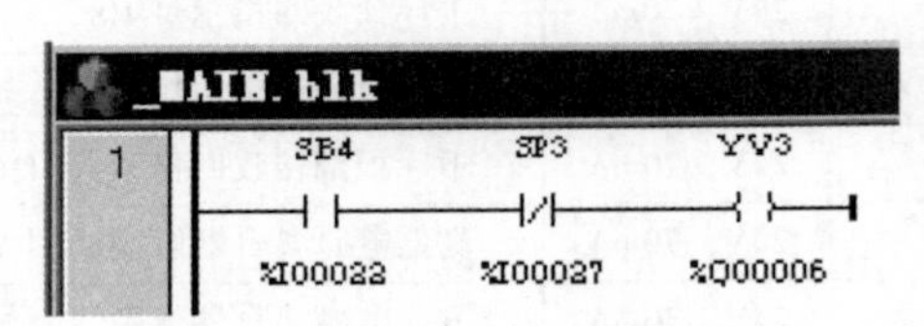

图7-27　千斤顶支撑动作PLC程序

（3）输出刷新。输出刷新阶段也称为写输出阶段，PLC将输出映像区锁存的状态和数据传送到输出端子上，并通过一定的方式隔离和功率放大，驱动外部负载。对应于图7-27所示程序，PLC将YV3的状态数据在输出刷新阶段从输出锁存器传送至输出端子，由输出端子将驱动信号传送到电磁阀的线圈中，使电磁阀芯动作，高压油通过电磁阀和油路进入千斤顶油缸的无杆腔，使支腿伸出。当千斤顶伸出到位后，压力继电器断开，此时SP3断开，YV3失电，电磁阀回中位，千斤顶不再动作。

7.1.4　工程装备电控系统的检修基础

组成电控系统的传感器、执行器和控制器各有特点，又相互联系，共同构成了一个完整的系统。因此，在检修电控系统时，要把握电控系统的电路特性，熟悉各器件的检修技巧。

电控系统采用了独立的控制的方式，若干子回路交叉、重用、组合构成电控系统的某个子系统，子系统再交叉组合形成完整的整车电控系统。故每个传感器、每个执行器、控制器既是整个装备电控系统的组成，又是独立的子系统回路。从整体上看，有输入必有控制与输出；每个部件都有其自身的子系统回路。

7.1.4.1 传感器的检修基础

根据传感器的输入信号类型，切换不同的物理状态进行验证。如温度传感器，切换不同的温度，验证与温度对应的传感器电阻值或输入信号的电压；如开关信号，则切换不同的开关位置，验证开关对应位置的输入信号电压。

由于一般的电路图是没有电控单元内部的工作示意电路的，因此对传感器的电压主特性判断主要是依照传感器外围电路连接情况。目前工程装备上的传感器按是否需要工作电源可以分为有源传感器和无源传感器。在检查时，应根据传感器的不同类型按不同的方法进行检测。对于有源传感器，它的3个脚分别为：电源脚、接地脚和信号脚。电源脚一般是5V或12V，接地脚为0V，而信号脚的电压介于两者之间。对于无源传感器来说，这不需要电控单元提供基准电源，而是直接提供两个针脚向电控单元输入信号，也有对其中一根通过电控单元内部进行了搭铁。在检修时，应检查其电源电压和信号电压或频率是否正常，如果能测量传感器的电阻，还需进行电阻的测量，检查其是否在规定的范围之内。对于开关型的传感器，检查方法是，在其工作范围内其能否按照工作要求完成开关动作。

7.1.4.2 输出（执行）元件的检修基础

工程装备电控系统的常用执行器有：继电器、电动机、灯（包括指示灯）、电磁阀、电磁离合器、功率晶体管、线圈。电控单元输出接口的输出信号为数字信号，需要把数字信号转换成模拟信号，才能实现执行器的机电、液压、气压等物理控制。因此，控制器的输出信号控制可归结为开关控制、线性电流控制、占空比控制。依据执行器的输出信号类型，执行器的检修方法主要是验证不同信号输出下的物理状态。方法一是利用输入信号，检测控制器的输出信号对执行器的控制（或直观地观察执行器的动作情况）；方法二是断开控制器端子，人工模拟信号对执行器进行模拟控制，观察执行器的动作情况。

7.1.4.3 控制器的检修基础

由于控制器的控制功能及控制过程是检修的难点，外围线路的检查相对较简单，因此检修的方法为：

检查时，要从整体功能出发，考虑电控系统工作的整体因素，设计检修方案。一般是先检查系统中的简单、常见的部位与线路，针对电控系统的特点，重点检查外围传感器与执行器的子系统线路，再检查控制器的控制功能。控制器的控制功能一定是通过对应的执行器来实现的，控制功能的触发条件是传感器的信号输入。

电控系统部件的检修和常规电气系统的检修方法类似，无非是把每个部件看成相对独立的子系统回路进行检修，检修方法参考常规电气系统检修，实际检修中也需要巧妙地运用推理。

7.2 电气控制系统故障诊断的一般原则

7.2.1 故障诊断的一般原则

为了提高判断故障的准确性，缩短查找线路的时间，防止增添新的故障，减少不必要的损失，经研究和归纳，应遵循下述原则。

7.2.1.1 胸有“成图”，先思后行

“胸有成图”是在分析故障时，脑海里要调出该装备（或相近装备）的这部分电路原理图，有图在手更好，在此基础上对故障现象先进行综合分析，在了解了可能的故障原因的基础上，再进行故障检查，循线查找，不仅有条不紊，而且准确迅速，按电路规律办事，这样可避免检查的盲目性，不会对与故障现象无关的部位作无效的检查，又可避免对一些有关部位漏检，从而迅速排除故障。

7.2.1.2 先外后内，先简后繁

在出现故障时，先对电控系统之外的可能故障部位予以检查。这样可避免本来是一个与电控系统无关的故障，却对电控系统的控制器、传感器、执行器及线路等进行复杂且费时费力的检查，而真正的部位却未找到。能以简单方法检查的可能故障部位应优先检查。比如，直观检查最为简单，可以用问、看、摸、听、嗅、试等直观检查方法，将一些较为显露的故障部位迅速找出来。随后再进一步解决难点问题，以避免时间的浪费，减少不必要的拆卸。

A 问

就是调查。除驾驶操作人员诊断自己所操纵装备的故障外，任何人在诊断之前，应先问明情况。如：装备已行驶的里程、行驶的道路状态、装备的作业状况、近期的维修情况、故障发生之前有何征兆，是突变还是渐变等。即便是经验丰富的诊断人员，不问清情况去盲目诊断，也会影响诊断的速度和质量。

某履带式综合扫雷车在使用中出现故障，操作人员反映磁场扫雷装置发出的磁场太弱，达不到要求。详细询问操作人员故障信息，反映该装置在操作一个磁扫棒时磁场强度正常，但两个磁棒一起打开时，磁场强度明显变弱。再仔细询问，反映有时现个磁棒一起打开时，如果一个棒磁场强度调整得小，另一个调整较大，整体磁场强度变化不大，只有两者同时开大时影响最为明显。

分析该扫雷车磁场扫雷的原理，该车是通过车体前部左右两侧的两个磁扫装置产生磁场进行扫雷的，正常情况下是两者的磁场叠加，使产生的磁场强度增强来增大扫雷效果。而根据操作人员反映的情况，可以看出两个磁扫装置的磁棒产生了互相抑制作用。这种情况下可能是两个磁扫装置的磁场线圈连接的方向不一致，磁场互为抵消了。因此，先分别打开两套磁扫装置的控制箱，任意断开一个磁棒的磁场线圈接线，打开另一个磁棒进行测试，判断好磁场线圈的正常接线方式，然后将另一磁场线圈的输入线两个接头调换，再试正常了。说明是一侧的磁场线圈方向接反了。所以在维修过程中，询问这一环节对于缩小故障范围、提高故障判断和排除的效率是非常重要的。

B 看

用眼睛查看线路是否松脱、断路；油路是否漏油；进气管是否破裂漏气、真空管是否漏插、错插、高压分线是否插错等。

某型桥梁装备在架设过程中出现过两种故障。第一种故障是撤收过程中上下桥节无法分开，开桥到位指示灯不亮。按照故障诊断的由简到繁的一般原则，首先检查操作显示终端和其他设备的电源与显示都正常，再进一步检查开桥到位信号电路是否有故障。操作手暂停操作，下车后观察左右两侧的开桥原理与开桥位检测传感器，发现开桥位检测传感器已拆断，如图 7-28（a）所示，EPEC2023 控制器无法获取开桥油缸到位信息，因此程序锁定，无法进行下一步操作。这时解除程序锁定，由操作人员在车外手工操作，进行桥梁的撤收。然后更换和安装到位相应的传感器。第二种故障是桥梁架设时丙丁落位传感器无输出信号，采用与第一种故障类似的检测步骤，发现丙丁落位传感器拆断，如图 7-28（b）所示。这两种故障都是通过观察的方式直接确定故障的。

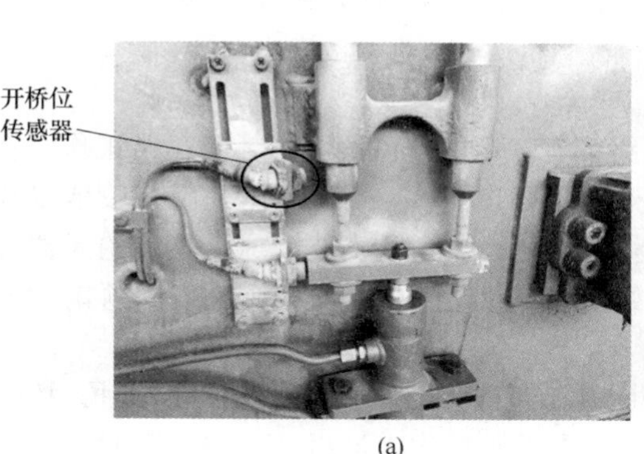

(a)

(b)

图 7-28 桥梁装备位置检测传感器损坏故障示意图
（a）开桥故障；（b）桥节连接故障

C 摸

用手摸一摸可疑线路插头是否松动；摸一摸电磁阀线圈的温度与振动情况、控制或驱动电机的温度与振动情况、喷油器或怠速控制阀的振动情况，以判断电磁阀、喷油器、怠速控制阀是否工作；摸一摸线路连接处是否有不正常的高温，以判断该处是否接触不良等。

D 听

用耳朵（或借助于螺钉旋具、听诊器等）听一听有无漏气声、发动机是否有异响、喷油器是否有规律的“嗒嗒”声、液压元件是否有不正常噪声等。

E 嗅

就是根据装备运转时散发出的某些特殊气味，来判断故意之所在。这对于诊断电控系统线路故障、传动带打滑故障、尾气排放等处的故障是简便有效的。

F 试

就是试验验证，如诊断人员亲自试车去体验故障的部位，可用电磁阀断电法检查所控制液压油路相关元件或机构的工作情况，或尝试更换电磁阀电控元件判断电磁阀体的故障状态，可用信号发生器来证实故障的部位。

7.2.1.3 探明构造，切忌随意

“探明构造，切忌随意”是指对于内部结构不清楚的总成部件，在测试和分解时要细心谨慎，要记住有关相互位置、连接关系，做上记号，或将拆下的零部件编上序号（如弹簧、垫圈等），不可丢失、错装，最好放在专门的盒内。并通过分解测试弄清工作原理，不可马虎从事，造成新的故障。

7.2.1.4 由表及里，先易后难

在对故障进行检查时，先检查外表或外露特征明显的故障元器件，后检测系统内部的元件。由于结构特点和使用环境等原因，某些故障现象通常是由某些总成或部件的原因引起的，应先对这些常见故障部位进行检查。若未找出故障，再对其他不常见的故障部位进行检查。这样可以迅速排除故障，省时省力。

7.2.1.5　回想电路，结合原理

“回想电路，结合原理”是以电路原理图为指导，以具体实物为根据，把实物与原理图结合起来，特别是在拆动了一些零件、总成，打开了内部结构之后仍然要按电路工作程序去思考问题，不要盲目乱碰乱试。

7.2.1.6　按系分段，替代对比

“按系分段，逐一排除”。完整的电路都有一定的电流路线，才能正常工作，在电路内按上一半，下一半分头查找，也可以从火线（熔断器）、开关开始一段一段地查找，逐渐缩小故障范围。“替代对比”就是用其他完好的元器件代替被怀疑有故障的元器件；用试灯、导线代替被怀疑的开关或插接件；如果故障状态发生变化，则说明问题就在于此。

7.2.1.7　代码优先

微电脑控制系统一般都有故障自诊断功能，当电控系统出现某种故障时，故障自诊断系统会立刻监测到故障，并通过故障警告灯向驾驶操作人员报警，与此同时以编码方式贮存该故障的信息。但是对于某些故障，自诊断系统只贮存该故障码，并不报警。因此，在做系统检查前，应先按制造厂提供的方法，读出故障码，再按照故障码的内容排除该故障。

7.2.1.8　先备后用

微电脑控制系统元件性能的好坏、电气线路是否正常，常以其电压或电阻等参数来判断。如果没有这些数据资料，系统的故障检测将会很困难，往往只能采取新件替换的方法，这些方法有时会造成维修费用增加且费工费时。所谓先备后用是指在检修该装备前，应准备好与装备有关的检测数据资料。除了从维修手册、专业书刊上收集整理这些检修数据资料外，另一个有效的途径是随时检测记录无故障装备的有关参数，这样逐渐积累，作为日后检修同类型装备的检测比较参数。如果平时注意做好这项工作，会给以后的故障诊断带来极大的方便。

7.2.2　防止过电压对电子控制单元的损伤

7.2.2.1　不随意断开蓄电池的任何一根连线

蓄电池本身的结构相当于一个大电容，它又与负载及发电机并联，因此，这可吸收电感性负载通、断电瞬间产生的浪涌电压，保护装备上连接的计算机等电子元器件。

不允许在发动机运转时或接通电路系统开关的情况下，拆掉蓄电池的连线，蓄电池正、负极桩的连线一定要接触良好。只有在切断电路系统开关的前提下才可拆下蓄电池的连线。蓄电池正、负极桩的连线一定要接触良好。图 7-29 是蓄电池电极桩检测的线路连接示意图。

7.2.2.2　电控系统计算机单元使用独立的供电

为了防止工程装备上脉冲式用电、供电设备对控制计算机的干扰，计算机的供电线路和搭铁接头应和蓄电池其他的供电系统的接头分开。否则计算机会受其他电器的共性干扰，严重时使其无法正常工作。

7.2.2.3　应使用高阻抗的仪表检测计算机系统

如果使用低阻抗的仪表测量计算机单元器件，计算机供入该仪表的电流往往会比较大，从而损坏计算要 I/O 口或其他部件；当检测仪表中的电源电压高于计算机系统的工作

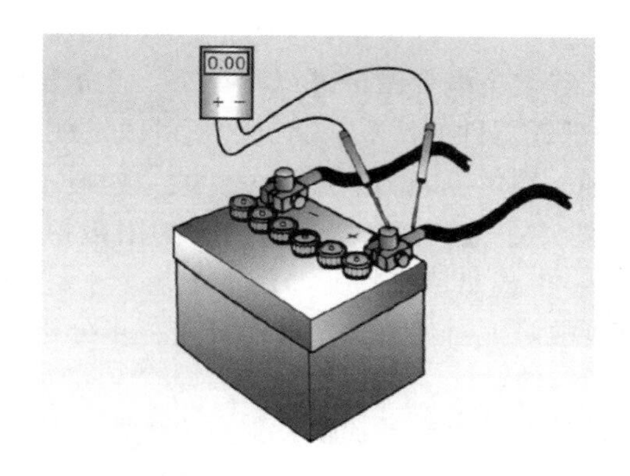

图 7-29　蓄电池电极桩检测的线路连接示意图

电压时，更不能直接用仪表对其进行测试；不能用高电压、低阻抗的欧姆表测量计算机、信号调理器件和传感器等敏感或弱信号器件；更不能用试灯代替与计算机连接的任何执行元件进行测试（除非试灯的电阻与测试对象的阻值大得多的情况）。

7.2.2.4　强磁场不能靠近计算机

带有较强磁场的扬声器不能靠近计算机等控制系统敏感单元，否则会使计算机或其他电路中的电子元器件损坏。在工程装备上进行电焊、电弧焊等损伤时，应把电控系统的电源开关断开。

7.2.2.5　要防止人体静电对电控系统的损伤

在线检测电控系统电路、计算机或更换芯片时，操作人员应将身体接地（铁），即带上搭铁金属带，将金属带一头缠在手腕上，另一头夹在装备上，以防止人体静电对电控系统内电子元器件的损伤。

7.3　电气控制系统故障检测诊断的方法与步骤

7.3.1　故障检测诊断方法

故障诊断的最基本方法很多，如简易诊断法、逻辑分析法和参数诊断法等。简易诊断法、逻辑分析法是一种定性分析方法，参数诊断法具有定量分析的性质。

7.3.1.1　直觉检查法

由于电气系统发生故障多表现为发热异常，有时还冒烟，产生火花、工程装备工况突变等。直观法是根据电气故障的这些外部表现，通过问、看、听、摸、闻等手段，检查判断故障的方法。问，就是向操作者和故障在场人员问明故障发生时环境情况、外部表现、大致部位。看，就是观察有关电器外部有无损坏、烧焦，连线有无断路、松动，电器有无进水、油垢等。闻，就是凭人的嗅觉来辨别有无异常气味，有无腐蚀性气体侵入等。通过初步检查，确认通电不会使故障进一步扩大和造成人身、设备事故后通电，听有无异常声音。用手触摸元件表面有无发烫、震动、松动等现象。一经发现，应立即停车切断电源。运用直观法，不但可以确定简单的故障，还可以把较复杂的故障缩小范围。直观法可以分为通电（开机）检查法和不通电（不开机）检查法两种。

A 不通电（开机）检查法

采用不通电检查法对工程装备电气设备进行检查时，首先要打开电子设备外壳（仪器箱板），观察电子设备的内部元器件的情况。通过视觉可以发现如下故障：保险丝的熔断；电容器件、集成电路的爆裂与烧焦；印制电路板被腐蚀、划痕、搭焊；晶体管的断脚；元器件的脱焊；电子管的碎裂、漏气；示波管或整流管的阳极帽脱落；电阻器的烧坏（烧焦、烧断）；变压器的烧焦；油或蜡填充物元器件（电容器、线圈和变压器）的漏油、流蜡等。用直觉检查法观察到故障元器件后，一般需要进一步分析找出故障根源，并采取相应措施排除故障。

发射供电箱是装备定向器中的火箭弹提供发射点火电源的装置，在工作过程中易受大电流冲击、浪涌干扰、震动等因素的影响产生故障。某装备在使用中出现火箭弹不能点火留膛故障，经分析检查，怀疑发射供电箱有故障。打开发射供电箱，发现上面一块板覆盖了厚厚的一层黑色灰尘，有一只元件上面出现絮状凸出物，初疑为引出线烧断残留物，触摸后发现其为电解电容爆裂后其内部物质溢出，如图7-30（a）所示。将表面灰尘清除干净后，发现电容完全损坏，怀疑还有其他故障。将上层电路板拆卸后，露出下层板，发现下层板的排插中间约3cm宽已被烧熔，如图7-30（b）所示。

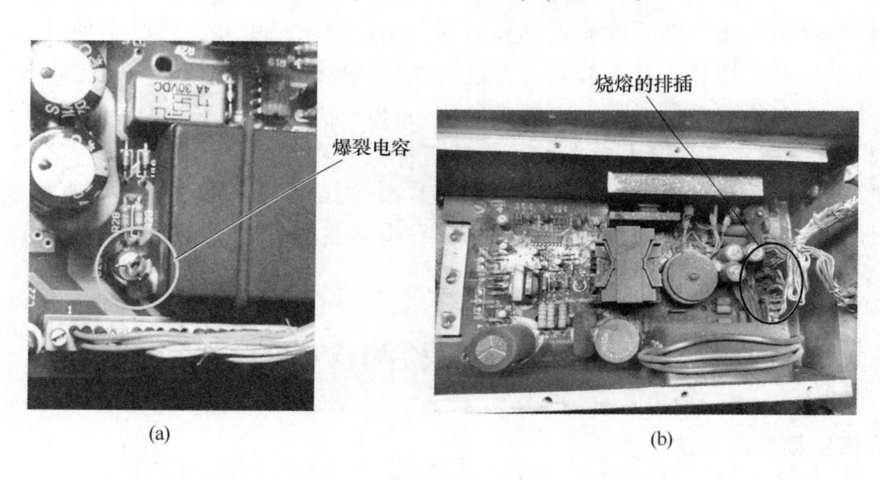

(a) (b)

图7-30 某装备发射供电箱电路元件烧毁故障示意图

B 通电（开机）检查法

在工程装备电气系统通电工作情况下进行直觉检查。首先，通过触觉可以检查低压电路的集成块、晶体管、电阻、电容等其他器件是否过热，鼓风机风力大小，螺丝是否固定紧等；其次，通过视觉可以检查设备上的各种指示设备是否正常，如电表读数、指示灯是否亮等，发现元器件（电阻器等）有没有跳火烧焦现象；电子管、整流管的灯丝亮不亮，板（屏）极红不红等现象。

通过嗅觉可以发现变压器、电阻器等发出的焦味；通过听觉可以发现导线和导线之间，导线和机壳之间的高压打火以及变压器过载引起的交流声等。在雷达中常有一些特有的声响，如闸流管的导电声、火花隙的放电声、继电器的吸动声、电机及转动部件的运转声，此外还可用耳机来监听有无某低频脉冲。

一旦发现了上述不正常的现象，应该立即切断电源，进一步分析出故障根源，采取措施加以排除。

7.3.1.2 信号寻迹法

在电控系统故障的测试检修过程中，还经常采用“从输入到输出”检查顺序的信号寻迹法。信号寻迹法通常在电路输入端输入一种信号，借助测试仪器（如示波器、电压表、频率计等），由前向后进行检查（寻迹）。该法能深入地定量检查各级电路，迅速确定发生故障的部位。检查时，应使用适当频率和幅度的外部信号源，以提供测试用信号，加到待修电子设备有故障的放大系统前置级输入端，然后应用示波器或电压表（对于小失真放大电路还需要配以失真度测量仪），从信号的输入端开始，由电路的前级向后级，逐级观察和测试有关部位的波形及幅度，以寻找出反常的迹象。如果某一级放大电路的输入端信号是正常的，其输出端的信号没有、或变小、或波形限幅、或失真，则表明故障存在于这一级电路之中。

7.3.1.3 信号注入法

信号寻迹法寻找故障的过程是“从输入到输出”，与之相反的是“从输出到输入”检查顺序的信号注入法，信号注入法特别适用于终端有指示器（如电表、喇叭、显示屏等）的电气设备。信号注入法是使用外部信号源的不同输出信号作为已知测试信号，并利用被检的电子设备的终端指示器表明测试结果的一种故障检测方法。检查时，根据具体要求选择相应的信号源，获得不同指标（如不同幅度、不同波形等）的已知信号，由后级向前检查，即从被检设备的终端指示器的输入端开始注入已知信号，然后依次由后级电路向前级电路推移。把已知的不同测试信号分别注入至各级电路的输入端，同时观察待检测设备终端的反应是否正常，以此作为确定故障存在的部位和分析故障发生原因的依据。对于注入各级电路输入端的测试信号的波形、频率和幅度，通常宜参照被检电子设备的技术资料所规定的数值。特别要注意，由于注入各级电路输入端的信号是不一致的，在条件允许的情况下，应该完全按照被检设备技术资料提供的各级规定输入、输出信号要求进行检测。

7.3.1.4 同类比对法

同类比对法是指将待检测的电控系统的设备与同类型号的、能正常工作的电气设备进行比较、对照的一种方法。通常是通过对整机或对有疑问的相关电路的电压、波形、对地电阻、元器件参数、V-I 特性曲线等进行比较对照，从比对的数值或波形差别之中找出故障。在检修者不甚熟悉被检查设备电路的相关技术数据，或手头缺少设备生产厂给出的正确数据时，可将被检设备电路与正常工作的设备电路进行比对。这是一种极有效的电子设备检修方法，该方法不仅适用于模拟电路，也适用于数字设备和以微处理器为基础的设备检修。

7.3.1.5 波形观察法

波形观察法是一种对工程装备电气系统中各种设备的动态测试法。这种方法借助示波器，观察电子设备故障部位或相关部位的波形，并根据测试得到的波形形状、幅度参数、时间参数与电子设备正常与异常波形参数的差异，分析故障原因，采取检修措施。波形观察法是一种十分重要的、能定量的分析测试检修方法。

电子设备的故障症状和波形有一定的关系，电路完全损坏时，通常会导致无输出波形；电路性能变差时，会导致输出波形减小，或波形失真。波形观察法在确定电子设备故障区域、查找故障电路、找出故障元器件位置等测试检修步骤中得到广泛的运用。特别是查找故障级电路中具体故障元器件时，用示波器观察测量故障级电路波形形状并加以分析，通常可以正确地指出故障电路位置。波形观察法测得的波形应与被检设备技术资料提供的正常波形进行比较对照。当然，应该注意到，有些电子设备技术资料所提供的正常波形，通常并不一定都十分精确，因此在有些情况下，电子设备中实际测试所获得的波形与其相似时，就认为被测设备的电路已能正常工作。

7.3.1.6　在线（在路）测试法

在线（In-Circuit）测试，亦称在路测试，是在不将元件拆下来的情况下运用仪器仪表通过对电路中的电压值、电流值或元件参数、器件特性等进行直接测量，来判断电路好坏的一种方法，这种方法特别适宜在查找故障级电路中具体故障元件时采用。

万用表是维修中最常用的测试仪表，用万用表可在通电情况下进行电压电流测试，在不通电情况下可测量电阻值和 PN 结的结电压等。

进行电压测试时，若在具备被检电子设备技术资料的情况下，可将实际测得的电压值与正常值相比。通过电压的比较，能帮助找到有故障电路的位置。在不具备被检电子设备技术资料的情况下，亦可通过原理分析和估算，估算该电路或元器件在正常工作状态下数值（如晶体管各管脚的相对电压值等）。

电压测试通常是在短路输入端（即无外加输入信号）的情况下进行，即测量静态电压。在进行电压测量之前，应将电压表量程置于最高挡。进行测量时，应首先测量高电压，而后测量低电压，养成依电压高低顺序进行测试的良好习惯。

进行电阻测试时，可将实际测试得到的电阻值与正常值相比较。在测试某点对地电阻值时，可与被检设备技术资料给定的数据比较对照。通过对电阻的测试，或对可疑支路的点与点之间的电阻进行测试，以发现可疑的元器件。

7.3.1.7　分割测试法

分隔测试法又称电路分割法，即把电子设备内与故障相关的电路，合理地一部分一部分地分隔（分割）开来，以便明确故障所在电路范围。该法是通过多次的分隔检查，肯定一部分电路，否定一部分电路，这样一步一步地缩小故障可能发生的所在电路范围，直至找到故障位置。分隔测试法特别适用于包括若干个互相关联的子系统电路的复杂系统电路，或具有闭环子系统，或采用总线结构的系统及电路中。

7.3.1.8　逐步开路（或接入）法

多支路并联且控制较复杂的电路短路或接地时，不易发现其他外部现象。这种情况可采用逐步开路（或接入）法检查。其方法是：把多支并联电路，一路一路逐步或重点地从电路中断开，当断开某支路时故障消除，故障就在这条电路上，然后再将这条支路分成几段，逐段地接入电路。当某段接入电路时故障出现，那么故障就在这段电路及某电器元件上。这种方法能把复杂的故障缩小范围，但缺点是容易把损坏不严重的电器元件彻底烧毁。

7.3.1.9　电路短接法

此方法适合用在电控系统电路中的断路故障。它包括导线断路、虚连、松动、触点接触不良、虚焊、假焊、熔断器熔断、各种开关元件等。方法是用一根良好的导线由电源直接与用电设备进行短接，以取代原导线，然后进行测试。如果用电设备工作正常，说明原来线路连接不好，应再继续检查电路中串联的关联件，如开关、熔断器或继电器等。

7.3.1.10 更新替换法

更新替换法是一种将正常的元件、器件或部件，去替换被检系统或电路中的相关元件、器件或部件，以确定被检设备故障元件、器件或部件的一种方法。在工程装备电器系统的测试检修过程中，由于设备的模块化程度越来越高，单元或组件的维修难度越来越大，这种修理方法越来越多地被修理部门所采用。当被检设备必须在工作现场迅速修复、重新投入工作时，替换已经失效的元器件、印制电路板和组件是允许的。但是，必须事先进行故障分析，确认待替换的元器件、部件确实有故障时，才可以动手。更新替换法虽然是使电子设备在工作现场的修复时间缩到最短的有效方法，且被替换下来的印刷电路板或组件可以在以后的某个适宜时间和地点，从容地找出有故障的具体位置。但是在使用更新替换法时要注意以下两点。

（1）在换上新的器件之前，一定要分析故障原因，确保换上新的部件之后，不会再引起新部件故障，防止换上一个部件损坏一个部件的情况发生。

（2）替换元器件、部件时，一般应在电子设备断电的情况下进行。尽管有些电子设备即使在通电情况下替换部件也不一定造成损坏，但大部分情况下，通电替换器件或部件会引起不可预料的后果，因此，为了养成良好的修理习惯，建议不要在通电情况下替换器件或部件。

7.3.1.11 内部调整法

内部调整法是指通过调节电子设备的内部可调元件或半调整元件，如半调整电位器、半调整电容器、半调整电感器等，使电子设备恢复正常性能指标的方法。

通常，电子设备在搬运过程中，由于振动等因素引起机内可调元件参数的变化，或者是由于外界条件的变化，使电路工作状态发生了一些变化，或者是由于电子设备长期运行，造成电路参数和工作状态的小范围内的变化。上述这些情况造成的电子设备故障，一般通过内部调整法，可以排除。

电气设备故障的主要表现形式是断路、短路、过载、接触不良、漏电等，按其故障性质分为机械性故障、电气性故障和机电综合性故障。同一故障，可以有许多种不同的分析判断方案，不同的检测方法和手段，但都是根据这些故障的实质或性质从不同角度上的应用。所以在工程装备电气设备检修中遵循以上原则和方法，“多动脑，慎动手”做到活学活用。以上几种检查方法在具体的判断检测中是相辅相成的，每个故障都是需要各种方法配合使用，不可以简单运用一种或几种单一的方法进行果断的判定。所以在日常检修过程中善于学习和总结，活用这些检修原则、方法能够快速地检查判断故障范围和故障点是非常重要的。

7.3.2 故障检测诊断的一般步骤

电控系统故障的诊断一般按照先简单检查、后复杂检查；先初步检查、后进一步检查；先大范围检查、后小范围检查；最后排除故障的原则进行。

电路故障的实质不外乎断路、短路、接触不良、搭铁等，按其故障的性质分成两种故障：机械性故障和电气性故障。电气设备线路发生故障，其实就是电路的正常运行受到了阻碍（断路或短路）。

工程装备电气系统故障的判断应以电路原理图为依据，以线路图为根本。同一故障，可以有许多不同的判断分析方法和手段，但无论如何都必须以其工作原理为基础，并结合工程装备电路的实际情况，来推断故障点位置的过程。判断故障关键之处就是考虑以下 3 个方面的问题：判断故障应按电源是否有电，线路是否畅通（即电线是否完好，开关、继电器触点、插接器接触是否紧密等），单个电器部件是否工作正常，电气系统是否正常的步骤进行。从这 3 个方面来判断电气故障往往就显得简单、方便、快捷明了。

7.3.2.1　检查电源

简易的办法是在电源火线的主干线上测试，如蓄电池正负极桩之间、起动机正极接柱与搭铁之间、交流发电机电枢接柱与外壳搭铁之间、熔断器盒的带电接头与搭铁之间和开关正极接柱与搭铁之间。测试工具可用试灯，工程装备电控系统通常的工作电压是 24V，采用 24V 同功率的灯泡为宜，是因为电压与所测系统电压一致是最适合的。

测试中还可以利用导线划火，或拆下某段导线与搭铁作短暂的划碰，实质是短暂的短路。这种做法比较简单，但对于某些电子元件和继电器触点有烧坏的危险。在 24V 电路中，短路划火会引起很长的电弧不易熄灭。

测试工具最精确的当然是测试仪表，如直流 30~50V 电压表，直流 30~100A 电流表，测电压、电阻和小电流数字万用表最方便。

7.3.2.2　检查线路

确定电源电压能否加到用电设备的两端以及用电设备的搭铁是否能与电源负极相通，可用试灯或电压表检查，如果蓄电池有电，而用电设备来电端没电，说明用电设备与电池正极之间或用电设备搭铁与电池搭铁之间有断路故障。在检查线路是否畅通的过程中应注意以下几点。

（1）熔丝的排列位置及连接紧密程度。现代工程装备电路日趋复杂，熔丝多至数十个，哪个熔丝管哪条电路一般都标明在熔丝盒盖上，如未标明，不妨由使用者自己查明写在上面，检查其是否连接可靠。

（2）插接器件接触的可靠性。优质的插接器件拆装方便，连线准确，接触紧密，十分可靠。有些复杂的工程装备电路中，一条分支电路就要经过 3~6 个插接器才能构成回路。由于使用日久，接触面间积聚灰尘、油垢，或腐蚀生锈，就会发生接触不良的可能。有些厂家制造的插接器，黄铜片在塑料座上定位不牢，在插按时可能被推到另一头，甚至接触不上。在判断线路是否畅通时，如有必要可以用带针的试灯或万用表在插接件两端测试，也可以拔开测试。

（3）开关挡位是否确切。有些电路开关如电源开关、车灯开关、转向灯开关、变光开关，由于铆接松动、操作频繁，磨损较快而发生配合松旷、定位不准确，在线路断路故障中所占比率较高。

（4）电线的断路与接柱关系。接线柱有插接与螺钉连接等多种，电器元件本身的接线端是否坚固，有些接线柱因为接线位置关系，操作困难，形成接线不牢，时间长了便发生松动，如电流表上的接线。有些电线因为受到拉伸力过大或在与车身钣金交叉部位过度磨损而断路或短路。蓄电池的正极桩与线缆之间，负极桩与车架搭铁之间，因为锈斑或油漆，都容易形成接触不良故障。

7.3.2.3　检查电气设备

如果电源供电正常，线路也都畅通而电气设备不能工作，则应对电气设备自身功能进行检查。检查的方法有：

A　就装备检查

如检查发电机是否发电，可以在柴油机正常运转时，观察电流表、充电指示灯，也可测量发电机电枢接线柱上的电压，看其是否达到充电电压。如检查启动机是否工作，可以用导线或起子短接启动开关接线柱与电池接线柱，看启动机是否工作等。

某装备的定向器如图 7-31（a）所示，其回转方向固定器安装于回转盘右后侧，如图 7-31（b）所示。车体尾部平台上对应于固定器两锥形固定销位置处有两个销孔，定向器旋转机构的固定是通过方向固定器两个锥形固定销与回转平台上两个销孔之间的配合来实现的。如图 7-32 所示，固定器的空气室联杆通过叉形接头与曲臂用销轴铰接，曲臂另一端固定在轴的中间，而轴的两端固定着杠杆，轴可在固定器本体内转动，带弹簧的锥形固定销安装在本体中，与杠杆连接。空气室未充气时，固定销在弹簧力作用下插入旋转平台上的销孔中，回转机构部分被制动。固定器解脱的原理为，将压缩空气充入空气室内，则联杆外伸，促使曲臂及杠杆绕轴顺时针转动，杠杆的一端提升固定销解脱回转固定。

(a)

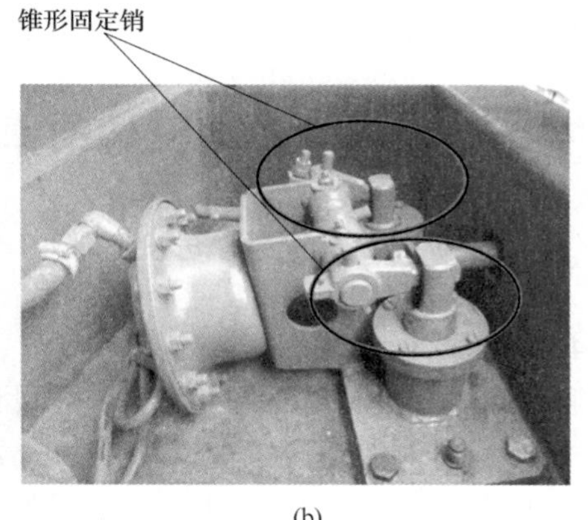

(b)

图 7-31　定向器回转机构在运输状态不能解脱故障示意图

（a）定向器；（b）方向固定器

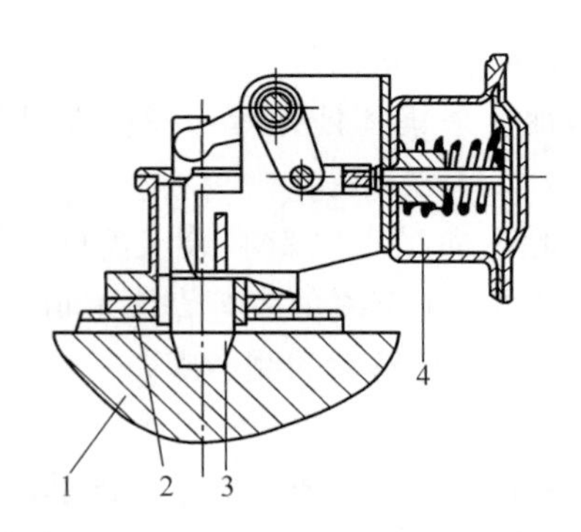

图 7-32　定向器回转固定器结构示意图

1—回转盘座圈（起落架）2—回转盘底座（回转盘支臂）；3—行军固定器固定销；4—空气室

在检修中发现，操作定向器回转控制按钮，定向器无回转动作。首先检查控制电路电源和按钮正常，拆下气管检查气压充足，基本可以排除电路和气路故障。然后操作手动解脱装置，观察两个固定销中的一个可以完全收回，而另一个基本没有动作。打开旋转平台上盖板，观察方向固定器，发现两个锥形固定销的连接杠杆相对轴的角度明显不同，如图 7-30（b）所示，可知只有下侧固定销可以解脱到位，而上面的固定销不能完全解脱。最后经拆检固定器，发现固定器上侧杠杆与轴连接的开口销断裂，导致杠杆不能随轴转动，无法拨动叉形接头使固定销上移解脱固定。

B 从装备上拆下检查

当必须拆卸电气设备内部才能判断故障时，则需将电气设备从装备上拆下来单独检查，使故障分析的范围大大缩小。如发电机电枢绕组是否损坏、启动机磁场绕组是否损坏等都要拆卸检查。

7.3.2.4 利用电路原理图检查系统故障

当诊断较复杂的系统故障时，需利用该装备（或相近装备）的系统电路原理图，循线查找。对于一些不很清楚的系统线路，在检查和测试时要细心谨慎，记住有关相互位置、连接关系，并做上记号，切忌不顾电路连接和走向，乱碰乱查乱拆，造成新的故障。检查时只要思路符合电路原理，方法恰当，就能准确、迅速地查明故障原因。

7.4 基于在线测试的工程装备电控设备检测系统

7.4.1 电控设备测试系统原理与设计

7.4.1.1 测试系统关键点分析

工程装备电控设备电路维修测试系统设计关键点主要有以下 3 个方面：

（1）被测器件的在线隔离。电路板上器件种类、数量较多，器件间联系紧密，在线对其中某个器件进行检测时，会受到其他器件的影响，从而影响测试的准确性。如何在加电的情况下实现器件与其他器件的隔离而不损坏器件，是测试系统设计首先要考虑的问题。

（2）不同类型器件的测试的实现。电路类型不同，测试的原理则不同，需要设计相应的测试电路。如数字器件测试的是数字量信号、模拟器件测试的是模拟量信号。数字器件测试涉及测试向量的产生、施加、采集和处理等，模拟器件测试涉及模拟测试信号的生成、处理等。

（3）器件测试库的建立。测试向量直接影响数字器件的测试故障覆盖率和测试准确率。目前中小规模数字电路可以通过电路真值表等直接编辑测试向量，大规模、超大规模电路则须通过软件仿真得出，并建立足够大的测试库。

7.4.1.2 测试基本原理分析

器件故障是指器件由于某种原因不能完成其规定功能的现象，规定功能是指器件的技术文件中明确规定的功能。对于集成电路而言，器件故障主要分为功能故障和参数故障。功能故障是指器件不能完成其技术资料规定的基本功能，如模拟开关失效，编码器不能编码等；参数故障是指器件能完成基本功能，但不能达到其规定的指标，如放大器虽能放大，但放大倍率与要求值相比出现下降，比较器阈值出现偏差等。要实现电路的器件级检测，还要兼顾检测的通用性和可靠性。

针对不同类型器件输入输出信号特点，拟采用两种基本测试功能：直接功能测试和 *V–I* 曲线测试。直接测试功能主要针对数字器件测试，通过夹具对器件输入端施加测试图形，采集输出响应完成测量；*V–I* 曲线作为功能测试的补充功能，对器件引脚以及电路节点进行测试，通过输出扫描电压，测量电流值，并直接在系统屏幕显示 *V–I* 曲线，通过分析曲线判断器件是否故障。

A 直接功能测试原理分析

数字器件在加电时通常会表现出 3 种状态特征：输入与输出的逻辑关系、管脚间的连接关系、各管脚的逻辑状态（电源、地、高阻、信号等）。发生故障时，上述 3 种状态特征一般会发生变化，利用这一特性可对器件进行测试。根据器件的真值表、内部逻辑图等仿真出器件状态特征进行建库，或直接从完好器件中提取状态特征参数建库，测试时从库中调用参数进行对比。具体测试流程为：系统以数字测试程序库为基础，在被测器件输入引脚强制输入测试向量，并采集输出端输出。将实际输出与库中标准输出进行比较，一致则测试通过，反之则不通过。功能测试原理如图 7–33 所示。

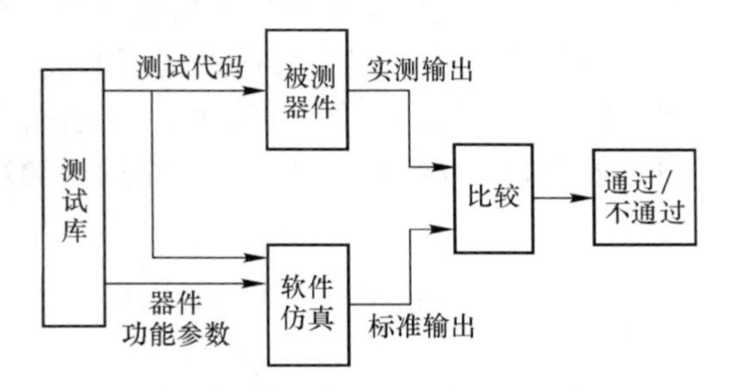

图 7–33 数字器件在线功能测试原理图

功能测试一般需具备两个条件：一是要对器件施加工作电源，二是要建立包含被测器件的测试程序库。测试中用到的测试向量，是测试过程中以并行的方式，按一定频率施加到被测器件输入端的二进制信号，为“0”“1”的组合，如某器件为八输入器件，则其输入信号为“11001010”“11100011”等。测试时要比较器件的输出响应和无故障响应是否一致，因此测试时还要给测试向量附加上无故障响应向量，这就是测试图形。如上面八输入器件有 4 位输出，对应“11001010”的输出为“1010”，则按照先输入后输出的排列顺序，其输出图形为“110010101010”。

通常器件有多个输入和输出，仅靠一条测试图形显然无法覆盖所有被测线路和节点的故障，因而需要一个包含多条测试图形的测试集才能满足需求。对于小规模集成电路，穷举法是测试图形的生成最简单的方法，但当集成电路引脚增加时，穷举法就无法满足需求了。近年来针对测试图形的生成出现了很多算法，如遗传算法、蚁群算法和粒子算法以及相关的改进型算法等，各种算法根据其不同特点用在不同的测试中，如前所述的八输入器件的测试集可以如表 7–18 所示。

表 7-18　八输入器件测试集

序号	测试向量								测试响应			
	X1	X2	X3	X4	X5	X6	X7	X8	Y1	Y2	Y3	Y4
1	1	1	0	0	1	0	1	0	1	0	1	0
2	1	1	1	0	0	0	1	1	0	0	1	1
3	0	1	1	0	0	1	0	1	0	0	0	1
⋮	⋮	⋮	⋮	⋮	⋮	⋮	⋮	⋮	⋮	⋮	⋮	⋮

测试向量的施加速度和读取速度通常应当保持一致，而测试向量数据一般存储在专用的存储器中，因此存储器的读取速度就成为制约测试速度的一个重要因素，工作频率也成为测试系统测试性能的一个重要指标。

B　端口特性测试原理分析

端口特性测试是建立在模拟特征分析技术基础上的，主要是针对端口 V–I 特性的分析。电路出现故障时，通常会在相关节点的 V–I 特性上反映出来。在节点间注入一个一定幅度和频率的周期信号，并进行周期采样，多个采样点即可形成一条 V–I 特性曲线，V–I 特性曲线的形状由两节点间的阻抗特性决定，图 7-34 中的两条曲线分别为普通二极管和电阻的 V–I 特性曲线，其中二极管的 V–I 特性曲线表现为正向导通反向截止，电阻则是一条直线。

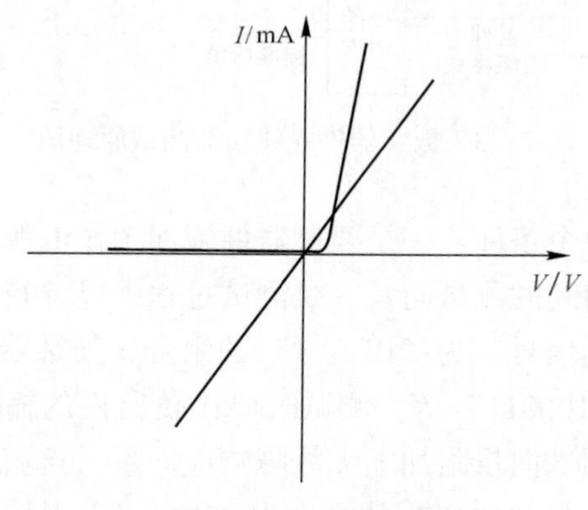

图 7-34　V–I 曲线

V–I 曲线是节点间阻抗特性的反映，在提取 V–I 曲线时必须有测试点和参考点，通常以地为参考点，也可以节点间互为参考点。V–I 曲线测试原理如图 7-35 所示，测试系统输出周期扫描电压被测器件端口，以地为参考点分析端口 V–I 特性，内阻阻值已知，测两端电压，用公式 $I=(V_1-V_2)/R$ 可求出电路电流，电压则可通过 V_2 测出，通过周期采样，将所有采样点连接起来即得到器件 V–I 特性曲线。

V–I 曲线测试是电路故障测试的一种重要方法，该方法不用事先编写复杂的测试程

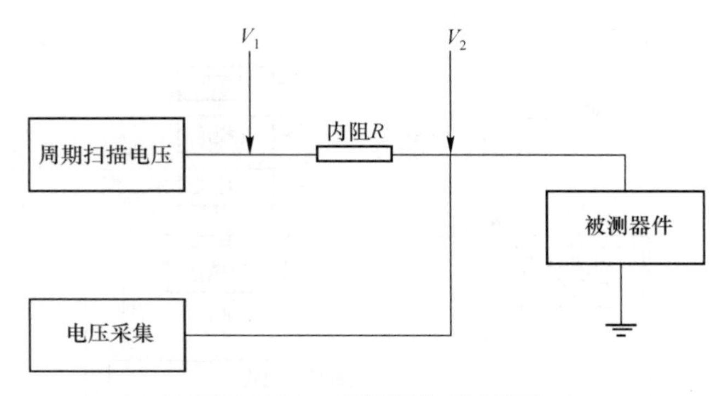

图 7-35 V-I 曲线测试原理图

序，可以直观发现器件故障，而无须考虑器件内部是功能故障还是参数故障。通常是先用好的电路进行建库，测试时将实际测试参数与库中数据进行逐一比对。该方法也能直观发现器件参数故障，如管脚漏电，输出管脚扇出能力下降等，对于晶体管、光偶、电容等器件的测试，可通过其端口 V-I 特性是否满足规定功能来判断器件好坏。

7.4.1.3 测试系统的构成

测试系统由上位机、下位机和通讯模块组成。上位机控制下位机产生测试激励施加给被测器件，并对下位机采集到的输出信号数据进行分析处理；通讯模块由 PCI 接口板、数据转接器和电缆组成，实现上位机和下位机的通讯功能，测试信号通过测试夹传输给被测器件。测试系统总体结构如图 7-36 所示。

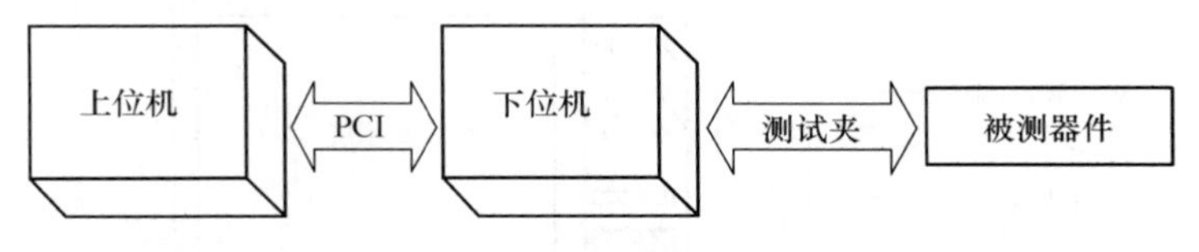

图 7-36 测试系统结构框图

7.4.2 测试系统硬件原理与设计

7.4.2.1 系统原理与构成

测试系统硬件包括上位机、下位机和电源模块三大部分。上位机由工控机、显示屏、触摸屏、键盘组成，主要完成采集信号的分析处理；下位机包括主板控制电路、分板测试电路以及 PCI 总线电路三部分，主要完成测试电源的控制输出和测试信号的产生、施加、采集等。其中主板电路包含 CPLD 控制电路、电源继电器控制电路和 6 个总线插槽。分板测试电路包括 4 块数字功能测试板、1 块 V-I 模拟测试板和 1 块继电器开关控制板，如图 7-37 所示，分板依次安插在主板插槽上，测试系统面板设置电源输出端口和测试信号输出接口，测试信号通过专用的电缆施加给待测器件。

系统结构采用一体化箱体结构，集成度高，便于野战条件下搬运和运输，同时箱体结构还具有很强的抗震、抗冲击功能，能有效保护系统内部电路不受损害。测试系统硬件外观如图 7-38 所示。

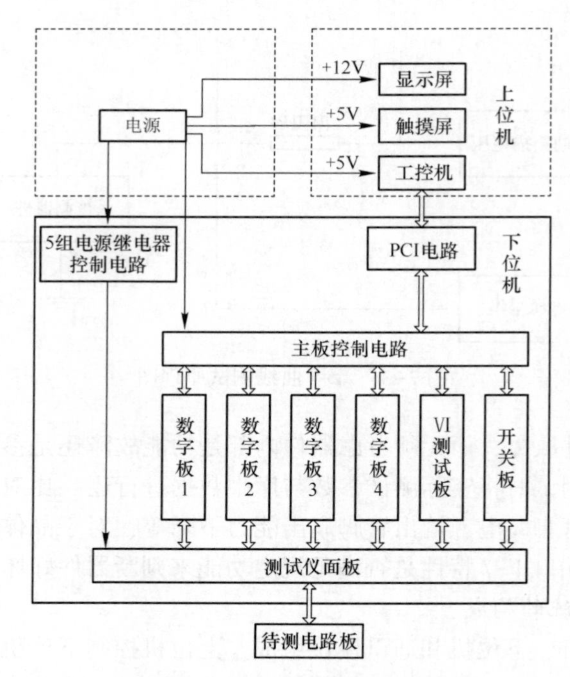

图 7-37 测试系统硬件原理图

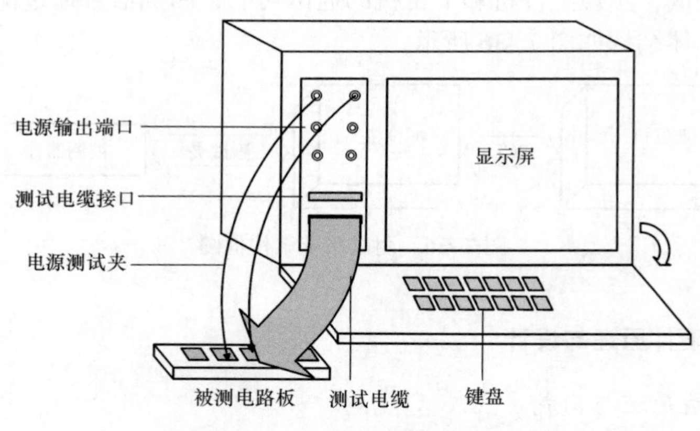

图 7-38 硬件外观设计示意图

7.4.2.2 测试系统的硬件集成

满足装备维修设备便携性、可靠性的需求，系统硬件为一体式箱体结构，主要由箱体和盖板构成。硬件主体采用加固式高强度铝合金结构，表面进行硬阳极氧化处理，覆以EMI/RF保护层，机箱四角、键盘四角设置减震橡胶垫，机箱内部硬盘设置减震橡胶圈，所有板卡设置禁锢用防震压条，以满足在维修车间、工作现场或严酷的野战条件下等多种场合的抗震、抗冲击要求。内部采用板卡紧密式插接结构，与机内的微电脑连接采用PCI扩展插槽。配以必要的冷却风扇，配置一个80mm×80mm冷却风扇对测试系统进行内部散热；箱体外部主要由电源接口、测试面板和显示终端构成。电源采用220V交流供电，测试面板考虑适应不同器件的测试需求，配以测试电源端子、测试信号端子及测试夹插座等，电源端子由+3.3V、+12V、−12V、+5V、−5V以及接地端子组成，测试信号端子主

要用于 $V-I$ 探棒测试电压的输出，测试夹插座用来插接测试电缆和测试夹连接测试器件，实现测试施加和响应的采集通道。显示终端采用 22 寸触摸显示屏，以使测试结果能有效显示和测试软件能便捷触摸操作；盖板采用两块分板折叠设计，上面板集成操作键盘，盖板打开时可以将一块板折叠放置，可有效增加维修人员操作面积，并方便其利用键盘操作。装配如图 7-39 所示，硬件实现效果如图 7-40 所示。

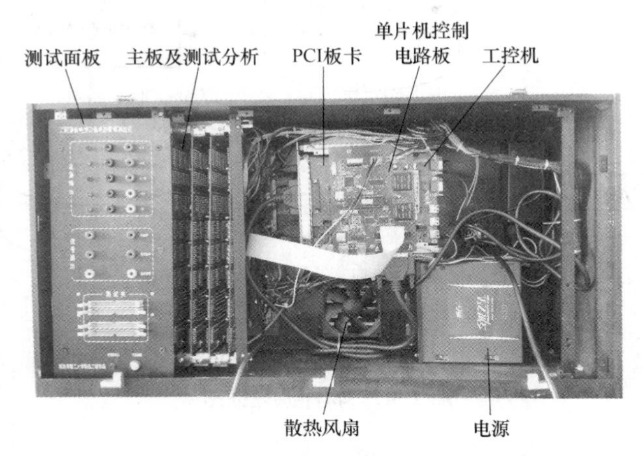

图 7-39 测试系统装配图

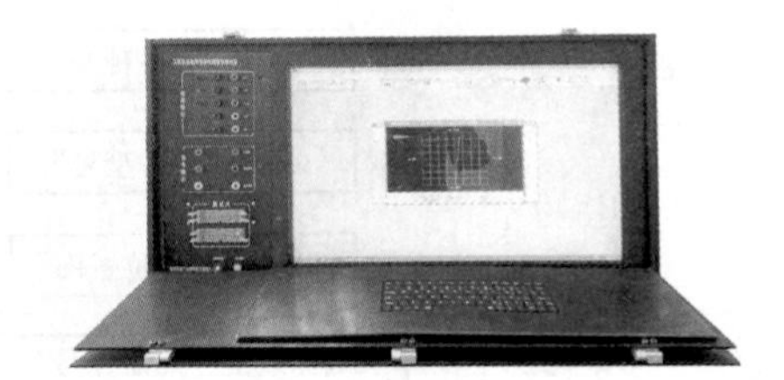

图 7-40 测试系统效果图

7.4.3 测试系统的软件

7.4.3.1 软件功能要求

测试软件主要完成测试系统和使用人员之间进行交互与测试流程的执行，对测试数据进行查询等。软件的操作界面和测试程序主要由 Visual Studio 平台进行开发，利用 Access 建立测试记录数据库，建立数据源与软件进行关联。软件主要功能要求如下：

(1) 用户登录管理功能；

(2) 器件测试相关参数设置及测试工程建立功能；

(3) 对器件测试和 $V-I$ 曲线测试的数据、实时状态显示，以及测试结果的保存功能。

(4) 对操作界面输入参数进行处理，并下载至检测终端；

(5) 对测试结果进行处理，最后在操作界面进行显示的功能；

(6) 对测试过程进行控制的功能。

(7) 保存、修改存储在数据库中的测试参数信息的功能；

(8) 提供测试结果的管理功能，主要是对数据库中的测试数据进行插入、查询、打印、删除等操作。

软件要求具有友好的操作界面、还要方便维护，特别是对不同型号装备器件测试库的扩充和升级，还要具备较高的测试可靠性。软件结构如图 7-41 所示，主要包含了人机界面、底层测试程序和数据库管理三大部分，将测试程序和数据信息分别处理。由软件自动控制生成测试程序，数据库管理系统管理测试过程中的数据信息。

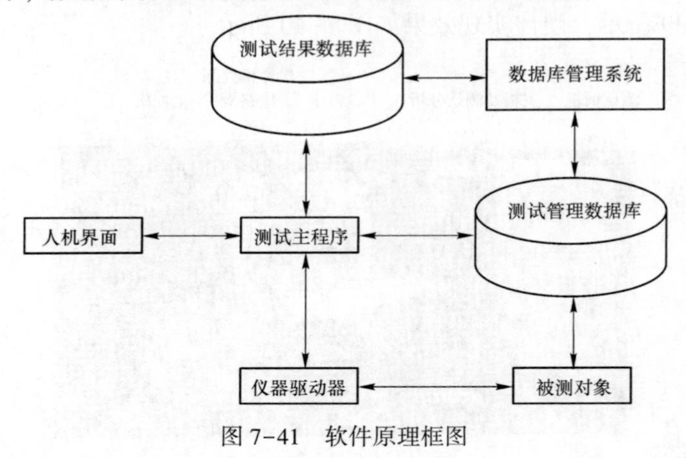

图 7-41　软件原理框图

测试时，依据装备电控设备功能结构组件设置的导航菜单，进入该型装备控设备检测维修库。测试流程如图 7-42 所示。

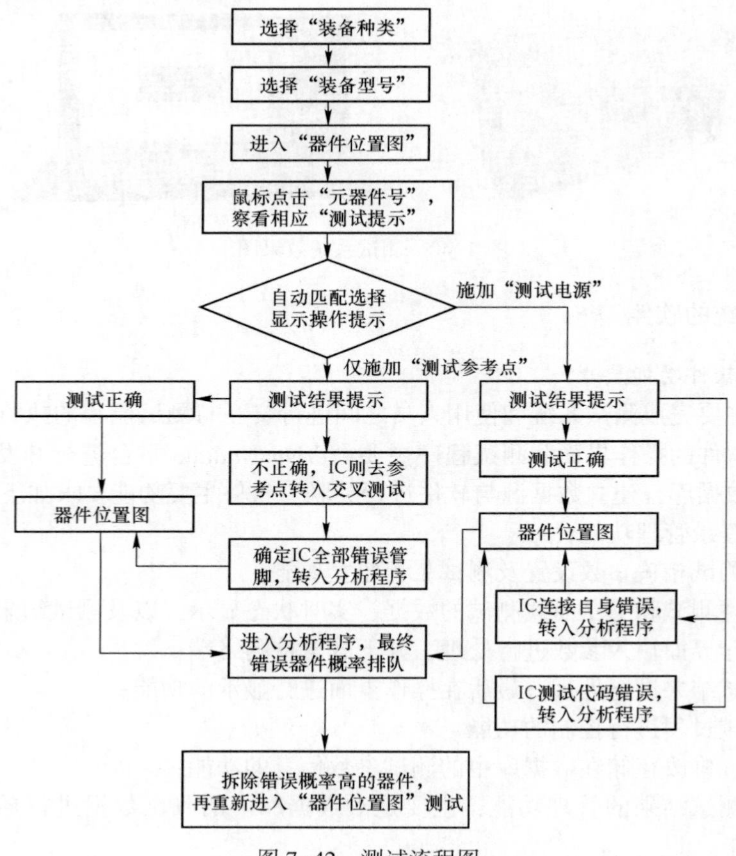

图 7-42　测试流程图

7.4.3.2 *V-I* 曲线测试设计

A *V-I* 曲线测试功能设计

V-I 曲线测试时将节点或者器件的第一个引脚到最后引脚每个脚的实测曲线与标准曲线进行对比。通过学习功能建立的 *V-I* 曲线测试库，将无故障电路中的节点或器件引脚的 *V-I* 曲线特性保存到测试库中，测试时系统首先将器件的学习曲线及实测曲线的数据、引脚数、标准门限值、允许误差范围等存放在插件中，并计算学习曲线和实测曲线在每个测点的差值，将差值与标准门限值进行比较，若与门限值的差值大于最大允许范围，则认为是坏点，将全部测点比较之后得到坏点总数，总数大于允许数量则比较不符，反之则二者相符。两条 *V-I* 特征曲线的比较流程如图 7-43 所示。

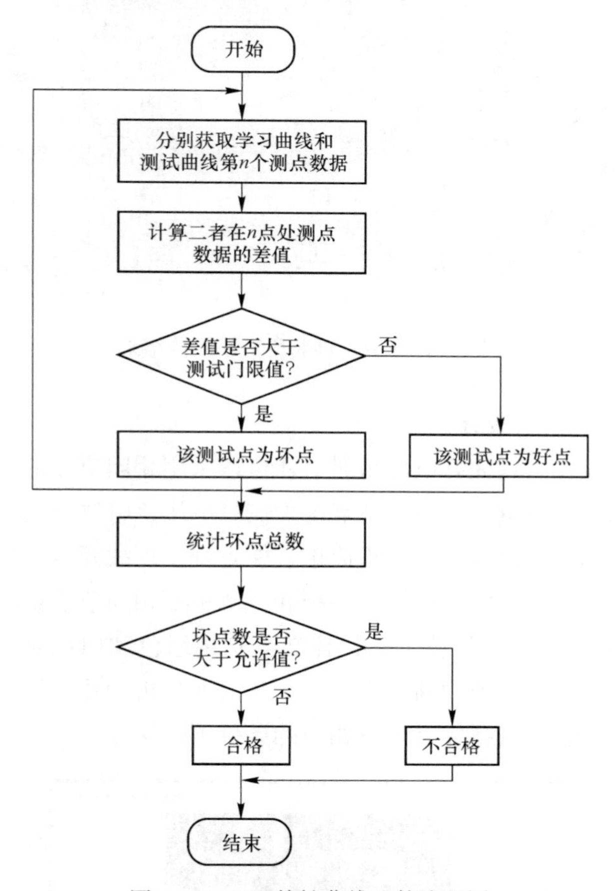

图 7-43 *V-I* 特性曲线比较流程图

在 *V-I* 曲线状态显示页面设计中主要使用了 Visual Stiduo（C++）中的 NTGraph 控件，该控件是画二维特征曲线的常用控件，通过大量二维坐标绘制曲线，实时更新数据变换曲线形态，设计时可自行设定曲线的名称、样式、宽度等，给设计者提供了一种简单直观的二维数据可视化手段。控件的接口函数非常简单，只需调用几个函数就能实现需要的功能，在本设计中主要用到的函数有如 m_Graph. SetXGrid-Number（）来设置 X 轴的等分点数，即网格宽度，m_Graph. SetXGridLabel（）设置横轴的名称，m_Graph. SetRange（）设置横轴和纵轴范围等。

V–I 曲线的结果的显示界面如图 7-44 所示，图中每个小方块内的曲线分别显示了第 1 脚到第 24 脚的曲线对比图，每个脚都给出了误差值，系统最终通过坏点的数量判断该器件的曲线测试是否合格。

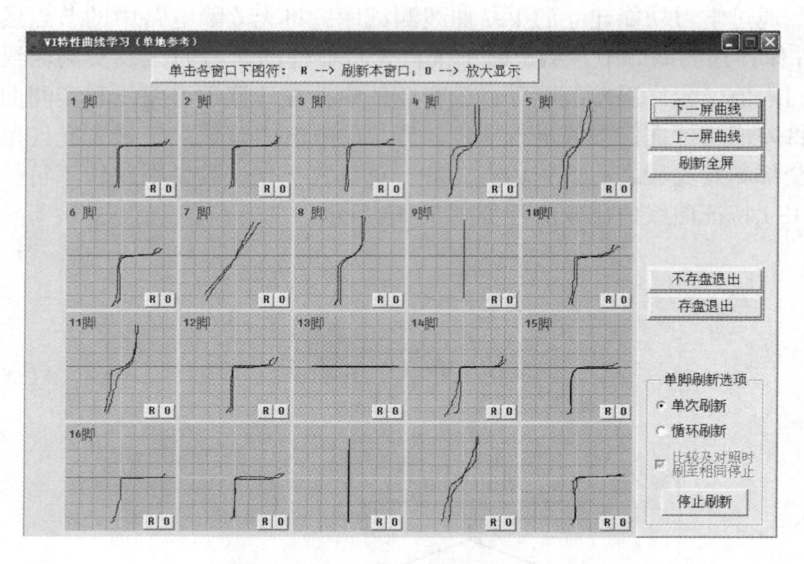

图 7-44 V–I 曲线特性分析功能结果

7.4.3.3 探棒巡检功能设计

探棒巡检功能当存在一块完好电路板时，还可以采用相同节点的 V–I 特性对比测试方法，同时给无故障电路和待测电路相同节点施加测试电压，将测点的 V–I 曲线在同一窗口显示，观察二者是否相符。这种方法实现简单且能直观发现故障点，因此设计了探棒巡检功能，测试时同时采用两个探棒，分别在好板和待测板上相同节点提取 V–I 曲线，实时显示在屏幕上。如图 7-45 所示，探棒 1 和探棒 2 分别用绿色和白色对比显示，并计算两者相对误差，通过设定一定的阈值判断是否相符。与前面分析功能不同的是，提取曲线不存入计算机，这一功能适合在具备完好的电路板的条件下使用。

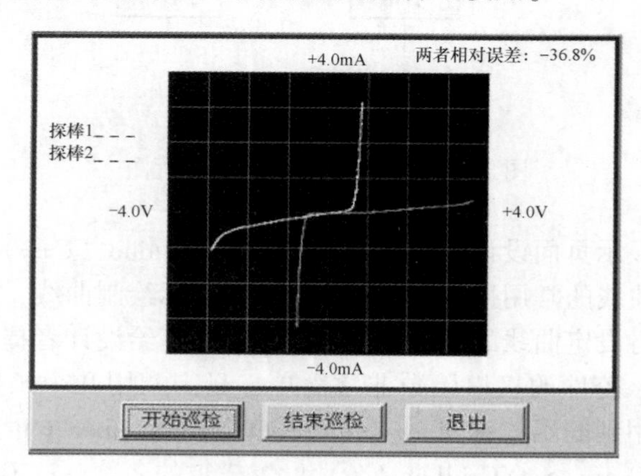

图 7-45 探棒巡检

7.4.3.4 软件运行效果

A 主测试界面

登录界面密码输入通过后，进入主测试界面。如图 7-46 所示，主测试界面包含 3 大部分：菜单栏、工具栏、测试工作区。菜单栏包括“大型装备专用测试”“集成器件功能测试”“分立元件功能测试”“元器件特性分析”等，可分别进入型号装备测试、集成、分立等器件功能测试，以及进行网络测试和查阅器件电子手册等。工具栏提供各种类型器件的快捷操作按钮，测试工作区为测试装备图片、测试参数和测试结果的显示区。

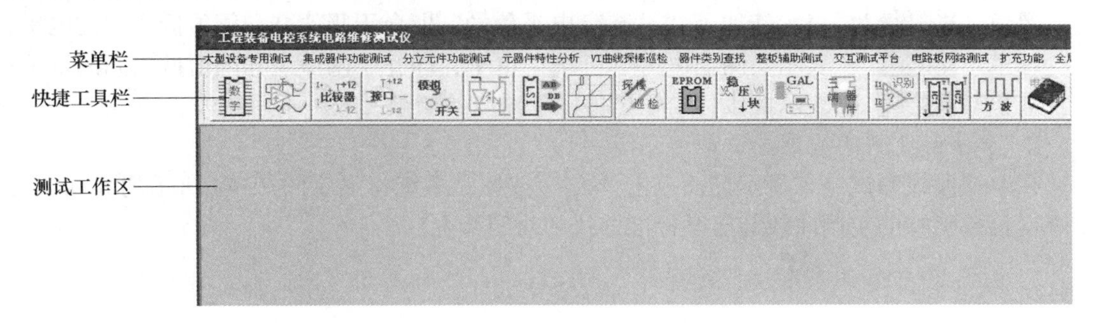

图 7-46 测试主窗口

B 功能测试结果显示界面设计

功能测试结果显示图 7-47 所示，图中所示型号为 74175 芯片的功能测试结果，从逻辑图上可以看出，管脚 16 在电路板上接+5V 电源，管脚 8 接地，L 下标相同的管脚在电路板上相互连接（管脚 2 和 5 连接，管脚 12 和 13 连接），功能测试正确，表示被测器件的逻辑功能正常。

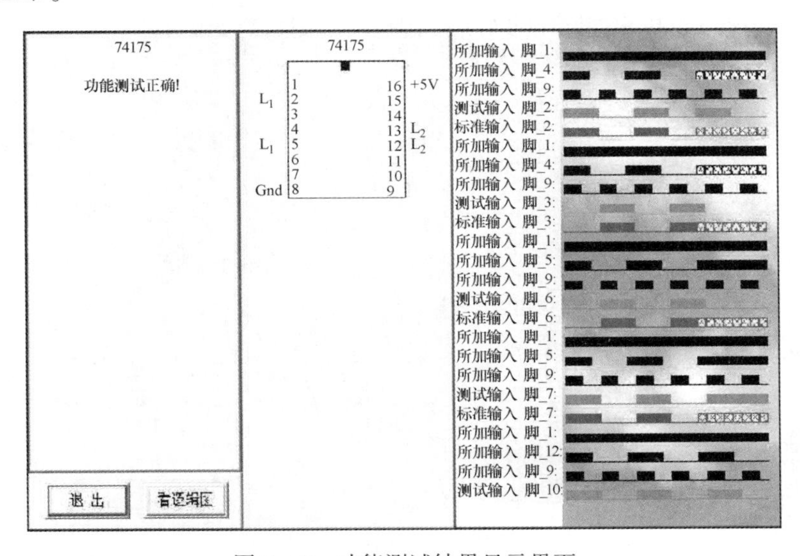

扫一扫看彩图

图 7-47 功能测试结果显示界面

各管脚逻辑波形图波形含义为：

黑色（所加输入）“■”：表示施加了高电平信号，即逻辑“1”；

绿色（测试输出）“■■”：表示实测输出为高电平（高于阈值高），即逻辑“1”；
红色（标准输出）“■■”：表示理论值应为高电平，即逻辑“1”；

黑色（所加输入）“___”：表示施加了低电平信号，即逻辑“0”；
绿色（测试输出）“___”：表示实测输出为低电平（低于阈值低），即逻辑“0”；
红色（标准输出）“___”：表示理论值应为低电平，即逻辑“0”；

黑色“▩▩”：表示施加了“三态”电平信号，即介于阈值高和阈值低之间的电平；
绿色“▩▩”：表示实测输出为“三态”电平，即介于阈值高和阈值低之间的电平；
红色“▩▩”：表示此段标准输出值以上对应的测试无效，不用比较。

C *V*–*I* 曲线测试结果显示界面设计

在 *V*–*I* 曲线测试结果显示界面点击“是”按钮，系统将显示图 7-44 所示的界面，可以观察每条引脚的实测曲线与已学标准曲线的对照情况。

复习思考题

7-1 简述工程装备电控系统的组成与工作原理。
7-2 简述工程装备电控系统故障特点，及其与常规电气系统故障的异同。
7-3 简述工程装备电控系统故障诊断的一般原则。
7-4 简述如何防止过电压对工程装备电子控制单元的损伤。
7-5 电控系统检测与诊断的常见信号有哪些？
7-6 简述工程装备电气控制系统故障诊断的方法有哪些，并进行简要说明。

参 考 文 献

[1] 李新德. 液压系统故障诊断与维修技术手册 [M]. 北京：中国电力出版社，2009.

[2] 杨小强，李焕良，李华兵. 机械参数虚拟测试实验教程 [M]. 北京：冶金工业出版社，2016.

[3] 杨小强，韩金华，李华兵，等. 军用机电装备电液系统故障监测与诊断平台设计 [J]. 工兵装备研究，2017，36 (1)：61~65.

[4] 韩金华，杨小强，张帅，等. 基于虚拟仪器技术的布雷车电控系统故障检测仪 [J]. 工兵装备研究，2017，36 (2)：55~59.

[5] 杨小强，张帅，李沛，等. 新型履带式综合扫雷车电控系统故障检测仪 [J]. 工兵装备研究，2017，36 (2)：60~64.

[6] 孙琰，李沛，杨小强. 机电控制电路在线故障检测系统研制 [J]. 机械与电子，2015 (10)：34~37.

[7] 孙志勇，杨小强，朱会杰. 机械设备电控系统元器件在线故障检测系统研制 [J]. 机械制造自动化，2017，2 (46)：177~180.

[8] 李剑斌，公丕平，孙琰，等. 嵌入式 PLC 与现场总线的机械装备监控系统设计 [J]. 机械与电子，2015 (4)：40~43.

[9] 李沛，杨小强，彭川，等. 某型抛撒布雷车弹位检测仪研制 [J]. 工兵装备研究，2017，6 (36)：55~58.

[10] 申金星，周付明，杨小强. 基于嵌入式技术的某型桥梁装备故障检测系统 [J]. 工兵装备研究，2020，4 (39)：51~54.

[11] 刘宗凯，申金星，杨小强. 基于卷积神经网络的重型冲击桥架设系统故障检测与诊断 [J]. 工兵装备研究，2020，6 (39)：40~43.

[12] 刘武强，宫建成，刘小林. 某型冲击桥半实物仿真维修训练系统设计 [J]. 工兵装备研究，2010，10 (39)：38~42

[13] Zhao Yong，Yang Xiaoqiang，Xu Yinhua，et al. Fault Diagnosis of New Certain Mine Sweeping Plough' s Electircal Control System Based on Data Fusion [J]. Applied Mechanics and Materials，2015，713~715：539~543.

[14] Ren Yanxi，Yang Xiaoqiang，Li Qingxia，et al. Fault Diagnosis System of Engineering Equipment' s Electrical System Using Dedicated Interface Adapter Unit [J]. Key Engineering Materials ，2013，567：155~160.

[15] Xiong Yun，Yang Xiaoqiang. Fault Test Device of Electrical System Based on Embedded Equipment [J]. Journal of Theoretical and Applied Information Technology. 2015，1 (45)：58~62.

[16] Cao Guohou，Yang Xiaoqiang，Li Huanliang，et al. Intelligent Monitoring Systgem of Special Vehicle Based on the Internet of Things [C] // Proceedings of Internatonal Conference on Computer Science and Information Technology，Advances in Intelligent and Computing，2014，255：309~316.

[17] Han Jinhua，Yang Xiaoqiang. Error Correction of Measured Unstructured Road Profiles Based on Accelerometer and Gyroscope Data [J]. Mathematical Problems in Engineering，2017，2017 (8)：1~11.

参考文献

[1] [illegible]

[2] [illegible]

[3] [illegible]

[4] [illegible] 2014, 36(2): [illegible]

[5] [illegible] 2001, [illegible] (2): [illegible]

[6] [illegible]

[7] [illegible]

[8] [illegible]

[9] [illegible]

[10] [illegible]

[11] [illegible]

[12] [illegible]

[13] [illegible]

[14] [illegible]

[15] [illegible] Journal of Theoretical and Applied Information Technology, 2013, 48(2): [illegible]

[16] [illegible] Proceedings of International Conference on Computer Science and Information Technology [illegible]

[17] [illegible] Mathematical Problems in Engineering, 2017, 2017(8): 1-13.